W0268902

Michael Schumann

Windows Power-Programmierung

Michael Schumann

Windows Power-Programmierung

System- und Anwendungs-
programmierung mit
Borland Pascal 7.0 und
Turbo Pascal für Windows

ISBN-13: 978-3-322-87236-4   e-ISBN-13: 978-3-322-87235-7
DOI: 10.1007/978-3-322-87235-7

Für Nicole, Malte, Lea und Niklas

Vorwort

Programmierung unter Windows – ein Mysterium?

Mit Turbo Pascal für Windows kein Problem, aber...

Bilder in einer Dialogbox anzeigen? Töne erzeugen? Selbsterstellte Screensaver? Dateimanager erweitern? Programme ohne Icon? Drag and Drop? Grafikformate? Das Windows Hilfesystem?

Leitgedanke dieses Buchs war die Idee, Turbo oder Borland Pascal ProgrammiererInnen Tür und Tor zu den professionellen Programmiertechniken unter Windows zu öffnen, ohne dabei 900 von 1000 Seiten mit Stoff zu füllen, der sowohl in den Handbüchern, als auch in den vielen anderen Büchern zu Turbo Pascal für Windows zu finden ist.

All die vielen Kleinigkeiten, die man dort aber nicht findet und für die man viele Stunden oder sogar Nächte vor dem PC verbringen muß, sind hier zusammengetragen. Und auf all die Dinge, die in Einsteigerwerken und auch den Handbüchern zu finden sind, wurde bewußt verzichtet.

Die Themen sind so gegliedert, daß man das Werk jederzeit als Nachschlagewerk weiterverwenden wird – obwohl es beim ersten Mal bequem am Stück durchgearbeitet werden kann.

Bevor wir in die Materie einsteigen, möchte ich ein paar fachfremde Worte loswerden. An erster Stelle möchte ich Herrn Robert Schmitz vom Vieweg Verlag für seine hervorragende und vor allem sehr motivierende Unterstützung und für sein Verständnis bei mehreren Verschiebungen des Abgabetermins für mein Manuskript danken. Den Firmen Borland (für Helga, die ß–Version von BP 7.0 und ein BP 7.0 Paket), Microsoft (für das geliehene MDK) und FAST (für die geliehene Screen–Machine) möchte ich ebenfalls für ihre Unterstützung bei diesem Projekt danken.

Meinen Kindern Malte, Lea, Niklas und natürlich auch meiner Frau Nicole gebührt der meiste Dank – sie versorgen mich mit der Kraft, die ich (nicht nur für dieses Buch) benötige. Nicole möchte ich an dieser Stelle besonders für ihr Engagement beim Korrekturlesen danken. Ihr ist es zu verdanken, daß Ihnen als LeserIn viele Formulierungskatastrophen erspart bleiben.

Nun wünsche ich Ihnen viel Spaß mit diesem Buch.

Inhalt

1 Einleitung

Willkommen bei Turbo oder Borland Pascal für Windows. Ein Klassiker beginnt seinen Siegeszug in der professionellen Programmierung unter Windows. Waren die Turbo–Sprachen aus dem Hause Borland ihrer Zeit immer schon ein Stück voraus, so beginnt nun der Durchbruch für die Sprache Pascal.

Windows ist das Softwareprodukt der neunziger Jahre und man darf annehmen, daß diese Oberfläche überall Einzug halten wird. Wenn man schon beim sagenumwobenen OS/2 fieberhaft an der Kompatibilität zu Windows gearbeitet hat, dann muß schon einiges daran sein an der Legende Windows...

Programmierung unter Windows war eigentlich eine Domäne der C und neuerdings auch C++ Anhänger – schließlich sind das Windows SDK (System Developers Toolkit) und auch die anderen Kits (DDK und MDK) ausschließlich auf die Programmiersprache C ausgerichtet. Turbo Pascal wurde sehr lange vernachlässigt und von den C(++)–Profis belächelt. Dieses Buch soll Ihnen als Turbo Pascal-ProgrammiererIn helfen, Ihre Windows Programme mit den Features auszustatten, die professionelle Software auszeichnet.

Was benötige ich an Hardware, um in die professionelle Programmierung unter Windows einzusteigen?

Unter Windows gilt für Anwender wie auch für Programmierer – das schnellste, was man bekommen kann, ist gerade gut genug. Aber dennoch kann man ohne einen 66MHz 80486 EISA mit 64MByte Hauptspeicher und zwei 1GB SCSI–2 Festplatten auskommen!

Wie entstand dieses Buch?

Als Entwicklungsmaschine verwende ich einen normalen 80486 mit 33 MHz und 8 MByte Hauptspeicher, einer 100 MByte AT-Bus (IDE) Festplatte und einem CD–Laufwerk. Ein CD–Rom ist heute sehr sinnvoll, da immer mehr Sofware anstatt auf unzähligen Disketten auf diesem Medium ausgeliefert wird. Neben den normalen Karten für die verschiedensten Zwecke verfügt dieser 486er über die obligatorische Soundblaster Pro Karte.

Ein älterer 80386 PC mit zwei 240 MByte IDE Platten dient als Novell 3.11 Server, an den neben dem 486er noch ein kleiner 386SX–PC angeschlossen ist. An diesem PC teste ich erstellte Programme auf ihre Geschwindigkeit auf langsameren, speicherarmen Maschinen und ihre Netzwerk– bzw. Multiusertauglichkeit.

Und für unterwegs bzw. für die Badewanne (kein Witz) habe ich noch einen 386 SX Notebook mit 25 MHz und einer 125 MByte Festplatte, auf dem ein großer Teil dieses Buches und auch der Software darin entstanden ist. Ich bade halt so gerne!

Also ein 25 MHz 386er reicht für die Entwicklung mit TPW aus, aber 8 MByte Hauptspeicher sollten es schon sein und die Platte sollte schon mindestens 100 MByte haben. Und ein 17" Monitor mit der passenden Grafikkarte (800x600 bei mehr als 70 Hz Bildwiederholfrequenz) ist der Gesundheit Ihrer Augen sehr zuträglich!

Borland Pascal wird sich mit rund 27 MByte ausbreiten, das SDK legt noch einmal runde 20 MByte dazu. Windows selbst schlägt mit etwa 12 MByte zu Buche, DOS mit vielleicht 2 MByte und die vielen Tools, die Textverarbeitung, dieses und jenes Spiel – schnell sind 100 MByte zusammen. Und dann kommt noch die Diskette zu diesem Buch dazu!

Ein paar Dinge möchte ich hier gleich vorwegnehmen:

* Um nicht in jedem dritten Satz von Borland oder Turbo Pascal reden zu müssen, nenne ich das Kind im gesamten Buch einfach BPW oder TPW. So erparen wir der Umwelt unter dem Strich einige unnötig bedruckte Seiten Papier. Verwendbar ist in der Regel **sowohl** Turbo Pascal für Windows ab Version 1.5 **als auch** Borland Pascal ab Version 7.0, wobei hier nur die Compilerversion unter Windows zum Einsatz kommt.

* Das Buch ist **kein** Einsteigerbuch. Sie können es jedoch getrost auch schon auf Ihren Schreibtisch legen, wenn Sie erst mit der Programmierung unter Windows beginnen. Je nach dem, in welchem Tempo Sie dabei voranschreiten, werden Sie schon bald nicht mehr mit dem zufrieden sein, was Ihnen Einsteigerbücher vermitteln und zu diesem Buch greifen.

Nun will ich Sie nicht weiter auf die Folter spannen – los geht´s...

2 Grundlagen

Wichtig für die professionelle Programmentwicklung unter Windows ist zunächst das Verständnis dieses aus einer Unzahl von Programmoduln bestehenden Netzes und deren Zusammenspiel. Kenntnis der Definitionen und Konventionen in dem von C beherrschten Windows–Umfeld sind ebenso wichtig wie das Verständnis der Ereignissteuerung aller quasi parallel ablaufenden Programme.

Die von C adaptierte Stringverarbeitung, die sich von der ursprünglichen Pascal Stringverarbeitung sehr unterscheidet, ist ebenfalls Thema dieses Kapitels. Schließlich finden Sie ein Standard–Programmgerüst im letzten Abschnitt, welches als Grundlage für die meisten Beispiele in diesem Buch dienen wird und auch von Ihnen als Grundlage für eigene Programme genutzt werden kann.

Microsoft möge mir verzeihen, wenn ich einmal frech behaupte, daß Windows 3.0 trotz seines Markterfolges eigentlich nur eine Beta–Version des eigentlichen Produktes Windows 3.1 war. Ein Marktriese wie Microsoft konnte es sich offenbar leisten, Millionen von Anwendern als Betatester zu rekrutieren und diese dafür noch bezahlen zu lassen.

Jetzt, wo Windows 3.1 auf dem Markt ist und UAEs (Unrecoverable Application Error = Nicht behebbarer Fehler in Anwendungsprogramm, welcher geplagte Windows 3.0 Anwender kennt diese Meldung nicht) der Vergangenheit angehören, sind alle wieder versöhnt, denn die Version 3.1 bietet alles, was man sich wünschte: Stabilität, Performance und eine erheblich erweiterte Funktionalität. Ich möchte sogar behaupten, daß Microsoft die Erwartungen der meisten Anwender mit dieser Version übertraf und die Updategebühren wirklich gerechtfertigt sind.

Mußten viele Programme unter Windows 3.0 undokumentierte API Funktionen verwenden um so triviale Funktionen wie z.B. die Anzeige der freien Systemressourcen zu realisieren, so können einige davon (leider nicht alle) nun mit den neuen DLLs von Windows 3.1 *legale* Funktionen nutzen und der ProgrammiererIn muß nicht bei jedem neuen Windows–Release zittern: *Sind denn noch alle von mir verwendeten, undokumentierten API–Funktionen in der gleichen Form enthalten?*

Auch die sogenannten Multimedia Erweiterungen mußten in der Version 3.0 von Windows noch (recht teuer) nachgekauft werden, in Version 3.1 sind sie komplett enthalten. Töne aus der Blaster–Karte – mit 3.1 kein Problem.

Die True–Type Schriften dürften wohl neben OLE eine der bedeutendsten Erweiterungen der Version 3.1 sein – kommt man nun endlich in den Genuß, auf nahezu jedem Drucker identische Dokumente zu erzeugen und kann sich teure Postscript–Erweiterungen oder –Emulatoren wie den Adobe Type Manager sparen. In jeder Mailbox und bei jedem Shareware–Händler können Sie nun so viele Schriften bekommen, daß die Festplatte schnell überfüllt ist.

Schließlich noch die Standarddialoge für Operationen, die in fast jedem Anwendungsprogramm vorkommen – Datei öffnen, Speichern unter, Schrift wechseln, Ausdrucken, Farbe wählen...

Das meiste dieser Neuerungen können Sie als TPW–ProgrammiererIn auch den Anwendern Ihrer Software spendieren, die noch nicht auf die Windows Version 3.1 aufgerüstet haben. Die DLLs, in denen sich diese Funktionen befinden, dürfen zusammen mit TPW–Programmen weitergegeben werden. So könnten Sie auch unter Windows 3.0 nahezu die gesamte Funktionalität von Windows 3.1 bieten.

Ich möchte Ihnen davon jedoch dringlichst abraten, denn zum einen werden im Jahre 1993 bestimmt alle Anwender mindestens auf Windows 3.1 aufgerüstet haben. Zum anderen gibt es immer noch gravierende Unterschiede zwischen dem mit den 3.1er DLLs *aufgemotzten* Windows 3.0 und dem echten Windows 3.1 bzw. einem Nachfolger.

Die mangelnde Stabilität, fehlende True–Type Schriften, kein OLE und auch die Tatsache, daß Windows 3.0 über den häßlichen Real–Modus verfügt, den Sie dann mit unterstützen müßten, sollten Sie davon abhalten. In Windows 3.0 wurde auch ein 80386 Prozessor im Standardmodus nur als 80286 eingesetzt – Windows 3.1 hingegen nutzt den vorhandenen Prozessor in jedem Modus voll aus.

In diesem Buch werden wir immer die Möglichkeiten von Windows 3.1 nutzen, statt undokumentierte Tricks zu verwenden, die auch unter Windows 3.0 verfügbar sind. Die eine oder andere undokumentierte Funktion jedoch macht auch unter Windows 3.1 Sinn – dazu aber später mehr.

2.1 Die Windows Moduln

Windows ist ein Gebilde, welches fast ausschließlich aus sogenannten DLLs besteht. DLLs sind Bibliotheken, die ihre Funktionen allen Windowsprogrammen und auch Windows selbst zur Verfügung stellen. Das besondere an diesen *Dynamic Link Libraries* ist jedoch die Tatsache, daß die Funktionen dieses Bibliotheken erst zur Laufzeit und bei Bedarf in den Speicher geladen werden. Sie werden über den Namen des entsprechenden Moduls und eine Ordinalzahl angesprochen oder auch über einen eindeutigen Namen definiert.

Dieses System erinnert ein wenig an die Overlay–Technik, die es unter DOS mit seiner 640 KByte Beschränkung ermöglichte, Applikationen mit mehreren Megabytes Programmcode auszuführen. Hier kann bei Speichermangel ein gerade nicht benötigter Programmteil aus dem Speicher entfernt und bei Bedarf nachgeladen werden.

Das DLL–Konzept geht diese Problematik jedoch anders an – grundsätzlich wird eine dynamische Funktion geladen, wenn sie gebraucht wird – es kann allerdings sein, daß diese sich bereits im Speicher befindet und dann geht dieser Vorgang einfach schneller. Man sieht daran auch sofort, wie wichtig ein großer Hauptspeicher für Windows ist. Ein noch so schneller Prozessor kann bei einem zu kleinen Hauptspeicher kaum Performance bringen, da Windows hauptsächlich damit beschäftigt ist, Code von der Festplatte zu laden.

Die drei elementaren Bibliotheken von Windows sind KERNEL, USER und GDI. In diesen drei Moduln finden sich die meisten der API–Funktionen wieder. Aber auch sämtliche Treiber wie VGA.DRV oder MOUSE.DRV und auch Bildschirmschriften wie SYSTEM.FON sind nichts anderes als DLLs!

KERNEL enthält seinem Namen entsprechend die Kernfunktionen von Windows und man sollte meinen, daß KERNEL keine Funktionen anderer Module benötigt. Dies ist allerdings nicht so – die Verstrickung der Windows Moduln ist erheblich komplexer, als man zunächst annimmt. KERNEL ist zuständig für die Speicherverwaltung und die Verwaltung der verschiedenen Prozesse, die unter Windows ablaufen.

Das GDI, das ist die Abkürzung für *Graphical Display Interface* ist für alles Optische zuständig, was nach außen gegeben wird – also Bildschirm und Drucker. Es stützt sich dabei auf den Bildschirmtreiber (z.B.

VGA.DRV) und einen der installierten Druckertreiber (z.B. GEN24.DRV).
USER hat seinen Namen von der Zuständigkeit für den Kontakt mit dem
Anwender (=User). Fenster etc. werden hier verwaltet. Für Sie als
ProgrammiererIn ist es eigentlich nicht weiter relevant, in welchem Modul
sich welche Funktion befindet. In Ihrem Programm nennen Sie diese
Funktion einfach beim Namen und sie wird aufgerufen – das Vorhanden-
sein des entsprechenden Moduls einmal vorausgesetzt.

In Windows 3.1 sind eine Reihe weiterer Module hinzugekommen, die
Teile des Windows API beherbergen.

MMSYSTEM.DLL enthält die Multimedia–Erweiterungen des Windows
API und stützt sich seinerseits natürlich auf weitere Treiber für MIDI–
Interface, Wellenform–Wiedergabe und Klangsynthese.

SHELL.DLL macht Applikatonen die wunderbare Welt des *Drag and Drop*
zugänglich. Weiterhin enthält sie wichtige Bestandteile des OLE–Systems
und andere Systemspezialitäten.

VER.DLL enthält die Routinen für die in Windows 3.1 neu hinzuge-
kommene Versionsprüfung für jede Art von Windowskomponenten (DLLs,
EXE–Dateien, Treiber etc.).

LZEXPAND.DLL dekomprimiert Dateien z.B. von den Windows
Originaldisketten. Sämtliche Microsoft Installationsprogramme nutzen
diese Möglichkeit, Platz auf den Distributionsdisketten zu sparen.

COMMDLG.DLL enthält die Standarddialoge, die ab Windows 3.1 nun
endlich für ein einheitliches Aussehen der wichtigsten Dialoge (Datei
öffnen, speichern unter, Schriftauswahl, Drucken...) führen, wenn sie
konsequent eingesetzt werden.

OLECLI.DLL und OLESRV.DLL sind für OLE (Object Linking and
Embedding) zuständig.

DDEML.DLL enthält ein verbessertes und einfacher zu verwendendes
Interface für die bereits aus früheren Windows Versionen bekannten *DDE–*
Nachrichten (DDE=Dynamic Data Exchange).

TOOLHELP.DLL hat viele undokumentierte Windowsfunktionen ihrer
Daseinsberechtigung beraubt und ermöglicht einfachen Zugriff auf
wichtige Systemparameter.

Wenn Sie in einem Novell Netzwerk arbeiten, so sollten Sie unbedingt die
Novell–Netware–API–DLLs installieren, die von Novell an registrierte
Anwender ausgegeben werden. Sie liegen zum einen auf der Ende 1992

AnwenderInnen kostenfrei lizensiert werden. Sie liegen auf der Ende 1992 ausgegebenen Netware–CD vor, wurden und werden jedoch auch von Zeit zu Zeit als Update–Disketten verteilt. Diese DLLs ermöglichen Ihnen als TPW–ProgrammiererIn, sämtliche Funktionen von der IPX/SPX–Ebene bis zum Herunterfahren des Servers einzusetzen! So können Sie in Ihrer Systemumgebung wertvolle Tools schaffen.

Die Netware–DLLs heißen alle NWXXXXX.DLL und sollten ebenfalls im Verzeichnis \WINDOWS stehen. Zu den sich damit eröffnenden Möglichkeiten finden Sie in diesem Buch einige Beispiele.

Auf einer niedrigeren Ebene bewegen sich die VxDs, die virtuellen Gerätetreiber für den 386er–Modus. Mit diesen kann man unglaubliche Funktionen realisieren – dies würde jedoch den Rahmen dieses Buches sprengen, zudem dazu viel Assembler und Protected Mode–Kenntnisse erforderlich sind. Außerdem benötigt man dafür das DDK (Device Driver Kit) von Microsoft. Dieses Kit enthält eine spezielle Version des Microsoft Assemblers MASM in der Version 5.0, die das besondere Speichermodell der VxDs und Treiber erzeugen kann.

In WIN386.EXE verbergen sich die meisten der Standard–Gerätetreiber, die in SYSTEM.INI z.B. über

```
device=*vddvga
```

eingetragen werden. Treiber, die extern auf der Platte vorliegen, werden über den Dateinamen, also z.B. über

```
device=vdx.386
```

angemeldet.

Fast die kleinste Komponente von Windows ist WIN.COM, hat dieses *Programm* doch nur die Aufgabe, die Windows Moduln in den Speicher zu laden und den Rechner in den Protected Mode zu schalten. Ganz nebenbei zeigt es während des Ladevorganges das Windows–Logo an. Es wird bei der Installation aus den Dateien WIN.CNF, XXXLOGO.LGO und XXXLOGO.RLE zusammengesetzt. Die LGO–Datei enthält ein Lademodul für das Logo, welches als RLE–kodierte Grafik in XXXLOGO.RLE vorliegt. Hier schieden sich die Geister für die verschiedenen Grafikadapter – bei VGA kommen VGALOGO.RLE und VGALOGO.LGO zum Einsatz. Wenn Sie über ein Programm verfügen, welches Grafiken im RLE–Format speichern kann (z.B. das Shareware–

Programm *Paintshop*), so können Sie dieses Logo auch durch ein eigenes ersetzen. Kopieren Sie einfach

```
COPY /B WIN.CNF+VGALOGO.LGO+MEINLOGO.RLE WIN.COM
```

wobei die Grafikdatei 50KByte nicht überschreiten sollte. COM–Dateien belegen nur ein Segment und können daher nur 64KByte groß sein. Sollte Ihnen das Logo überhaupt nicht passen, dann kopieren Sie einfach WIN.CNF auf WIN.COM und es ist verschwunden. Eine kleine Spielerei am Rande, die Ihnen vielleicht noch nicht bekannt war...

2.2 Definitionen

Die Programmierung unter Windows war lange Zeit eine Domäne der C–ProgrammiererInnen, daher rühren auch viele der Notationsstandards und Definitionen, die sich nicht voll und ganz mit den in Turbo Pascal üblichen Konventionen vertragen.

Üblicherweise werden in der C–Programmierung unter Windows Variablennamen Kürzel vorangestellt, die den Variablentypen anzeigen, hier ein paar bekannte Beispiele:

Kürzel	Bedeutung	Beispiel
b	boolean	bNotAvailable
by	byte	byMatrix
c	char	cKey
sz	ASCIIZ–String	szName
w	word	wParam
L	longint	lParam

Tabelle 2.1 Ungarische Notation

Dieses System wurde zu Ehren eines bekannten Windows–Programmierers mit der *ungarischen Notation* benannt. Für TPW–ProgrammiererInnen ist dies vielleicht etwas fremd – C–Quelltexte werden dadurch jedoch tatsächlich leichter les– und durchschaubar. Sie werden bei der Arbeit mit TPW immer wieder Anregungen aus C–Quelltexten erhalten und diese verlieren etwas an Abschreckung, wenn man die ungarische Notation kennt.

Ich persönlich bevorzuge die sprechenden Namen, zudem in C oft Variablen und Typen die gleichen Namen haben und nur in der Schreibweise unterschiedlich sind:

```
LPCURSHDR  lpCursHdr; // in C oder C++
```

Dies ist in TPW nicht möglich, da eine Zuweisung der Form

```
var lpCursHdr: LPCURSHDR; { TPW oder BPW }
```

zu einer Totalverweigerung des Compilers führt. Im Gegensatz zu C unterscheidet ein Pascal–Compiler nicht zwischen Groß– und Kleinschreibung. Hier arbeitet man besser mit dem TPW–üblichen *T* vor dem Typennamen:

```
var lpCursHdr: TCursHdr;
```

Bei Konstanten wird ebenfalls ein Kürzel vorangestellt, welches über die Kategorie dieser Konstanten Auskunft erteilt. Dies ist bei der Anzahl der Windows–Konstanten unumgänglich. Es wäre müßig, alle Kategorien hier aufzuführen – hier ein paar Beispiele:

Kürzel	Kategorie	Beispiel
mb_	Messagebox	mb_Ok
idc_	Systemcursor	idc_Arrow
cs_	Klassenstil	cs_HRedraw
WM_	Windows–Message	WM_KeyDown

Tabelle 2.2 Verschiedene Windows–Konstanten

Das Wichtigste bei der Windowsprogrammierung dürften jedoch die Handles und die damit verknüpfte Verwaltung von Ressourcen (Speicher etc.) sein. Ein Handle (gesprochen *Händel*, wie der Komponist) ist nichts anderes als eine Ordinalzahl, die einen Windows–*Gegenstand* bezeichnet. In der Regel ist dieser *Gegenstand* irgendwo im Speicher untergebracht. Die Speicherverwaltung ist jedoch alleiniges Vorrecht des Windows–Systems, daher ist ein direkter Zugriff auf Speicher eine Ausnahme, die so selten wie nur möglich eingesetzt werden soll.

Die Speicherverwaltung von Windows verfügt über effektive Algorithmen zur sogenannten *Garbage Collection*, das ist das Füllen von Löchern im Heap mit kleinen allokierten Speicherblöcken und die Freigabe ungültiger Speicherbereiche. Man kennt den Effekt: Nach einiger Zeit intensiver

Arbeit mit einer Windows Applikation wie Word oder Excel beginnt die Festplatte zu arbeiten und für einen kurzen Moment ist der Rechner scheinbar blockiert. In dieser Zeit wird der gesamte Hauptspeicher (alles, nicht nur *die 640 KByte*) umorganisiert um wieder große zusammenhängende Blöcke frei zu machen.

Gerade eine Textverarbeitung allokiert immer kleine Blöcke für Textzeilen, die sich in der Länge ändern und oft verworfen werden müssen. Mit der Zeit entsteht so ein stark fragmentierter Speicher, der unter Umständen keinen Platz mehr für einen 100 KByte Block bietet, obwohl insgesamt noch weit über ein Megabyte frei ist.

Damit Windows den Speicher reorganisieren kann, obwohl beliebig viele Applikationen Speicher belegt haben, werden nahezu alle Speicherobjekte über Handles angesprochen und man überläßt Windows das Ermitteln der korrekten Adresse. Speicheradressen sind unter Windows nur sehr kurzlebig und das führt immer wieder zu bösen Programmfehlern besonders bei ProgrammiererInnen, die viel unter DOS programmiert haben und nun in die Windows–Umgebung einsteigen.

Es gibt Methoden, dennoch mit festen Speicherblöcken zu arbeiten um beispielsweise DOS–Funktionen aufzurufen, denen die Adresse eines Puffers übergeben werden muß. Dazu müssen Speicherblöcke gesperrt werden und deren Adresse bleibt dann bis zum Entsperren fest. Damit ist jedoch insofern Vorsicht geboten, daß schließlich diese Blöcke nicht mehr verschoben werden können und die Windows Speicherverwaltung behindert wird. Das Sperren von Speicher sollte also wirklich nur dann eingesetzt werden, wenn es wirklich notwendig ist und dann natürlich so kurz, wie nur möglich:

* Puffer allokieren

* Speicher sperren

* DOS–Interrupt aufrufen

* Puffer in Variablen übertragen

* Speicher entsperren

Dieser Praxis werden Sie im Laufe dieses Buches an mehreren Stellen begegnen. Nun aber zurück zu den Handles.

Handles sind die *Griffe,* über die man Icons, Speicherblöcke, Menüs und alles andere ansprechen kann. Sie sind einfache Ordinalzahlen von 1 bis 65535 – eine 0 signalisiert ein ungültiges Handle. Und das macht die

Windowsprogrammierung so bequem. Man muß über die Objekte hinter dem Handle nur sehr wenig wissen, da Windows dieses Wissen komplett in sich trägt. Ein Icon wird beispielsweise über *LoadIcon* aus einer Programmressource geladen und man erhält ein Handle. Dieses Handle wird einfach in eine Datenstruktur der Applikation eingesetzt und – schwupp di wupp – wird dieses Icon als Applikationsicon verwendet.

Sofern noch nicht geschehen, müssen Sie sich nun an viele, viele Handles gewöhnen die für den Umsteiger von der DOS–Ebene vielleicht etwas verwirrend sein mögen. Im Endeffekt jedoch wird damit alles viel leichter!

2.3 Nachrichtensystem

Das, was für Einsteiger in die Windowsprogrammierung besonders neu ist, ist die Tatsache, daß man weder die Tastatur noch die Maus abfragen kann. Das Wort *kann* signalisiert bereits den enormen Trugschluß, dem man dabei im ersten Moment aufsitzt. Richtig müßte es heißen: *...noch die Maus abfragen **muß***.

Denn Windows erledigt all diese Abfragen und entlastet Programmierer-Innen von fast allen unangenehmen Aufgaben, die bei jedem DOS-Programm wieder aufs Neue gelöst werden müssen: Tastatur, Bildschirm, Maus und Druckersteuerung.

Ein Windowsprogramm klinkt sich lediglich in eine Kette von Nachrichtenverarbeitungsprozeduren ein und reagiert dann entsprechend auf Nachrichten, die für es bestimmt sind. Denn auch dies vermag Windows zu managen – jedes Fenster erhält die Nachrichten, die für es relevant sind. All dies ist fast schon ein alter Hut. Völlig bahnbrechend hingegen ist das OWL–Konzept, alle möglichen Windowsnachrichten, die ein Programm bekommen kann, als virtuelle Methoden des Applikations-objektes anzulegen und so überhaupt keine Nachrichtenverarbeitung programmieren zu müssen. Aus einem verschachtelten *case*-Statement in *WinMain* wird dann eine übersichtliche Objektdefinition:

```
PMyWindow = ^TMyWindow;
TMyWindow = object(TWindow)
  constructor Init(ATitle:PChar);
  ...
  Procedure wmChar(var Msg:TMessage); virtual
                wm_First + wm_Char;
  Procedure wmDestroy(var Msg:TMessage); virtual
```

```
                    wm_First + wm_Destroy;
      Procedure wmKeyDown(var Msg:TMessage); virtual
                    wm_First + wm_KeyDown;
      Procedure wmLButtonDblClk(var Msg:TMessage); virtual
                    wm_First + wm_LButtonDblClk;
      Procedure wmLButtonDown(var Msg:TMessage); virtual
                    wm_First + wm_LButtonDown;
      Procedure wmLButtonUp(var Msg:TMessage); virtual
                    wm_First + wm_LButtonUp;
      Procedure wmMouseMove(var Msg:TMessage); virtual
                    wm_First + wm_MouseMove;
      ...
      destructor Done; virtual;
    end;
```

Und ebenso leicht können die Aktionsprozeduren für Menüpunkte oder
Dialogelemente realisiert werden. Hier wird eine klare Trennung zwischen
Bürokratie und wirklichem Programm vorgenommen. Die Bürokratie, das
ist die Abfrage und die Auswertung der Bedienungselemente, bleibt hier
ProgrammiererInnen verborgen und bläht den Programmcode nicht unnötig
auf. Eigene Methoden, die als Antwort auf die Aktivierung eines
Menüpunktes oder die Betätigung eines Hotkey agieren sollen, werden
einfach unter Angabe des Kommandocodes mit dem Offset *cm_first*
angegeben:

```
      procedure IrgendEtwas(var M:TMessage);
            virtual cm_first+cm_IrgendWas;
```

Hierbei müßte *cm_IrgendWas* der im Workshop definierten Kommando-
nummer für den Menüpunkt *Irgendwas* entsprechen, und schon reagiert Ihr
Programm auf dieses Menü. Keine einzige Zeile WM_XXXX-Auswertung
dank der OWL.

Nachricht	Effekt
WM_ACTIVATE	Applikation aktivieren/deaktivieren
WM_ACTIVATEAPP	Fenster anderer Applikationen aktivieren
WM_CHAR	Taste wurde gedrückt oder losgelassen
WM_CLOSE	Applikation beenden
WM_COMPACTING	Speichermangel bei der Garbage-Collection
WM_KEYDOWN	Taste wurde heruntergedrückt
WM_KEYUP	Taste wurde losgelassen
WM_LBUTTONDBLCLK	linker Mausknopf doppelt geklickt
WM_LBUTTONUP	linker Mausknopf losgelassen
WM_MOUSEMOVE	Mausposition verändert
WM_MOVE	Fenster wurde bewegt
WM_PAINT	Fensterinhalt neu zeichnen

Tabelle 2.3 Wichtige Windowsnachrichten

Nachricht	Effekt
WM_QUERYENDSESSION	Kann Programm beendet werden?
WM_QUERYOPEN	Kann diese Applikation geöffnet werden?
WM_QUIT	Programm beenden
WM_RBUTTONDBLCLK	rechter Mausknopf doppelt geklickt
WM_RBUTTONDOWN	rechter Mausknopf gedrückt
WM_RBUTTONUP	rechter Mausknopf losgelassen
WM_SIZE	Fenster wurde vergrößert od. verkleinert
WM_SYSCOLORCHANGE	Systemfarben haben sich geändert
WM_TIMECHANGE	Systemzeit hat sich geändert
WM_WININICHANGE	WIN.INI hat sich geändert

Fortsetzung Tabelle 2.3 Wichtige Windowsnachrichten

Argument jeder dieser Nachrichtenfunktionen ist ein Record vom Typ *TMessage*, der die Parameter wie Koordinaten oder ähnliches enthält. Dieser Record besitzt folgende Datenfelder:

```
TMessage = record
   Receiver: HWnd;
   Message: Word;
   case Integer of
      0: (WParam: Word;
          LParam: Longint;
          Result: Longint);
      1: (WParamLo: Byte;
          WParamHi: Byte;
          LParamLo: Word;
          LParamHi: Word;
          ResultLo: Word;
          ResultHi: Word);
   end;
```

Das Auswerten dieses Records ist unproblematisch, da er als varianter Typ vorliegt und die Kernfelder *lParam*, *wParam* und *Result* auch als ihre Hi- und Lo-Teile angesprochen werden können. Ein Problem, welches bei der Windowsprogrammierung mit TPW häufiger auftaucht, ist die Konvertierung einer *TMessage*-Struktur in eine Struktur vom Typ *TMsg*. Manchmal besitzt man Nachrichtendaten in Form einer *TMessage*-Struktur und benötigt hingegen eine *TMsg*-Struktur.

```
TMsg = record
   hwnd: HWnd;
   message: Word;
   wParam: Word;
   lParam: LongInt;
   time: Longint;
   pt: TPoint;
end;
```

Dies ist z.B. dann vonnöten, wenn Sie innerhalb einer Nachrichtenfunktion eine Funktion des API aufrufen, die eben eine *TMsg*-Struktur erwartet. Die Felder *wParam* und *lParam* können meist direkt kopiert werden. *HWnd* und *message* können ebenfalls leicht besetzt werden und die weiteren Felder werden nur selten benötigt.

2.4 Stringverarbeitung

Man kann sich einige Zeit vor der intensiven Arbeit mit den *nullterminierten* oder auch *ASCIIZ*-Strings drücken und weitgehend mit den (für TP-ProgrammiererInnen unter DOS gewohnten) Pascal-Strings arbeiten. Spätestens die API-Funktionen von Windows verlangen jedoch nullterminierte Strings und zwar in der Regel einen Zeiger darauf.

Nullterminierte Strings sind, wie der Name bereits sagt, Strings, die mit dem ASCII-Zeichen 0 abgeschlossen werden. Demzufolge darf dieses Zeichen natürlich nicht in diesem String vorkommen, da sonst dort das Ende angenommen wird. Der enorme Vorteil dieser Strings liegt darin, daß sie praktisch jede beliebige Länge haben dürfen. Der String benötigt immer ein Byte mehr, als Zeichen zu speichern sind, da die Null hinzukommt.

Pascal-Strings sind auf 255 Zeichen begrenzt, da sie im ersten Zeichen (=Byte) ihre Länge enthalten. Mit einem Byte kann eine maximale Länge von 255 dargestellt werden, daher diese Einschränkung. Der eigentliche Inhalt beginnt bei diesen Zeichenketten so auch erst beim zweiten Byte.

Um einen Pascal-String direkt als Zeiger auf einen ASCIIZ-String zu übergeben, kann ein kleiner Trick angewendet werden, der eine Typenumwandlung umgeht. Man hängt zunächst das Zeichen #0 an den String an und übergibt dann einen Zeiger auf das **zweite** Byte (Index=1):

```
    var s : String;
  ...
    s:='Hallo Heinz-Rüdiger!';
    s:=s+#0;
    setDlgItemText(HWindow,102,@S[1]);
  ...
```

Grundsätzlich sollte man jedoch vorwiegend die ASCIIZ-Strings verwenden, da dazu in der Unit *Strings* eine Vielzahl an Manipulationsfunktionen und -prozeduren bereitsteht, die viel Arbeit sparen können. Diese sind in der folgenden Tabelle zusammengefaßt.

Funktion	Befehl
Dynamischen String erzeugen	StrNew
Dynamischen String verwerfen	StrDispose
KomplettenString anhängen	StrCat
X Zeichen eines String anhängen	StrLCat
X Zeichen eines String kopieren	StrMove
Kompletten String kopieren	StrCopy
Pascal String in einen ASCIIZ–String kopieren	StrPCopy
X Zeichen eines String kopieren	StrLCopy
Kopletten String kopieren, Zeiger auf Ende liefern	StrECopy
Komplette Strings vergleichen	StrComp
X Zeichen zweier Strings vergleichen	StrLComp
Komplette Strings vergleichen, Schreibweise egal	StrIComp
Wie StrLComp, jedoch Schreibweise egal	StrLIComp
String in String suchen	StrPos
Erstes Vorkommen von Zeichen in String suchen	StrScan
Letztes Vorkommen von Zeichen in String suchen	StrRScan
Länge ermitteln	StrLen
Zeiger auf letztes Zeichen ermitteln	StrEnd
String in Kleinbuchstaben wandeln	StrLower
String in Großbuchstaben wandeln	StrUpper
ASCIIZ–String in Pascal–String wandeln	StrPas

Tabelle 2.4 String–Funktionen aus STRINGS.TPU

ASCIIZ–Strings sind in TPW immer vom Typ ARRAY of Char. Sie
können fest (im Datensegment) oder auch dynamisch (mit *StrNew*)
vereinbart werden:

```
...
var   Name     : array[0..25] of char;
      Bemerk   : PChar;
...
  StrCopy(Name,'Malte');
  Bemerk:=StrNew('Ißt gerne Flocken');
...
  StrDispose(Bemerk);
...
```

Der Vorteil dynamischer Variablen ist hinreichend bekannt – sie können
wieder freigegeben werden, während global vereinbarte Variablen das
Datensegment füllen. Die API–Funktionen erwarten ausschließlich Zeiger
auf ASCIIZ–Strings. Durch ein Entgegenkommen des Compilers können
Sie dennoch in jeder Funktion **auch** Variablen wie *Name* im obigen

Beispiel und sogar konstante Strings in Hochkommata übergeben. Der Compiler erkennt diese Datentypen und fügt entsprechenden Code zur Typenumwandlung ein. So können Sie eine Eingabezeile in einer Dialogbox auf vier Arten füllen. Zunächst mit einem konstanten Text:

```
SetDlgItemText(HWindow,102,'Malte');
```

oder so, mit *ARRAY of char*:

```
SetDlgItemText(HWindow,102,Name);
```

oder aber auch so, mit *PChar*:

```
SetDlgItemText(HWindow,102,Bemerk);
```

Und nicht zu vergessen, mit einem modifizierten Pascal String:

```
s:=s+#0;
SetDlgItemText(HWindow,102,@S[1]);
```

Wenn Sie der Möglichkeit nachweinen sollten, Strings über den Operator + zu verketten, wie dies bei Pascal–Strings möglich ist, so sollten Sie sich vor Augen halten, welch enorme Arbeitserleichterung die anderen Funktionen bedeuten. Eine Mischung der zwei Stringtypen, beispielsweise um sowohl den + Operator als auch die erweiterte Suche zu nutzen, ist nicht zu empfehlen.

Die wichtigen Funktionen *Val* und *Str*, die zur Umwandlung von Text in numerische Werte und umgekehrt unverzichtbar sind, funktionieren in TPW auch mit den ASCIIZ–Strings. Folgende Codesequenz wird arglos übersetzt und bereitet auch zur Laufzeit keine Probleme:

```
var a,b: integer;
    s  : array[0..20] of char;
...
str(a,s);
...
val(s,a,b);
...
```

Besonderes Augenmerk ist auf die API–Funktion *wvsPrintf* zu richten, da diese die Flexibilität des vom DOS–Pascal her bekannten und allseits beliebten *Writeln* auch in die (echte) Windows–Umgebung transportiert. Die Unit *WINCRT* ist sicherlich nur für das Ausprobieren kleiner Programmteile brauchbar, denn mit dieser Unit ist weder ein Menü noch sonst eine der typischen Elemente echter Windowsprogramme realisierbar.

Die Funktion *wsvPrintf* arbeitet ähnlich wie die C-Funktion *printf*, daher ihr Name. Diese Funktion ist trotz ihrer Leistungsfähigkeit nur in wenigen

Publikationen zu TPW erwähnt und in einigen Handbüchern bzw. Onlinehilfen sogar mit falschen Parametern beschrieben. Folgende Syntax findet sich in der Onlinehilfe zu TPW 1.5:

```
function wvsprintf(Output, Format, ArgList: PChar): Integer;
```

Die Tatsache, daß *ArgList* angeblich wie die anderen Parameter eine Zeichenkette sein soll, läßt den eigentlichen Sinn dieser Funktion nicht erkennen. *ArgList* ist ein Record, welcher die darzustellenden Variablen enthält. Diese können vom Typ *pChar*, *char*, *integer*, *longint* sowie *word* sein. Nahezu beliebig viele Felder können in diesem Record gemischt werden und werden innerhalb der Funktion *wsvPrintf* über spezielle Sequenzen innerhalb des speziellen Formatstrings mit Text gemischt und in die Zeichenkette *Output* übertragen. Am besten ist diese Arbeitsweise an einem Beispiel zu erkennen:

```
uses winprocs,wincrt,strings;

var  s1       : array[0..100] of char;
     Numbers : record
                 a,b : integer;
                 sum : longint;
                 end;
     text     : pchar;

begin
  with numbers do begin
   a:=12345;
   b:=6789;
   sum:=a+b;
   end;
  writeln('Ein kleines Demo für wsvPrintf:');
  writeln;
  wvsPrintf(s1,'Die Summe der Zahlen %d und %d ist
               %li!',numbers);
  writeln(s1);
  writeln('Nun das Ganze mit Hexadezimalzahlen:');
  wvsPrintf(s1,'Die Summe der Zahlen %X und %X ist
               %lX!',numbers);
  writeln(s1);
  writeln;
  text:=StrNew('Öha, do isser!');
  wvsPrintf(s1,'Auch Text kann mit wsvPrintf angezeigt werden:
               %15s',text);
  writeln(s1);
end.
```

Der Formatstring enthält also einfach den gewünschten Text wie *Es sind %d Megabytes frei*, wobei alle einzufügenden Variablen mit einem speziellen Formatcode eingefügt werden. Es können beliebig viele

Formatcodes in diesem Text stehen – wichtig ist nur, daß diese zu den Datentypen im als dritten Parameter übergebenen Record passen und daß die Felder des Record in der gleichen Reihenfolge aufgebaut sind, wie die Formatcodes. Diese werden immer mit dem Zeichen % begonnen, um dieses Zeichen innerhalb des Formatstrings anzuzeigen, müssen Sie sich des in C üblichen Tricks %% bedienen. Am Ende eines jeden Formatcodes wird der Datentyp angegeben, wobei dabei folgende Möglichkeiten bestehen:

Datentyp	Code	Ausgabebeispiel
PChar	s	Hello World
Char	c	ü
Integer	d	12345
Longint	ld	98939829
Word	u	65532
Word in hex.	x	e24b
Word in HEX	X	E24B
Longint in hex	lx	f003db
Longint in HEX	lX	F003DB

Tabelle 2.5 Datentypcodes für wsvPrintf

Für die Darstellung eines Integer würde man also einfach die Sequenz %d einfügen. Um die Länge der Ausgabe zu beeinflussen, kann die maximale Anzahl der gewünschten Zeichen zwischen % und Formatzeichen eingefügt werden. Die Angabe %3s würde nur drei Zeichen zulassen – diese Option funktioniert nur beim Datentypen *PChar*.

Option	Code	Beispiel
Ausgabe linksbündig	–	...Das sind 12 Megabytes...
Hex–Zahlen mit 0x davor	#	0xE2FB
Führende Nullen	0	00432

Tabelle 2.6 Weitere wsvPrintf Optionen

Weitere Optionen, die die Ausgabe von *wsvPrintf* beeinflussen, finden Sie in Tabelle 2.6.

Mit der Kenntnis dieser Stringfunktionen können Sie alles unter DOS gewohnte getrost vergessen, aber Vorsicht ist bei allen ASCIIZ–Funktionen insofern geboten, daß Zielstrings von Kopier– und Anhängaktionen mindestens die geforderte Größe haben müssen, da keine Längenprüfungen durchgeführt werden, sonst...

> Bemessen war ein String ein wenig knapp,
> das Programm stürzte kommentarlos ab...

2.5 Standard–Programmgerüst

Um Ihnen die lästige Arbeit zu ersparen, die bei Beginn der Entwicklung eines neuen Programms immer wieder entsteht, habe ich Ihnen gleich an dieser Stelle ein Programmgerüst mit den wesentlichen Eigenschaften anzubieten. Sämtliche dazu gehörenden Dateien finden sich auf der Diskette im Verzeichnis \GERUEST.

Viele der darin enthaltenen Funktionen werden in den folgenden Kapiteln noch ausführlicher besprochen, dennoch sollte dieses Gerüst möglichst alles enthalten und nicht erst im Laufe dieses Buches mit der elementaren Funktionalität ausgestattet werden. Das Gerüst enthält die obligatorischen Menüs *Datei, Bearbeiten* und *Hilfe* sowie die dazugehörigen Hotkeys. Für alle wichtigen Windowsnachrichten und auch die Menüfunktionen sind bereits Prozedurhüllen vorhanden, in denen die Bedeutung der Nachrichtenparameter als Kommentar eingetragen ist.

Auch eine *Über...*–Funktion findet sich im Hilfe-Menü. Diese bringt die obligatorische Dialogbox zur Anzeige. In der zum Gerüst gehörenden Ressource müssen Sie natürlich Anpassungen vornehmen. Kopieren Sie dazu am besten immer GERUEST.* in ein anderes Verzeichnis und benennen Sie diese Dateien dann um. Im Programmcode muß dann zunächst der neue Ressourcenname eingetragen werden und auch bei den Aufrufen des Windows–Hilfesystems muß ein neuer Dateiname engegeben werden.

Das Gerüst verfügt nämlich bereits über ein Hilfesystem, welches als Ansatz für eine einfache, nicht kontextspezifische Hilfe verwendet werden kann. Wie man Hilfesysteme entwickelt, dies ist ebenfalls in diesem Buch unter dem Titel *Windows Hilfesystem* zu finden.

Die Fenstervariable *AnyChanges* dient in diesem Gerüst dazu, sicherzustellen, daß das Programm nicht versehentlich verlassen wird, ohne eventuell vorher geänderte Daten zu sichern. In der Methode *CanClose* wird abhängig vom Wert dieser Variablen eine Dialogbox angezeigt, die wahlweise mit oder ohne Sichern beendet oder auch dem Anwender ermöglicht, zum Programm zurückzukehren. Hier nun das Gerüst:

```
program geruest;

{$R geruest}

uses
bwcc,WObjects,WinTypes,WinProcs,Strings,WinDos,Stddlgs,StdWnd
s;

type
  TMyApp = object(TApplication)
    procedure InitInstance; virtual;
    procedure InitMainWindow; virtual;
  end;

  PMyWindow = ^TMyWindow;
  TMyWindow = object(TWindow)
    anyChanges : boolean;
    { Systemmethoden }
    constructor Init(ATitle : PChar);
    procedure SetupWindow ; virtual;
    function GetClassName : PChar; virtual;
    procedure GetWindowClass(var AWndClass : TWndClass);
virtual;
    function CanClose : boolean; virtual;
    procedure DefWndProc(var Msg : TMessage); virtual;
    procedure Paint(PaintDC : HDC; var PaintInfo:
TPaintStruct); virtual;
    Procedure wmChar(var Msg : TMessage); virtual
              wm_First + wm_Char;
    Procedure wmKeyDown(var Msg : TMessage); virtual
              wm_First + wm_KeyDown;
    Procedure wmLButtonDblClk(var Msg : TMessage); virtual
              wm_First + wm_LButtonDblClk;
    Procedure wmLButtonDown(var Msg : TMessage); virtual
              wm_First + wm_LButtonDown;
    Procedure wmLButtonUp(var Msg : TMessage); virtual
              wm_First + wm_LButtonUp;
    Procedure wmMouseMove(var Msg : TMessage); virtual
              wm_First + wm_MouseMove;
    Procedure wmTimer(var Msg : TMessage); virtual
              wm_First + wm_Timer;
    destructor Done; virtual;
```

```
      { Menümethoden Datei-Menü}
      procedure FileNew (var Msg : TMessage); virtual
               cm_first + 101;
      procedure FileOpen (var Msg : TMessage); virtual
               cm_first + 102;
      procedure FileSave (var Msg : TMessage); virtual
               cm_first + 103;
      procedure FileSaveAs (var Msg : TMessage); virtual
               cm_first + 104;
      procedure FilePageSetup (var Msg : TMessage); virtual
               cm_first + 107;
      procedure FilePrinterSetup (var Msg : TMessage); virtual
               cm_first + 106;
      procedure Fileprint (var Msg : TMessage); virtual
               cm_first + 105;
      procedure FileExit (var Msg : TMessage); virtual
               cm_first + 108;
      { Menümethoden Bearbeiten-Menü}
      procedure EditUndo (var Msg : TMessage); virtual
               cm_first + 201;
      procedure EditCopy (var Msg : TMessage); virtual
               cm_first + 202;
      procedure EditCut (var Msg : TMessage); virtual
               cm_first + 203;
      procedure EditPaste (var Msg : TMessage); virtual
               cm_first + 204;
      { Menümethoden Hilfe-Menü}
      procedure HelpIndex (var Msg : TMessage); virtual
               cm_first + 901;
      procedure HelpKeys (var Msg : TMessage); virtual
               cm_first + 902;
      procedure HelpCommands (var Msg : TMessage); virtual
               cm_first + 903;
      procedure HelpProcedures (var Msg : TMessage); virtual
               cm_first + 904;
      procedure HelpOnHelp (var Msg : TMessage); virtual
               cm_first + 905;
      procedure HelpAbout (var Msg : TMessage); virtual
               cm_first + 999;
   end;


constructor TMyWindow.Init(ATitle : PChar);
 begin
  TWindow.Init(Nil, ATitle);
  with Attr do
    begin
     Style := ws_OverlappedWindow;
     Menu := LoadMenu(hInstance,'menu');
     { Startposition und -größe }
     X:=20; Y:=20; w:=400; h:=300;
    end;
 end;
```

```pascal
procedure TMyWindow.SetupWindow;
 begin
  TWindow.SetupWindow;
  { AnyChanges hier nur zum Test auf True, sonst False! }
  anyChanges:=true;
 end;

function TMyWindow.GetClassName : PChar;
 begin
  GetClassName := 'MyWindows';
 end;

procedure TMyWindow.GetWindowClass(var AWndClass :
TWndClass);
 begin
  TWindow.GetWindowClass(AWndClass);
 with AWndClass do
   begin
    { Hier gewünschteh Arbeitsflächencursor laden }
    hCursor := LoadCursor(0,PChar(idc_Arrow));
    hIcon := LoadIcon(hInstance,'appicon');
    Style := cs_Vredraw or cs_Hredraw or cs_DblClks;
   end;
 end;

function TMyWindow.CanClose : boolean;
  var dummy    : integer;
      dummyMsg : TMessage;
 begin
  CanClose:=true;
  If anyChanges then begin
   dummy:=MessageBox(HWindow,'MyApp soll beendet werden,
obwohl'+
          ' Änderungen nicht gesichert wurden! Jetzt
sichern?',
                     'MyApp',mb_IconQuestion or
mb_YesNoCancel);
   case dummy of
     id_Yes:    begin
                { Hier Änderungen sichern }
                FileSave(DummyMsg);
                end;
    id_Cancel: CanClose:=false;
     end;
   end;
 end;

procedure TMyWindow.DefWndProc;
 begin
  TWindow.DefWndProc(Msg);
 end;
```

```pascal
procedure TMyWindow.Paint;
 var i     : integer;
     r     : TRect;
     brush : hBrush;
     x,y   : integer;
 begin
  GetWindowRect(HWindow,r);
  for i:=1 to 10 do begin

brush:=createSolidBrush(RGB(random(255),random(255),random(25
5)));
    brush:=selectObject(PaintDC,brush);
    x:=random(r.right-r.left-40);
    y:=random(r.bottom-r.top-40);
    rectangle(PaintDC,x,y,x+40,y+40);
    deleteObject(brush);
    end;
 end;

Procedure TMyWindow.wmChar;
 begin
 { msg.wParam enthält das Zeichen }
 end;

Procedure TMyWindow.wmKeyDown;
 begin
 { msg.wParam enthält vk_xxx-Code,
   msg.lParamLo die Wiederholzahl }
 end;

Procedure TMyWindow.wmLButtonDblClk;
 begin
 { msg.wParam enthält die Bits MK_Shift und MK_Control,
   msg.lParamLo = X, msg.lParamHi = Y der Mausposition
   relativ zur linken oberen Fensterecke }
 end;

Procedure TMyWindow.wmLButtonDown(var Msg : TMessage);
 begin
 { msg.wParam enthält die Bits MK_Shift und MK_Control,
   msg.lParamLo = X, msg.lParamHi = Y der Mausposition
   relativ zur linken oberen Fensterecke }
 end;

Procedure TMyWindow.wmLButtonUp(var Msg : TMessage);
 begin
 { msg.wParam enthält die Bits MK_Shift und MK_Control,
   msg.lParamLo = X, msg.lParamHi = Y der Mausposition
   relativ zur linken oberen Fensterecke }
 end;
```

```pascal
Procedure TMyWindow.wmMouseMove(var Msg : TMessage);
 begin
 { msg.wParam enthält die Bits MK_Shift und MK_Control,
   msg.lParamLo = X, msg.lParamHi = Y der Mausposition
   relativ zur linken oberen Fensterecke }
 end;


Procedure TMyWindow.wmTimer(var Msg : TMessage);
 begin
 { msg.wParam enthält die Zeitgebernummer }
 end;

destructor TMyWindow.Done;
 begin
   TWindow.Done;
 end;

procedure TMyWindow.FileNew;
 begin
   messagebox(hwindow,'Datei -
Neu','MyApp',mb_ok+mb_IconInformation);
 end;

procedure TMyWindow.FileOpen;
 begin
   messagebox(hwindow,'Datei -
Öffnen...','MyApp',mb_ok+mb_IconInformation);
 end;

procedure TMyWindow.FileSave;
 begin
   messagebox(hwindow,'Datei -
Speichern','MyApp',mb_ok+mb_IconInformation);
   anyChanges:=false;
 end;

procedure TMyWindow.FileSaveAs;
 begin
   messagebox(hwindow,'Datei - Speichern un-
ter...','MyApp',mb_ok+mb_IconInformation);
 end;

procedure TMyWindow.FilePageSetup;
 begin
   messagebox(hwindow,'Datei -
Seitenlayout...','MyApp',mb_ok+mb_IconInformation);
 end;

procedure TMyWindow.FilePrinterSetup;
 begin
   messagebox(hwindow,'Datei -
Druckerinstallation...','MyApp',mb_ok+mb_IconInformation);
 end;
```

```pascal
procedure TMyWindow.Fileprint;
 begin
  messagebox(hwindow,'Datei -
Drucken','MyApp',mb_ok+mb_IconInformation);
 end;

procedure TMyWindow.FileExit;
 begin
  CloseWindow;
 end;

procedure TMyWindow.EditUndo;
 begin
  messagebox(hwindow,'Bearbeiten -
Rückgängig','MyApp',mb_ok+mb_IconInformation);
 end;

procedure TMyWindow.EditCopy;
 begin
  messagebox(hwindow,'Bearbeiten -
Kopieren','MyApp',mb_ok+mb_IconInformation);
 end;

procedure TMyWindow.EditCut;
 begin
  messagebox(hwindow,'Bearbeiten -
Ausschneiden','MyApp',mb_ok+mb_IconInformation);
 end;

procedure TMyWindow.EditPaste;
 begin
  messagebox(hwindow,'Bearbeiten -
Einfügen','MyApp',mb_ok+mb_IconInformation);
 end;

var s: array[0..20] of char;

procedure TMyWindow.HelpIndex;
 begin
  WinHelp(HWindow,'GERUEST.HLP',help_index,0)
 end;

procedure TMyWindow.HelpKeys;
 begin
  strCopy(s,'Tastatur');
  WinHelp(HWindow,'GERUEST.HLP',help_key,longint(@s));
 end;

procedure TMyWindow.HelpCommands;
 begin
  strCopy(s,'Befehle');
  WinHelp(HWindow,'GERUEST.HLP',help_key,longint(@s));
 end;
```

```
procedure TMyWindow.HelpProcedures;
 begin
  strCopy(s,'Verfahren');
  WinHelp(HWindow,'GERUEST.HLP',help_key,longint(@s))
 end;

procedure TMyWindow.HelpOnHelp;
 begin
  WinHelp(HWindow,'WINHELP.HLP',help_helpOnhelp,0)
 end;

procedure TMyWindow.HelpAbout;
 var d: TDialog;
 begin
  d.init(nil,'INFO');
  d.execute;
  d.done;
 end;


procedure TMyApp.InitMainWindow;
 begin
  MainWindow := New(PMyWindow, Init('Geruest'));
 end;

procedure TMyApp.InitInstance;
 begin
  TApplication.InitInstance;
  hAccTable := LoadAccelerators(hInstance,'hotkeys');
 end;

var
  App : TMyApp;
begin
  App.Init('MyWindow');
  App.Run;
  App.Done;
end.
```

Damit das Programmgerüst wenigstens ein wenig Leben auf den Bildschirm bringt, habe ich eine kleine *Paint*-Methode implementiert, die zufällig zehn bunte Rechtecke auf der Fensterfläche verteilt und dies auch bei jeder Änderung der Größe wiederholt.

Sollten Sie über die eine oder andere Zeile in diesem Gerüst stolpern, so ist dies nicht tragisch! Alle hier zur Anwendung kommenden Verfahren werden im Laufe dieses Buchs noch ausführlich besprochen. Aber man kann dieses Gerüst auch dann als Ansatz für eigene Kreationen verwenden, wenn man nicht alle Details durchblickt. Gerade beim Hilfesystem ist dies nun wirklich nicht trivial!

3 Entwicklungswerkzeuge

Bevor wir uns mit den ersten Programmiertechniken befassen, möchte ich Ihnen einige der Hilfsmittel vorstellen, die Turbo Pascal für Windows oder das Borland Pascal Paket sinnvoll ergänzen. Denn die Tatsache, daß die meisten Dokumentationen und Publikationen zur Windows Programmierung für die Sprachen C und C++ erscheinen, läßt sich nun einmal nicht wegdiskutieren. So finden sich im Bereich der C–Entwicklungssysteme für Windows auch eine dementsprechende Menge recht interessanter Tools.

In vielen Mailboxen aber vor allem dem Computernetz *Compuserve* finden sich eine Unzahl brauchbarer Tips und Quellcodebeispiele, die auch mir in vielen Fällen den entscheidenden Tip gegeben haben, wie das eine oder andere realisiert werden kann. Ein Anschluß an Compuserve lohnt sich auf alle Fälle, da man darüber Updates von Treibern und ähnlichem sofort bekommen kann, wenn diese in Amerika verfügbar sind. Weiterhin kann man die Profis von Borland, Microsoft, IBM und Novell direkt anschreiben und erhält auf elektronischem Wege viel schneller eine Anwort, als wenn ein Brief zunächst durch viele Abteilungen gereicht wird, bis dieser dann endlich sein Ziel erreicht.

Microsoft bietet außerdem eine *Developer–CD* an, die für einen wirklich geringen Preis sämtliche Dokumentationen zum SDK, zum DDK, zu den C–Compilern und eine kaum beschreibbare Sammlung an Publikationen zur Windowsprogrammierung (z.B. den Petzold!) enthält. Diese CD beinhaltet ein schönes Suchprogramm, mit dem diese Texte nach Stichworten durchsucht werden können. Und schließlich finden Sie noch Quellcodebeispiele zu allen denkbaren Windowsfunktionen – leider nur in C – aber dennoch auch für TPW–ProgrammiererInnen brauchbar.

Eine Beschreibung der besten, dieser (unter anderem von der genannten CD) meist frei erhältlichen Tools finden Sie neben SDK–und Borland–Tools in den folgenden Abschnitten. Diese Beschreibungen sollen und werden natürlich keine Handbücher ersetzen, sondern Ihnen vielmehr einen Überblick verschaffen und bei der Entscheidung helfen, was für Sie brauchbar ist und was nicht.

3.1 Windows SDK

Das Windows–SDK von Microsoft ist unter C–ProgrammierInnen **das** Hilfsmittel für die Entwicklung von Windowsprogrammen, obwohl es natürlich auch ohne geht. Es besteht im Wesentlichen aus folgenden Komponenten:

* Einer DEBUG–Version der Windows–DLLs KERNEL, USER, GDI und MMSYSTEM

* Zahlreichen Programmbeispielen im Quellcode (auch für Pascal–ProgrammiererInnen interessant)

* Verschiedenen Entwicklungstools, die zu einem Teil auch im Borland–Pascal Paket und zu einem kleinen Teil bei TPW enthalten sind

* Ein Installationsprogramm für Eigenentwicklungen

* Hilfedateien für das 3.1er API und weitere Besonderheiten

* Spezialdateien für C

Zu diesem Paket gehört eine recht beachtliche Dokumentation auf Papier, deren Anschaffung sich dann lohnt, wenn man lieber Bücher wälzt, als die gleichen Informationen von der eingangs in diesem Kapitel erwähnten *Developer – CD* online zu lesen.

Ich bin bislang um den Einsatz der Debug–Version von Windows herumgekommen und denke, daß diese vor allem wohl bei der Entwicklung von Gerätetreibern (*.DRV und 386er VxD's) relevant ist. Bei der *normalen* Programmierung unter Windows dürfte man wohl in der Regel dem Bug mit einem Debugger auf die Spur kommen.

Die erwähnten Programmbeispiele sind durchweg in C verfaßt, bieten aber trotzdem für TPW–ProgrammiererInnen wichtige Tips, wie denn das Eine oder Andere realisiert werden kann und welche API–Funktionen man dafür einsetzt. Leider können nicht alle Beispiele in der gleichen Art auch in TPW realisiert werden, da das SDK beispielsweise für Screensaver eine spezielle Bibliothek bereithält, die unter TPW nicht genutzt werden kann. Daher muß man mit TPW teilweise einen anderen Weg gehen, um Gleiches zu erreichen. Was uns TPW–AnwenderInnen an diesen Beispielen durchweg stören wird, ist der viele Quellcode in jedem Beispiel, der nur für die Bürokratie benötigt wird und uns dank OWL völlig verborgen bleibt.

Die Hilfedateien zum 3.1er API bekommen Sie bei TPW 1.5 zusätzlich und bei Borland Pascal 7.0 integriert in das Pascal Hilfesystem mit, so sind diese wie auch die H– bzw. LIB–Dateien belanglos.

Wirklich interessant sind die Tools des SDK, die nicht im Lieferumfang von TPW oder BP sind . TPW wurde neben dem Ressource Workshop nur das nötigste mitgegeben: Die Hilfecompiler für Windows 3.0 und 3.1. Im folgenden finden Sie eine Aufstellung aller SDK–Tools, die nach der Installation im Verzeichnis \WINDEV\BIN zu finden sind. In den Spalten TPW und BP finden Sie ein X, wenn das jeweilige Tool im Lieferumfang enthalten ist. Wenn es durch adäquate Borland–Tools (wie z.B. den Resource Workshop) abgedeckt ist, so ist dies durch ein A gekennzeichnet. Wird das Tool nur für Spezialfälle benötigt, so erkennen Sie dies an einem *S*.

Tool	Funktion	TPW	BP
COMPRESS	**Dateikompression**		X
CV3	Codeview–Debugger	S	S
DBWIN	Anzeige von DEBUG–Nachrichten	S	S
DDESPY	Lauschen von DDE Nachrichten	S	S
FONTEDIT	Ändern von Fonts	A	A
HC30und HC31	Hilfecompiler	X	X
HEAPWALK	**Untersuchen des globalen Heap**		A
IMAGEDIT	BMP–Editor	A	A
RC	Zu–Fuß Ressourcencompiler	X	X
SHED	**Hotspot Editor für Help–Bitmaps**	S	X
SHOWHITS	Profiler		A
SPY	Nachrichtenspion		A
STRESS	**Applikationstest**		
ZOOMIN	**Desktop–Lupe**		

Tabelle 3.1 Die SDK–Tools

Die besonders brauchbaren Tools sind in der obigen Tabelle fett hervorgehoben und werden nun im folgenden Abschnitt genauer beschrieben.

3.2 SDK– und Borland Tools

Sicherlich kennen Sie die von dem Microsoft–Tool *Compress* erzeugten Dateien, die auf den Installationsdisketten in der Regel an einer besonderen Dateiendung zu erkennen sind: DOSSHELL.EX˜ oder z.B. WINFILE.HL˜. Diese Dateien können entweder mit dem nahezu bei jedem Microsoft Produkt beigefügten DOS–Programm *EXPAND.EXE* oder auch über die im letzten Kapitel dieses Buchs besprochene Windowsbibliothek mit dem Namen *LZEXPAND.DLL* dekomprimiert werden.

Für Windowsprogramme ist generell auch ein unter Windows laufendes Installationsprogramm angebracht, da der Mischmasch von DOS– und Windowsprogrammen für eine Applikation einen recht unprofessionellen Eindruck macht. Dafür ist *LZEXPAND.DLL* willkommen, die allerdings nur mit *COMPRESS* komprimierte Dateien zu dekomprimieren vermag. Für das berühmte PKZIP ist direkt von der Herstellerfirma *PKWARE* in USA ein Paket mit Routinen für die verbreitetesten Compiler erhältlich, was allerdings recht teuer (ca. 280 US$) zu bezahlen ist, während LZEXPAND.DLL in jedem Windows 3.1 Paket enthalten ist.

COMPRESS wird einfach auf der DOS–Ebene mit dem Namen der zu komprimierenden Datei aufgerufen:

```
COMPRESS COMPRESS.EXE COMPRESS.EX˜
```

Im Gegensatz zu den bekannten Dateikomprimierungsprogrammen erreicht COMPRESS nur etwa dreiviertel des Kompressionsgrades – bei COMPRESS.EXE selbst beispielsweise 26% gegenüber 36% bei PKZIP. Wenn es also auf das letzte Byte ankommt, so sollten Sie dann doch auf PKZIP oder LHA zurückgreifen.

HEAPWALK ermöglicht es, den gesamten Speicher zu durchlaufen (daher *walk*) und sich die Speicherblöcke anzusehen. Die folgende Abbildung zeigt Heapwalk auf einem System, in dem bereits einige Applikationen laufen und ein Block besonders untersucht werden soll.

```
HeapWalker- (Main Heap)
File  Walk  Sort  Object  Alloc  Add!
ADDRESS    HANDLE   SIZE LOCK      FLG HEAP OWNER     TYPE
0004DEC0   17AF     1632 P1        F        LANGUAGE  Code 1
0004E520   1997       64 P1        F        MSWORD    Private
0004E560   0957      512 P1        F        PAINTSHO  Task
0004E760   2E97      384 P1        F        WIN87EM   Data
0004E8E0   2DB7      288 P1        F        USER      Private
0004EA00   2DAF      512 P1        F        HEAPWALK  Task
0004EC00   2CD7      832 P1        F   Y    TOOLHELP  DGroup
0004EF40   2CA7      288 P1        F        USER      Private
0004F060   2D1E       32                    USER      Private
0004F080   2766      128                    GDI       Private
0004F100   19AE     1152               Y    MSWORD    Private
0004F580   0416      192                    LANGUAGE  Module Database
0004F640   27F6     2112                    GDI       Private Bitmap
0004FE80   2806      352                    GDI       Private Bitmap
0004FFE0   2616      160                    GDI       Private
00050080   26FE       64                    GDI       Private Bitmap
000500C0   280E      352                    GDI       Private Bitmap
00050220   1206      160                    GDI       Private
000502C0   25F6      160                    GDI       Private
00050360   219E      160                    GDI       Private
00050400
000504A0
000504C0      Global Object - 0004F640 27F6    2112         GDI    Private Bit
000504E0   0000  Private Bit 40 00 08 00 04 01 20 00 F7 27 00 02  .@.@......-'..
00050500   0010             BF 07 00 00 00 08 00 00 00 00 00 00  .....¿..........
           0020             FF FF FF FF FF FF FF FF FF FF FF FF  ÿÿÿÿÿÿÿÿÿÿÿÿÿÿÿÿ
           0030             FF FF FF FF FF FF FF FF FF FF FF FF  ÿÿÿÿÿÿÿÿÿÿÿÿÿÿÿÿ
           0040             FF FF FF FF FF FF FF FF FF FF FF FF  ÿÿÿÿÿÿÿÿÿÿÿÿÿÿÿÿ
           0050             FF FF FF FF CF CC FF FF FF FF F8 FF  ÿÿÿÿÿÿÿÏÌÿÿÿÿøÿ
           0060             FF FF FF FF FF FF FF FF FF FF FF FF  ÿÿÿÿÿÿÿÿÿÿÿÿÿÿÿÿ
           0070  FF FF FF FF FF FF FF FF C7 8C FF FF FF FF F0 E7  ÿÿÿÿÿÿÿÿÇ.ÿÿÿÿðç
```

Abbildung 3.1 Heapwalk in Aktion

HEAPWALK zeigt sämtliche Speicherblöcke an und kann sogar bestimmte Mengen Speicher allokieren, beispielsweise um zu testen, wie sich eine Applikation verhält, wenn der gesamte Systemspeicher erschöpft ist. Wichtig ist dieses Tool dann, wenn Sie feststellen, daß Ihre Applikation quasi Speicher *verbraucht*, indem sie Speicherblöcke nicht mehr freigibt. Solche gesperrten Blöcke finden Sie in der Liste und können anhand der Art, Größe und des Inhalts dann recht genau ermitteln, woher in Ihrem Programm diese Blöcke stammen und den Fehler damit stark einkreisen.

STRESS ist das zweite Tool, welches zum Testen einer Applikation verwendet werden kann. Allerdings ist es weniger dazu geeignet, Fehlerquellen zu finden als dazu, zu prüfen, ob die Applikation unter realen Bedingungen (mangelnder globaler und lokaler Speicher, mangelnde Ressourcen in GDI und USER, wenig Dateihandles und wenig Plattenplatz) noch einwandfrei arbeitet oder das System instabil wird.

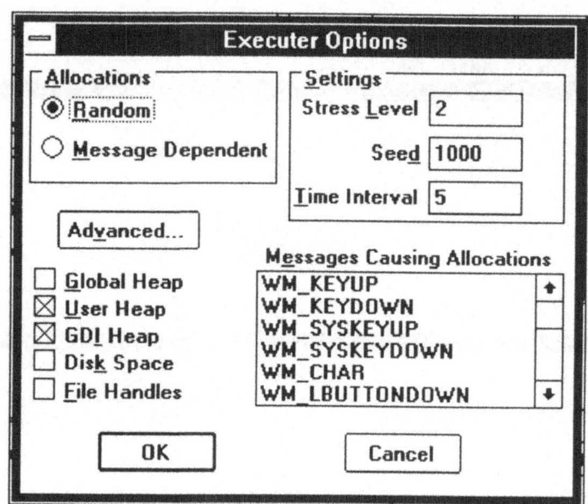

Abbildung 3.2 STRESS–Executer Optionen

STRESS vermag sowohl automatisch und zufällig Ressourcen zu belegen oder es läßt Sie die Streßsituation mit einer bestimmten Windowsnachricht verknüpfen. So können Sie beim Test Ihrer Applikation manuell beispielsweise mit der rechten Maustaste Engpässe jederzeit einschalten und das Verhalten der Applikation dabei prüfen.

Das Tool *ZOOMIN* kann beliebige Teile des gesamten Bildschirms vergrößern, um kleine Details zu prüfen:

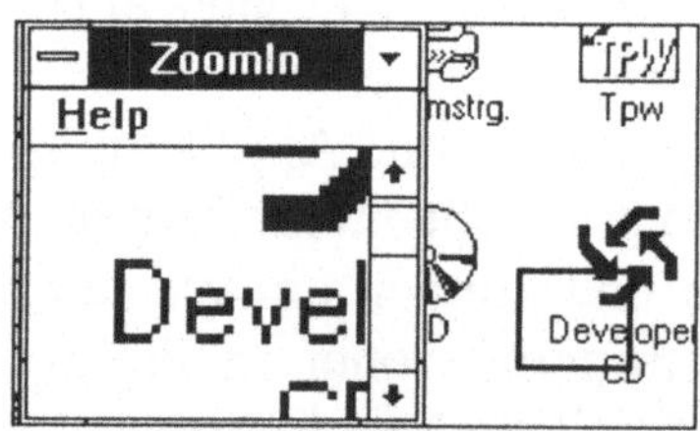

Abbildung 3.3
ZOOMIN vergrößert Icon aus dem
Program–Manager

Wenn Sie Programme entwickeln, die komplexe Grafiken erzeugen, so ist dieses Programm wertvoll. Manchmal sieht man sehr wohl, daß irgend etwas nicht genau stimmt, kann aber aufgrund der feinen Rasterung schon bei normaler VGA–Auflösung und der Aufteilung der physikalischen Pixel auf dem Bildschirm in die drei Grundfarben nichts genau erkennen. Mit dem Rollbalken am Fensterrand von ZOOMIN können Sie die Vergrößerung so einstellen, daß jedes Detail erkennbar wird.

SHED wird für sehr komfortable Hilfesysteme benötigt, in denen Sie eine Grafik darstellen, auf der der Anwender durch Anklicken verschiedener Stellen zu bestimmten Hilfethemen verzweigen kann.

Die in diesem Abschnitt besprochenen Tools sind optional, da auch ohne sie professionelle Programme entwickelt werden können. In manchen Situationen jedoch können Sie eine unglaubliche Menge Zeit und Nerven sparen und das kann den Preis für das SDK durchaus rechtfertigen, obwohl man nur einen kleinen Teil nutzt.

Im Lieferumfang von Borland Pascal befinden sich neben dem auch bei TPW vorhandenen Hilfecompiler und verschiedenen SDK-Programmen noch weitere Tools, von denen eines ganz besondere Beachtung verdient: *WINSIGHT*. Dieses Programm ist ein Nachrichtenspion der Extraklasse, mit dem sämtliche Windowsnachrichten mitgeschrieben werden können und so Fehlverhalten einer selbstentwickelten Applikation oft erklärt werden kann. *WINSIGHT* eignet sich auch zum Erforschen verschiedener Vorgänge in Windows oder kommerziellen Applikationen. Eines der besonders schönen Features von *WINSIGHT* ist, daß dieses Programm auch die undokumentierten Nachrichten kennt und in der Liste in anderer Schreibweise darstellt.

BP verfügt darüberhinaus über ein Quellcodebeispiel, welches die Leistungen von *HEAPWALK* bei weitem übberragt: *HEAPSPY*. Dieses Programm kann sämtliche Speicherblöcke einer Anwendung oder wahlweise auch alle anzeigen und ebenso wie *HEAPWALK* formatiert anzeigen. Absolutes Highlight dieses Programms ist die Tatsache, daß Borland sich durch den beigefügten Quellcode in die Karten schauen läßt. Dieses Programm ist nämlich ein Paradebeispiel für den Einsatz der in Windows 3.1 neuen DLL *TOOLHELP*.

TDW und *TPROFW* sind ebenfalls sehr hilfreiche Tools beim *Entwanzen* und *Tunen* einer selbstgeschriebenen Applikation unter Windows. Wenn auch der Borland-Debugger *TDW* im Gegensatz zu seinem SDK-Pendant *Codeview* nicht auf dem Windowsdesktop läuft und immer zwischen Grafik und Textmodus umschaltet, so ist dieser Debugger so leistungsfähig, daß man damit nahezu jedem Fehler auf die Spur kommen kann. Und wenn Sie sehr viel Zeit mit dem Debugger verbringen, so können Sie diese Arbeit bequem mit zwei Monitoren verrichten. Ideal ist dabei die billig zu beschaffende Hercules-monochrome Ausstattung , die mit nahezu allen VGA und Supervga Grafikadaptern zusammen in einem Rechner betrieben werden kann. Der Komfort dieser Ausrüstung liegt dann allerdings weit über dem *Codeview* Debugger, da dieser immer einen Teil des Windows-desktop verdeckt.

TDW kann auch mit einem zweiten Rechner im Remote–Betrieb laufen und stellt dann praktisch das Optimum an Austattung dar. Die Verbindung zwischen den PC kann entweder seriell (RS232 mit 115 KBaud) oder in einem LAN über NETBIOS geschehen. In Novell Netzwerken ist normalerweise kein Netbios Treiber geladen, er findet sich auf der WSGEN–Diskette heißt NETBIOS.COM und muß **nach** IPX.COM und NETX.COM geladen werden. Die Handbücher von TDW geben über den Remote–Betrieb genauere Auskunft.

3.3 Public Domain und Shareware Tools

Bei der Programmentwicklung unter Windows tauchen oft Probleme grafischer Natur auf, die mit den in den letzten Abschnitten beschriebenen Werkzeugen nicht bewältigt werden können, obwohl sie eigentlich recht trivial sind. Das Shareware–Programm *PAINTSHOP* kann viele der auftretenden Konvertierungsprobleme zwischen Grafikformaten und Farb-auflösungen lösen und ist für eine wirklich angemessene Registrierungs-gebühr legal benutzbar.

PAINTSHOP kann in der momentan vorliegenden Version 2.02 folgende Grafikformate lesen und schreiben:

BMP, GIF, IMG, MAC, PCX, PIC, RLE, TIF und WPG.

Neben der Formatumwandlung können Grafiken vergrößert und verkleinert werden und durch eine Vielzahl an Farbmanipulationen und –Umwand-lungen können Echtfarb–Bilder auf 256, 16 oder nur 2 Farben gedithert werden. Besonderer Bonus von *PAINTSHOP*: Man kann damit beliebige Teile des Bildschirms unter Windows *einfangen* und als Grafikdatei abspeichern. Spätestens für die Handbücher zu Ihrem Softwareprodukt benötigen Sie anspruchsvolle Abbildungen, die damit bequem erstellt werden können.

Um für alle Fälle eine Sammlung an netten Icons zu besitzen, die für eigene Anwendungen dann nur noch angepaßt werden müssen, empfiehlt es sich, das Programm *ICONMAN* zuzulegen, mit dem zum einen auf überall erhältliche ICO–Dateien, auf ICL und ICA Archive und auch auf die Icons in Windows–EXE und DLL–Dateien zugegriffen werden kann. *ICONMAN* ist ebenfalls Shareware.

DOSTRESS ist ein deutsches Sharewareprogramm, welches ein Clone des Microsoft *STRESS*-Tools darstellt. Obwohl man damit Windows und alle Applikationen ebenfalls tüchtig ins Schwitzen bringen kann, fehlen diesem Programm die vielen Einstellungsmöglichkeiten, die das Microsoft-Produkt aufweist. Wer aber das SDK alleine wegen dieses Tools anzuschaffen überlegt, sollte sich *DOSTRESS* auf jeden Fall einmal ansehen. Ich habe es in COMPUSERVE gefunden, es ist aber sicherlich auch in vielen kleineren Mailboxen zu finden und liegt meist als DOSTRE.ZIP vor.

Ebenfalls aus Mailboxen erhältlich ist ein Tool namens *MAPWIN*, welches besonders für Forschungsreisen durch fremde Software und auch für das Aufspüren undokumentierter Funktionen sowie zum Verständnis des Zusammenwirkens verschiedener DLLs geeignet ist.

MAPWIN eignet sich z.B. dazu, herauszufinden, welche DLLs von einem Programm benötigt werden. Gerade im Umfeld von Softwareentwickler-Innen sammeln sich viele Installationen von Programmen an, die teilweise nur unvollständig entfernt werden und so mit ihren DLLs unnötigen Plattenplatz belegen. Im folgenden Beispiel hat *MAPWIN* das Programm *TASKMAN* untersucht:

```
MAPWIN: 4.0 -- Copyright (C) 1986-91 Phar Lap Software, Inc.

Dump of the .EXE file -- taskman.exe

Header information

Target operating system...............Windows
Initial CS:IP.........................#0001:04B9
Initial SS:SP.........................#0002:0000
Initial DS............................#0002
Initial heap size.....................512 bytes (0x0200)
Initial stack size....................3072 bytes (0x000D)
Automatic data segment................Multiple

DLLs called by this program

    KERNEL
    USER


Exported entry points

    TASKMANDLGPROC (taskman.1)
```

```
Imported references

    __WINFLAGS (KERNEL.178)
    ...
    ...
    WAITEVENT (KERNEL.30)
```

Unter *Imported references* finden sich dann alle in diesem Programm
verwendeten Funktionen der aufgeführten DLLs, die hier aus Platzgründen
mit ... angedeutet sind. Aber auch DLLs selbst können untersucht werden
und geben dann alle Funktionen preis, die sie selbst zur Verfügung stellen –
hier ein Beispiel mit der Windows 3.1 DLL VER:

```
MAPWIN: 4.0 -- Copyright (C) 1986-91 Phar Lap Software, Inc.


Dump of the .DLL file -- ver.dll

Header information

Target operating system................Windows
Initial CS:IP..........................#0002:0000
Initial DS.............................#0006
Initial heap size......................512 bytes (0x0200)
DLL initialization.....................One time
Automatic data segment.................Single

DLLs called by this program

    LZEXPAND
    KERNEL
    USER
    KEYBOARD

Exported entry points

    WEP (ver.1)
    GETFILEVERSIONINFO (ver.7)
    GETFILERESOURCESIZE (ver.2)
    VERQUERYVALUE (ver.11)
    VERFINDFILE (ver.8)
    VERLANGUAGENAME (ver.10)
    GETFILEVERSIONINFOSIZE (ver.6)
    GETFILERESOURCE (ver.3)
    VERINSTALLFILE (ver.9)

Imported references

    __AHINCR (KERNEL.114)
    ...
    ...
    UNLOCKSEGMENT (KERNEL.24)
```

An dem Copyrighthinweis ist zu erkennen, daß dieses Programm aus der Feder der Systemprogrammierungsgurus von Phar Lap Software (ein bekanntes Produkt ist QUEMM) stammt.

3.4 Weitere Microsoft Tools

Auf der Microsoft Developer CD finden sich neben den reichhaltigen Informationen zu allen Bereichen der Windowsprogrammierung auch noch ein paar Tools, die erwähnenswert sind und die vorhandenen Entwicklungswerkzeuge unter Umständen sinnvoll ergänzen.

Für die Anzeige laufender Tasks, offener Dateien und geladener Module eignet sich das Programm *WPS*. Es gehört zu den von Microsoft verteilten, jedoch nicht unterstützten Tools, die offenbar Freeware sind. Module, Dateien und Tasks können beliebig geladen und auch wieder entfernt werden. Die Handles werden angezeigt, dies kann beim Debuggen einmal hilfreich sein. Da dieses Programm nur 25 KBytes auf die Waage bringt, dürfte es wenig Platzprobleme verursachen.

```
┌─────────────────────────────────────────────────────────────── WPS ──────────────── ▼ ▲ ┐
│ File   Options   Edit   Update!                                                            │
├────────────────────────────────────────────────────────────────────────────────────────┤
│ Name          hTask   hParent   nEvents   hInst   Version   Exe                            │
│ MSWORD        1B27    0647      0000      25AE               P:\WINWORD\WINWORD.EXE         │
│ PROGMAN       0647    0137      0000      1766    3.10.103   C:\WINDOWS\PROGMAN.EXE         │
│ PSP           29D7    0647      0000      3606               C:\PSP\PSP.EXE                 │
│ WINFILE       31CF    0647      0000      310E    3.10.103   C:\WINDOWS\WINFILE.EXE         │
│ WPS           291F    31CF      0000      1D2E    1.09.000   C:\WHPE\WPS.EXE                │
├────────────────────────────────────────────────────────────────────────────────────────┤
│ Owner         Usage   Access    Attribs   FileSize   Filename   (Total Handles: 127)       │
│ KRNL386       1       ro        A-----    25088      WPS.EXE                                │
│ KRNL386       1       ro        A-----    294176     PSP.EXE                                │
│ KRNL386       1       roDW      ------    80868      RANSOMNO.TTF                           │
│ MSWORD        1       rwDW      A-----    4608       ~DOC2925.TMP                           │
│ MSWORD        1       rwDW      A-----    96695      APCOABEM.ASD                           │
│ NETX          9       rW                  0          @INETW\@                               │
├────────────────────────────────────────────────────────────────────────────────────────┤
│ Name          hModule   Usage   Version   Exe                                              │
│ BORTE         1D3F      0001               S:\BP\BIN\BORTE.FON                              │
│ CANCAPSL      29CF      0001     3.10.101  C:\WINDOWS\SYSTEM\CANCAPSL.DRV                    │
│ CGA40WOA      0337      0001     3.10.103  C:\WINDOWS\SYSTEM\CGA40WOA.FON                    │
│ COMM          022F      002B     3.10.103  C:\WINDOWS\SYSTEM\COMM.DRV                        │
│ COMMDLG       19BF      0003     3.10.103  C:\WINDOWS\SYSTEM\COMMDLG.DLL                     │
│ COURE         033F      0002     3.10.103  C:\WINDOWS\SYSTEM\COURE.FON                       │
│ DIALOG        304F      0001               P:\WINWORD\DIALOG.FON                             │
└────────────────────────────────────────────────────────────────────────────────────────┘
```

Abbildung 3.4   WPS in Aktion

Mit dem Namen *WMEM* zeigt das nächste Tool von der Developer–CD bereits was es anzeigen kann – es ermöglicht einen Einblick über die aktuellen Speicherverhältnisse und zwar auch in die Speicherbereiche der

Module GDI und USER und sogar des *SMARTDRIVE* Diskcache. Allerdings zeigt es nur den Füllungsgrad an. *WMEM* verfügt über ein sehr kleines Fenster, welches ebenso wie die Windows–Uhr permanent im Vordergrund angezeigt werden kann.

Wenn dieses Programm parallel zu einem von Ihnen entwickelten Programm läuft, so können Sie bequem überwachen, ob verschiedene Routinen Speicher auffressen oder die Heaps von GDI bzw. USER durch nicht freigegebene Ressourcen langsam vollaufen lassen.

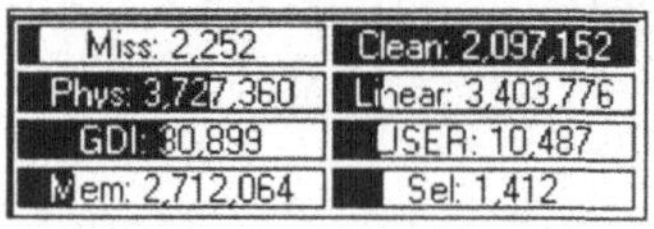

Abbildung 3.5 WMEM zeigt Systemdaten an

Das komplexeste Tool von der CD ist *WHPE/WHAT*. Dieses System hat eine Komponente, die der Textverarbeitung *Word für Windows* Makros zur leichteren Erstellung von Hilfesystemen hinzufügt. Der zweite Teil verwaltet und kompiliert komplette Hilfeprojekte direkt unter Windows. Ein Manual zu diesem Programm ist ebenfalls auf der CD vorhanden, es ist allerdings wie auch alle anderen Textbeiträge in englischer Sprache verfaßt.

Das waren die besten und wichtigsten der mir zur Zeit bekannten Tools, die neben den reinen Borlandprodukten für die Entwicklung von Windows–programmen hilfreich sein können. Genug Werkzeuge haben wir jetzt beisammen, die Arbeit kann losgehen...

4 Menü–Spezialitäten

Man kann seiner Applikation weit mehr spendieren, als nur die allseits bekannte Menüleiste, die einfach in einer Ressource erstellt und im Programm mit nur einer Programmzeile geladen werden kann.

Menüs können zur Laufzeit des Programms massiv beeinflußt werden und auch das Systemmenü ist kein Tabu! Bitmapgrafiken, Icons und auch durch GDI–Funktionen erzeugte Grafiken können in Menüs eingesetzt werden und so die sehr wichtige Schnittstelle zum Anwender erheblich verbessern.

Schließlich können Sie sogar Popupmenüs an jeder beliebigen Stelle auf dem Bildschirm erscheinen lassen und diese so von der Menüleiste abtrennen. BP verwendet ein solches Menü bei Betätigung der rechten Maustaste um wahlweise Hilfe, den Klassenbrowser oder anderes damit zu aktivieren.

Mit diesen Spezialitäten rund um Menüs beschäftigt sich dieses Kapitel.

4.1 Menüs zur Laufzeit ändern

Es gibt viele Gründe dafür, das Menüsystem einer Applikation zur Laufzeit zu verändern. Funktionen, die im aktuellen Zustand des Programms nicht funktionieren oder keinesfalls angewendet werden dürfen, müssen deaktiviert werden. Ein Beispiel dafür ist z.B. der Menüpunkt *Schließen* im *Datei*–Menü, wenn noch keine Datei geöffnet wurde.

Im *Ressource Workshop* hat man dies noch weiter ausgebaut, denn dort verschwinden nahezu alle Menüs, wenn kein Projekt geöffnet ist. Man muß als ProgrammiererIn abwägen, ob man einige Menüpunkte deaktiviert oder die ganze Menüleiste verändert, will man das Aktivieren verschiedener Funktionen verhindern. Der Aufwand im *Ressource Workshop*, sämtliche Menüpunkte der nicht gerade schwach bestückten Leiste einzeln zu deaktivieren, ist zum einen nicht vertretbar. Zum anderen ist es für den Anwender bestimmt nicht einsichtig, wenn ein Menü aufgeklappt werden kann, jedoch keine der darin enthaltenen Funktionen aktivierbar ist.

Wenn also ganze Menüs deaktiviert werden müssen, so sollten Sie für jeden der auftretenden Fälle eine eigene Menüleiste in der Programmressource erstellen. Sind nur wenige Menüpunkte eines Menüs deaktiviert, so sollten

Sie das gesamte Menü anzeigen, um dem Anwender ein gewohntes Bild zu bieten. Diese Konsistenz ist für den Bedienungskomfort nicht unerheblich!

Beginnen wir mit dem ersten Schritt, dem Umschalten zwischen verschiedenen Menüleisten. Im ersten Schritt benötigt man ein Handle für das Menü des Programmfensters, man erhält es mit der API–Funktion *GetMenu*:

```
var M: HMenu;
...
M:=GetMenu(HWindow);
```

Da beim Programmstart bereits ein Menü geladen wurde und auch nach jedem Wechsel eines vorhanden ist, muß dieses Menü zunächst freigegeben werden, damit nicht bei jedem Wechsel eine *Menüleiche* im Speicher entsteht:

```
DestroyMenu(M);
```

Anschließend wird das neue Menü wie gewohnt geladen und als Menü für das Fenster gesetzt:

```
M:=LoadMenu(HInstance,'MENU_2');
SetMenu(HWindow,M);
```

Um sicherzustellen, daß die neue Menüleiste wirklich dargestellt wird, kann man die Prozedur *DrawMenuBar* aufrufen – In der Regel reicht der Aufruf von *SetMenu* aus.

```
DrawMenuBar(HWindow);
```

Im Programmbeispiel MENU1 werden zwei verschiedene Menüleisten eingesetzt. Diese müssen in der Ressource des Programms natürlich mit zwei unterschiedlichen Namen vorhanden sein – hier heißen sie MENU_1 und MENU_2. Beim Start des Programms erscheint nur ein *Datei–*Menü, in dem sich lediglich die Punkte *Beenden* und *Öffnen* befinden. Wird in diesem Beispiel *Öffnen* betätigt, so erscheint die zweite Menüleiste mit einem voll ausgestatteten *Datei–*Menü und weiteren Menüs. Wird hier der Menüpunkt *Datei/Schließen* betätigt, erscheint wieder die erste Menüleiste.

```
constructor TMyWindow.Init(ATitle : PChar);
  begin
   TWindow.Init(Nil, ATitle);
   with Attr do
     begin
       Style := ws_OverlappedWindow;
       Menu := LoadMenu(hInstance,'MENU_1');
       { Startposition und -größe }
       X:=20; Y:=20; w:=400; h:=300;
```

```
      end;
  end;

  procedure TMyWindow.OpenFile;
   var M: HMenu;
   begin
    { ... hier eigene Routinen ... }
    M:=GetMenu(HWindow);
    DestroyMenu(M);
    M:=LoadMenu(HInstance,'MENU_2');
    SetMenu(HWindow,M);
   end;

  procedure TMyWindow.CloseFile;
   var M: HMenu;
   begin
    { ... hier eigene Routinen ... }
    M:=GetMenu(HWindow);
    DestroyMenu(M);
    M:=LoadMenu(HInstance,'MENU_1');
    SetMenu(HWindow,M);
   end;
```

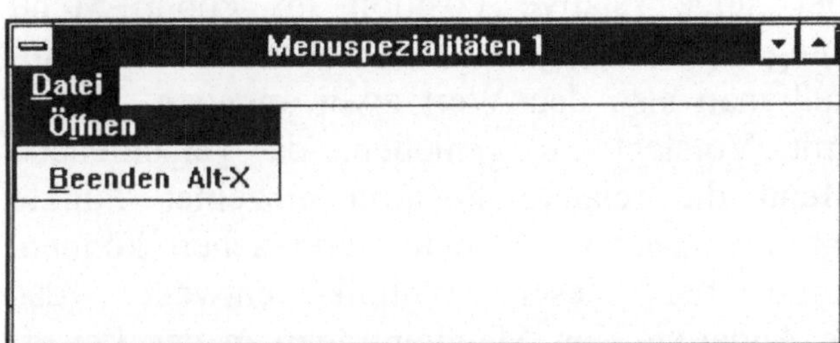

Abbildung 4.1
Menüleiste vor
Öffnen einer Datei

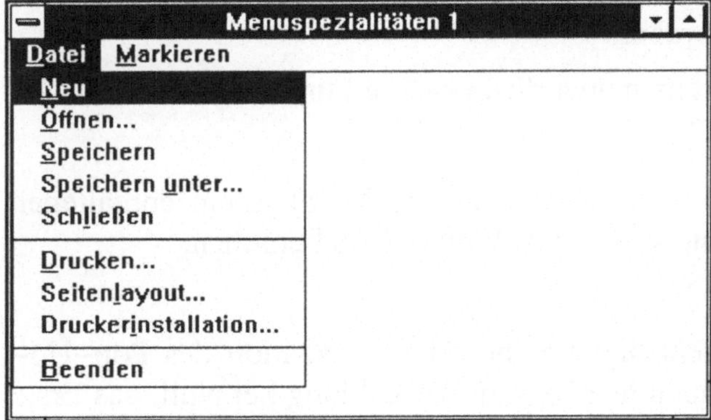

Abbildung 4.2
Menüleiste nach
Öffnen einer Datei

Einzelne Einträge innerhalb der Menüs können zur Laufzeit des Programms auch bequem verändert werden. Die wichtigsten Anwendungen dieser Möglichkeit dürften das Deaktivieren, das Markieren und das

Anfügen weiterer Menüpunkte sein. Für die ersten zwei genannten Modifikationen muß man den gewünschten Menüeintrag spezifizieren. Hierfür gibt es immer zwei Möglichkeiten, die über besondere Konstanten innerhalb der entsprechenden Modifikationsfunktion angegeben werden:

mf_byCommand:

Der entsprechende Menüpunkt wird über das Kommando spezifiziert, welches mit ihm verknüpft ist. Voraussetzung für den Einsatz dieser Methode ist, daß keine doppelten Menü–ID's vorhanden und diese überhaupt bekannt sind. Die erste Forderung wird eigentlich immer (außer in Beispielprogrammen) erfüllt, die zweite trifft bei den selbst entwickelten Menüs wohl auch zu, kann aber bei fremden Menüs (z.B. Systemmenüs) durchaus Probleme bereiten. Neben der ID des Menüpunktes benötigt man nur das Menühandle.

mf_byPosition:

Der Menüpunkt wird über seine relative Position im Popup–Menü angegeben, wobei die Zählung bei Null beginnt. Um den dritten Punkt im Menü zu spezifizieren, muß man also den Wert zwei angeben. Dieses Verfahren ist insofern mit Vorsicht zu genießen, da verschiedene Änderungen in einem Menü die relative Position einzelner Punkte verändern und damit recht unangenehme Effekte verursachen können. Neben der Position muß bei dieser Technik entweder das Menüleistenhandle (für die Änderung von Menüeinträgen in der Leiste) oder das Handle eines Pop–Up–Menüs (für die Änderung einzelner Einträge) mit übergeben werden.

Das benötigte Handle erhält man über die bekannte Funktion *GetMenu*:

```
M:=GetMenu(HWindow);
```

Um daraus ein Handle für eines der in diesem Menüsystem enthaltenen Pop–Up–Menüs zu machen, ist folgende Funktion zu bemühen:

```
M:=GetSubMenu(M,x);
```

Der zweite Parameter x steht hier für die relative Position des Pop–Up–Menüs in der Menüleiste, auch hier beginnt die Zählung bei Null, das Erste Menü in der Menüleiste hat also den Positionsparameter Null. Die restlichen Schritte beschränken sich wieder auf das Aufrufen einer API–Funktion, die den gesamten Rest erledigt. Die folgende Programmethode stammt aus dem Beispiel MENU1 und schaltet den ersten Menüpunkt im Menü *Markieren* zwischen markiert und nicht markiert um:

```
procedure TMyWindow.Check;
 var M: HMenu;
 begin
  M:=GetMenu(HWindow);
  If GetMenuState(M,301,mf_byCommand) and mf_Checked > 0
    then begin
      CheckMenuItem(M,301,mf_byCommand and not mf_Checked);
      { ... eigene Aktionen ... }
      end
    else begin
      CheckMenuItem(M,301,mf_byCommand or mf_Checked);
      { ... eigene Aktionen ... }
      end;
 end;
```

Erster Parameter der Funktion *CheckMenuItem* ist das Menühandle, zweiter wahlweise die ID des Menüpunktes oder die Position. Der dritte Parameter ist eine Kombination eines der zwei oben genannten *mf_Codes* (*mf_byPosition* oder *mf_byCommand*) mit einem Code für die gewünschte Funktion – hier *mf_Checked*. In dieser Codesequenz wird die Aktion (markieren oder nicht markieren) vom aktuellen Zustand abhängig gemacht. Dieser kann über *GetMenuState* ermittelt werden und gibt eine Bit–Kombination der Menüflags zurück. Mit dieser Funktion kann auch abgefragt werden, ob ein Menüpunkt zur Zeit deaktiviert ist, der Code dafür ist *mf_Grayed* oder *mf_Disabled*. Das Aktivieren bzw. Deaktivieren von Menüeinträgen geschieht über die Funktion *EnableMenuItem*:

```
procedure TMyWindow.Deactivate;
 var M: HMenu;
 begin
  M:=GetMenu(HWindow);
  EnableMenuItem(M,302,mf_byCommand or mf_Grayed);
 end;
```

Auch hier wird wieder eine Kombination der Konstante *mf_byPosition* bzw. *mf_byCommand* mit der gewünschten Aktion als dritter Parameter übergeben. Hier gibt es drei Alternativen:

Konstante	Aktion
mf_Grayed	Grau dargestellt
mf_Disabled	Nicht aktivierbar
mf_Enabled	Wieder aktivierbar

Tabelle 4.3 Aktiv–Inaktiv Konstanten

Sie können die Effekte dieser Kommandos im Programm MENU1 austesten. Darin ist auch ein Beispiel dafür, wie man zur Laufzeit Menüpunkte an ein vorhandenes Menü anfügt. Bei MDI-Anwendungen wie z.B. BPW oder TPW, also Anwendungen, die das Bearbeiten mehrerer Dateien gleichzeitig erlauben, wird auf diese Art und Weise eine Liste der verfügbaren Fenster im *Fenster*-Menü angezeigt. Enormer Komfort wird über diese Funktion auch im *Datei*-Menü erzeugt, in dem dort die letzten fünf geöffneten und wieder geschlossenen Dateien angezeigt und direkt geöffnet werden können. Gerade bei umfangreichen Pfadangaben ist dies äußerst zeitsparend.

Das Anfügen von Menüeinträgen geschieht mit der Funktion *AppendMenu*:

```
procedure TMyWindow.AppendmenuItem;
 var M: HMenu;
 begin
  M:=GetMenu(HWindow);
  M:=GetSubmenu(M,1);
  AppendMenu(M,mf_String,209,'Neues Menu');
 end;
```

Auch hier können die gewohnten Unterstreichungen eines Buchstabens mit & sowie die Angabe des dazugehörigen Hotkey rechtsbündig angewendet werden:

```
AppendMenu(M,mf_String,209,'&Neues Menu\tStrg-F7');
```

Zum Einfügen und Anhängen gehört auch das Löschen. Dafür gibt es die Funktion *DeleteMenu*, die wie ihre Verwandten *AppendMenu* und *InsertMenu* sowohl für Einträge als auch für ganze Pop–Up–Menüs verwendet werden kann:

```
procedure TMyWindow.DeletemenuItem;
 var M: HMenu;
 begin
  M:=GetMenu(HWindow);
  M:=GetSubmenu(M,1);
  DeleteMenu(M,1,mf_byPosition);
 end;
```

4.2 Eigene Pop–Up–Menüs überall

Das Anfügen von Einträgen ist nicht nur bei Pop–Up–Menüs möglich sondern auch in der Menüleiste selbst. Hier können allerdings nur Pop–Up–Menüs und keine Items eingefügt werden. Das Aktivieren einer Funktion über einen Menüleisteneintrag, wie dies beispielsweise in TP 7.0 bzw. BP 7.0 unter DOS mit Turbo Vision möglich ist, geht hier leider nicht. Dort kann man einen Menüleisteneintrag *Quit* erzeugen, der kein weiteres Untermenü öffnet und sofort zum Verlassen der Applikation führt.

Um ein Menü in die Leiste einzufügen, müssen wir dieses entweder aus der Programmressource laden oder es selbst erzeugen. Dann benötigen wir ein Handle auf den ersten Eintrag. Ersteres ist trivial:

```
var p: HMenu;
...
P:=LoadMenu(HInstance,'POPUP');
P:=GetSubMenu(P,0);
```

Das Menü kann aber auch erst zur Laufzeit erzeugt werden:

```
P:=CreatePopupMenu;
AppendMenu(P,mf_String,654,'&Malte');
AppendMenu(P,mf_String,655,'&Lea');
AppendMenu(P,mf_String,656,'&Niklas');
AppendMenu(P,mf_String,657,'&Nicole');
```

Das Resultat ist das gleiche. Was Sie verwenden, müssen Sie von Fall zu Fall entscheiden. Um nun das erzeugte Pop–Up–Menü in die Menüleiste einzufügen, kann man *AppendMenu* mit einem bestimmten Parameter aufrufen, nämlich *mf_PopUp*. Als letzte Zutat brauchen wir natürlich noch das Handle der Menüleiste – nichts leichter als das:

```
M:=GetMenu(HWindow);
AppendMenu(M,mf_PopUp,P,'&Poppy');
DrawMenuBar(HWindow);
```

Hier ist unbedingt ein Aufruf der Prozedur *DrawMenuBar* nötig, da die Menüleiste sonst nicht in der neuen Form dargestellt wird. Sie reagiert jedoch bereits auf die neuen Einträge und so kann es passieren, daß beim Klicken auf einen bestimmten Menüpunkt ein völlig anderes Menü aufspringt. Sie können ja einmal spaßeshalber ausprobieren, welch seltsame Effekte sich dabei einstellen und diese Zeile herauskommentieren.

Während die Funktion *AppendMenu* immer an das Ende des Menüs oder der Menüleiste anhängt, kann man mit *InsertMenu* noch die Position angeben, an der das neue Pop–Up–Menü oder der neue Eintrag erscheinen soll. Die Anwendung ist fast die gleiche, wie bei *AppendMenu*, es werden jedoch noch zwei Angaben mehr benötigt:

- Die Position vor der das Menü eingefügt werden soll

- *mf_byPosition*, wenn die Positionsangabe absolut erfolgen soll oder *mf_byCommand* wenn der Eintrag über seine ID spezifiziert wird

Das folgende Beispiel fügt ein neues Pop–Up–Menü als zweiten Eintrag in die Menüleiste ein. Es stammt aus MENUS1.PAS von der Diskette zum Buch.

```
procedure TMyWindow.InsertPopUp;
 var M,P: HMenu;
 begin
  M:=GetMenu(HWindow);
  P:=LoadMenu(HInstance,'POPUP');
  P:=GetSubMenu(P,0);
  InsertMenu(M,1,mf_byPosition or mf_PopUp,P,'&Poppy');
  DrawMenuBar(HWindow);
 end;
```

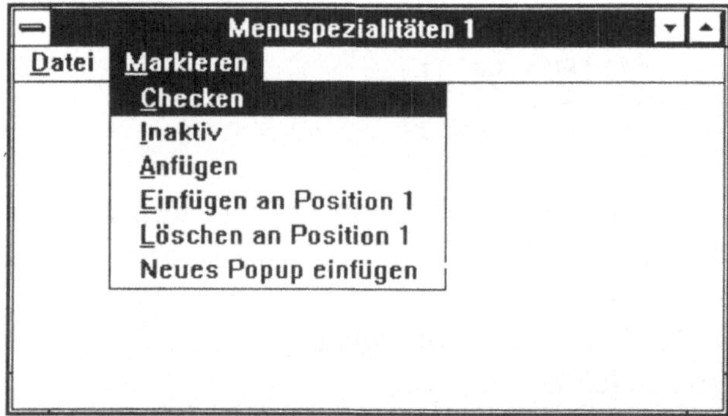

Abbildung 4.3
Ursprüngliche Menüleiste
vor dem Einfügen

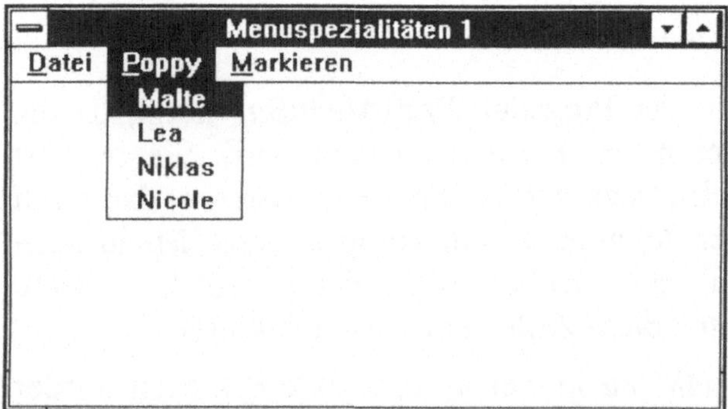

Abbildung 4.4
Zur Laufzeit eingefügtes
Pop–Up–Menü

Das Beispielprogramm MENUS1.PAS bietet im Menü *Markieren* eine Vielfalt an Testmöglichkeiten für die geschilderten Methoden an.

Unter Windows sind Pop–Up–Menüs keinesfalls an der Leiste festgeklebt! Einige Programme (darunter BPW) nutzen diese Möglichkeit, um direkt an der Position des Mauszeigers bei Betätigung der rechten (fast nie benötigten) Maustaste ein Menü mit *und was jetzt?* anzuzeigen.

Speziell für diesen Anwendungsfall verfügt Windows über die Funktion *TrackPopUpMenu*. Diese Funktion kann ein Pop–Up–Menü an jeder beliebigen Stelle des Bildschirms anzeigen, wobei natürlich die aktuelle Mausposition besonders attraktiv ist. Drei Schritte sind für ein solches Menü nötig, das am besten in der Applikationsmethode für den rechten Mausknopf implementiert wird:

* Ermitteln der aktuellen Mausposition

* Laden des Menüs aus der Ressource oder Erzeugen des Menüs mit CreateMenu und *AppendMenu*

* Darstellen des Menüs mit *TrackPopUpMenu*

Die Mausposition kann über das Feld *lParam* des bei jeder Mausnachricht übergebenen *TMessage*–Records ermittelt werden und liegt dort als X und Y–Wert im nieder– bzw. höherwertigen Wort vor. Da sich diese Koordinaten jedoch auf das Fenster beziehen, müssen sie noch auf absolute Koordinaten gewandelt werden, die sich auf die linke obere Ecke des Bildschirms beziehen. Dafür gibt es die Funktion *ClientToScreen*, die allerdings als Parameter neben dem Fensterhandle einen *TPoint*–Record verlangt. Diesen basteln wir über Type–Casting aus *lParam*:

```
var Pt: TPoint;
...
Pt:=makePoint(Msg.lParam);
clientToScreen(HWindow,Pt);
```

Zweiter Schritt ist das Laden des Menüs, was wir in diesem Kapitel schon oft genug praktiziert haben. Wir benötigen wieder ein Handle für das Pop–Up–Menü und nicht für den Eintrag, der in der Menüleiste erscheinen würde:

```
var Poppy: HMenu;
...
Poppy:=LoadMenu(HInstance,'POPUP');
Poppy:=GetSubMenu(Poppy,0);
```

Und dann passiert's! Über *TrackPopUpMenu* erschient das Pop–Up–Menü tatsächlich mit seiner linken oberen Ecke an der aktuellen Mausposition.

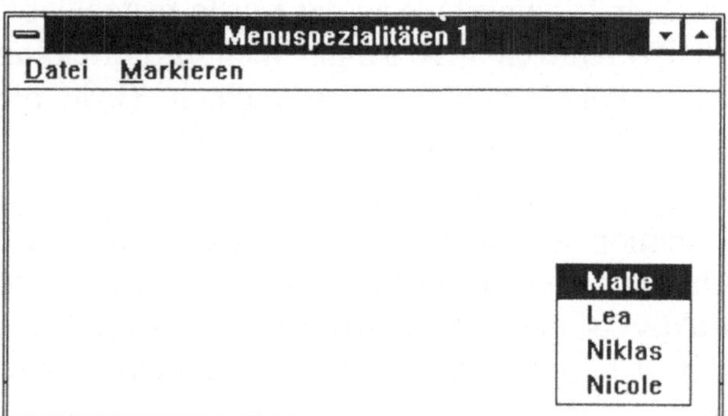

Abbildung 4.5
Menü mit TrackPopupMenu

Hier die gesamte Methode für die rechte Maustaste. Das Beispielprogramm MENUS1 beweist, daß es funktioniert – die Menüpunkte in diesem Pop–Up–Menü können tatsächlich auch Funktionen auslösen.

```
Procedure TMyWindow.wmRButtonDown(var Msg : TMessage);
  var Poppy: HMenu;
      Pt    : TPoint;

  begin
    { Mausposition in Punkt wandeln }
    Pt:=makePoint(Msg.lParam);
    clientToScreen(HWindow,Pt);
    { Menü aus der Resource laden }
    Poppy:=LoadMenu(HInstance,'POPUP');
    Poppy:=GetSubMenu(Poppy,0);
    { Menü an aktueller Mausposition anzeigen }
    TrackPopUpMenu(Poppy,0,Pt.x,Pt.y,0,HWindow,nil);
    { Menü wieder zerstören und Speicher freigeben }
    DestroyMenu(Poppy);
  end;
```

4.3 Das Systemmenü

Das Systemmenü ist keinesfalls Tabu für Sie als AnwendungsentwicklerIn. Obwohl es bei normalen Fenstern kaum einen Grund gibt, dieses Menü zu modifizieren, gibt es gerade bei kleinen Programmen und bei jenen, die nur als Icon laufen, Gründe genug, das Systemmenü einer kleinen Operation zu unterziehen.

Abbildung 4.6
Systemmenü eines MDI–Fensters

Das normale Standard Systemmenü verfügt über sieben Einträge, die sich bei MDI und Programmfenstern nur im letzten Eintrag unterscheiden:

Position	Eintrag	MDI-Eintrag
0	Wiederherstellen	Wiederherstellen
1	Verschieben	Verschieben
2	Größe ändern	Größe ändern
3	Symbol	Symbol
4	Vollbild	Vollbild
6	Schließen	Schließen
8	Wechseln zu...	Nächstes

Tabelle 4.4 Einträge im Systemmenü

Glücklicherweise verändert Windows weder die Reihenfolge noch die Anzahl der Menüeinträge, so daß man sich auf die Positionsangaben in Tabelle 4.4 verlassen kann. Die zwei Sprünge in der Positionsnumerierung kommen von den zwei Trennstrichen zwischen *Vollbild* und *Schließen* sowie zwischen *Schließen* und dem letzten Menüpunkt. Modifikationen sollten **immer** über den *mf_byPosition*–Weg geschehen, da ja die IDs der Einträge nicht unbedingt feststehen.

Wie in den letzten Abschnitten benötigt man für die Modifikation des Systemmenüs zur Laufzeit, und nur dann kann dies geschehen, ein Handle. Dieses Handle besorgt uns die Funktion *GetSystemMenu*:

```
var SM: THandle;
...
SM:=GetSystemMenu(HWindow);
...
```

Ab hier können wir loslegen und das Systemmenü unseren Bedürfnissen anpassen. Das Deaktivieren oder Löschen verschiedener Einträge im Systemmenü hat erstaulicherweise auch Auswirkungen auf das Verhalten des gesamten Programms! So bewirkt beispielsweise das Löschen der Menüpunkte *Vollbild* und *Wiederherstellen,* daß das Programm auch mit Doppelklick nicht mehr aus dem Icon–Schlaf geweckt werden kann! Sie sollten sich dennoch nicht auf diesen Sachverhalt verlassen und für dieses Verhalten noch einen anderen Riegel vorschieben (siehe Kapitel über Hintergrundprogramme).

Wenn Sie mit dem Systemmenü experimentieren, so sollten Sie folgende Punkte beachten:

- Der Eintrag *Verschieben* darf nicht gelöscht werden, da sonst das gesamte Systemmenü verschwindet

- Löschen des Eintrags *Schließen* verhindert nicht das Beenden der Applikation über Alt+F4

- Bei jedem Löschvorgang mit *DeleteMenu* rücken alle dem gelöschten Eintrag folgenden um eine Position nach oben (Richtung 0).

Im folgenden finden Sie eine Codesequenz, die das Systemmenü einer Icon–Applikation um unnötige Menüpunkte erleichtert und einen Punkt für die für Windowsprogramme obligatorische *Über...*–Dialogbox einfügt. So sieht das erzeugte Systemmenü aus:

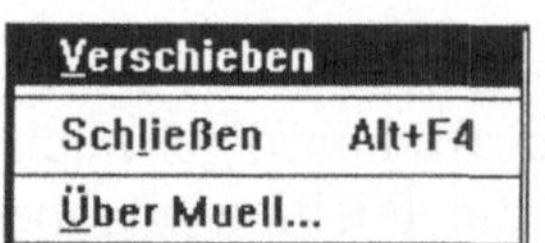

Abbildung 4.6 Modifiziertes Systemmenü

Und nun die Codesequenz. Die Positionsangaben müssen nach jedem Schritt neu überprüft werden.

```
var SystemMenu: HMenu;
...
SystemMenu:=GetSystemMenu(HWindow,false);
Deletemenu(SystemMenu,0,mf_byPosition); { Wiederherst. }
Deletemenu(SystemMenu,1,mf_byPosition); { Größe ändern }
Deletemenu(SystemMenu,1,mf_byPosition); { Symbol }
Deletemenu(SystemMenu,1,mf_byPosition); { Vollbild }
Deletemenu(SystemMenu,4,mf_byPosition); { Wechseln zu... }
AppendMenu(SystemMenu,mf_String,cm_about,'&Über Muell...');
```

Damit ist das Menü zwar wunschgemäß modifiziert, eine Reaktion auf
Über... erfolgt jedoch nicht, obwohl Sie eine Methode für *cm_about* erstellt
haben. Der Grund dafür liegt in der Sonderbehandlung aller Nachrichten
aus dem Systemmenü, die Ihre Applikation nicht erreichen, zumindest nicht
direkt den *TApplication*–Dispatcher. Nachrichten aus dem Systemmenü
werden über eine Message vom Typ *WM_SysCommand* verschickt und
auch in der Regel bereits außerhalb Ihrer Applikation verarbeitet. Um auf
eigene Methoden in diesem Menü reagieren zu können, muß Ihre
Applikation alle *WM_SysCommand*–Nachrichten auswerten:

```
procedure TMWin.WMSysCommand;
  begin
   if msg.wParam=cm_about then begin
       d.init(nil,'about');
       d.execute;
       d.done;
     end
   else
       defWndProc(msg);
  end;
```

Der Code des gewählten Menüpunktes im Systemmenü ist in *msg.wParam*
enthalten und kann dort auf die oben gezeigte Weise ausgewertet werden.
Bei umfangreicheren Aktionen als das Anzeigen einer Dialogbox sollten
Sie den dafür nötigen Programmcode aus diesem Do–it–yourself–
Dispatcher auslagern. Wichtig ist der Aufruf von *defWndProc*, wenn keine
eigenen Menüpunkte aktiviert wurden, da sonst keine der *echten*
Systemmenüpunkte mehr funktionieren!

4.4 Grafiken in Menüs

Die Möglichkeit, Grafiken in das Menüsystem einzubeziehen, wird leider
nicht sehr oft genutzt, obwohl man dadurch den Bedienungskomfort einer
Applikation beträchtlich erhöhen kann. Für Menüs gilt diesbezüglich das
gleiche wie für Listen und Buttons: Man kann nahezu alle grafischen
Funktionen einsetzen, um sie darzustellen. Selbstverständlich steigt

dadurch auch der programmatische Aufwand, der ja bei einem normalen Menü nur eine Zeile lang ist:

```
Attr.menu:=LoadMenu(HInstance,'MENU_1');
```

Menüsysteme unter Windows verfügen über zwei im Ansatz verschiedene Möglichkeiten, Grafiken einzufügen:

- Übergabe eines Bitmap–Handle statt einer Textangabe in *AppendMenu* oder *ModifyMenu*.

- Markieren der Menüeinträge als *Ownerdraw*–Objekte und Erstellen der Codes für deren Darstellung.

Die erste Methode ist natürlich wesentlich einfacher, da die Darstellung der Grafiken komplett von Windows übernommen wird und man sich nicht mit Kontexten und dem damit verbundenen Aufwand herumschlagen muß. Die Bitmaps können entweder aus der Programmressource geladen werden oder man erzeugt sie zur Laufzeit des Programms (was allerdings wieder Kontexte ins Spiel bringt). Im folgenden Beispiel werden vier Bitmaps aus der Ressource geladen und in ein selbst zur Laufzeit erzeugtes Menü eingefügt. Um zu zeigen, daß man durchaus Bitmaps und Text mischen kann, verfügt dieses Menü noch über einen Texteintrag.

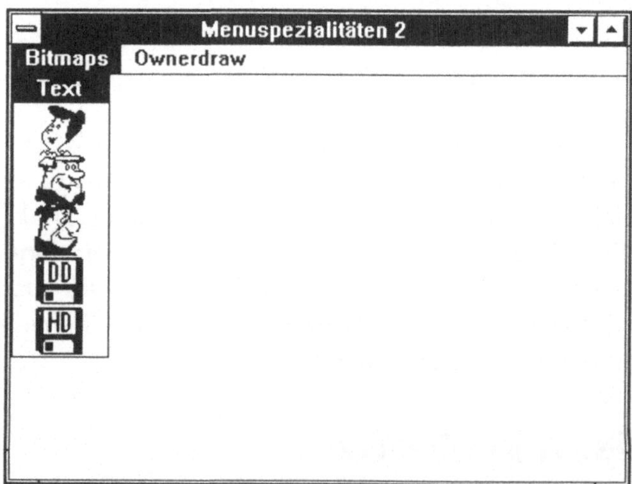

Abbildung 4.7 Bitmaps in einem Menü

Die in Abbildung 4.7 erkennbaren Grafiken im Menü sind nicht einmal gleich groß, denn die zwei Disketten sind **ein** (!) Eintrag. Um die Anpassung des Menüs an die Maße der Einträge kümmert sich auch hier

Windows. Um die Grafiken in das Menü zu bekommen, benötigen wir zunächst vier Handles, denen wir die aus der Ressource geladenen Bitmaps zuweisen können:

```
var bmBarny,bmWilma,bmFred,bmDisks: HBitMap;
 ...
 ...
    bmBarny:=LoadBitmap(HInstance,'barny');
    bmWilma:=LoadBitmap(HInstance,'wilma');
    bmFred:=LoadBitmap(HInstance,'fred');
    bmDisks:=LoadBitmap(HInstance,'disks');
```

Anschließend können wir das Menüsystem erstellen. Im ersten Schritt wird die Menüleiste kreiert, dies geschieht am besten in der *Init*-Methode des Programmfensters:

```
    var M: HMenu;
    ...
    M:=CreateMenu;
```

Dann wird ein Pop-Up-Menü erstellt, in das wiederum die gewünschten Einträge eingefügt werden:

```
    SM:=CreatePopUpMenu;
    AppendMenu(SM,mf_String,101,'Text');
    AppendMenu(SM,mf_BitMap,102,PChar(bmWilma));
    AppendMenu(SM,mf_BitMap,103,PChar(bmBarny));
    AppendMenu(SM,mf_BitMap,104,PChar(bmFred));
    AppendMenu(SM,mf_BitMap,105,PChar(bmDisks));
```

Im letzten Schritt wird nun das erstellte Pop-Up-Menü in die Menüleiste eingefügt und dieses schließlich in das *Attr*-Feld des Fensters eingetragen:

```
    AppendMenu(M,mf_PopUp,SM,'Bitmaps');
    Attr.Menu:=M;
```

Das war bereits alles, was nötig ist, ein Grafikmenü wie das aus Abbildung 4.7 zu erzeugen. Dieses Menü ist jedoch recht statisch und unflexibel, wenn sich die Grafiken zur Laufzeit ändern. Natürlich könnte man die Bitmaps erst zur Laufzeit erzeugen und das Menü permanent über *ModifyMenu* abändern. Der damit verbundene Aufwand ist jedoch höher, als gleich selbst das Zeichnen der Menüeinträge zu übernehmen.

Dann allerdings kümmert sich Windows überhaupt nicht mehr um die Menüdarstellung. Sie müssen auch die Markierung des gerade gewählten Eintrags irgendwie bewerkstelligen, entweder durch dunkles Unterlegen oder duch andersfarbiges Aussehen. Wo setzt man beim Ownerdraw-Menü an?

Schlüssel zu einem solchen Menü(–Eintrag) ist die Konstante *mf_ownerDraw*, die innerhalb der Funktion *AppendMenu* angegeben wird. Hier die Codesequenz für das Erstellen eines Ownerdraw–Menü mit drei Einträgen:

```
SM:=CreatePopUpMenu;
AppendMenu(SM,mf_OwnerDraw,201,PChar(1));
AppendMenu(SM,mf_OwnerDraw,202,PChar(2));
AppendMenu(SM,mf_OwnerDraw,203,PChar(3));
AppendMenu(M,mf_PopUp,SM,'Ownerdraw');
```

Ein solches Menü macht allerdings in dieser Form noch gar nichts – im Gegenteil, bei Aktivierung von *Ownerdraw* erscheint eine leere Menübox mit seltsamen Ausmaßen. Um zu einem Menü wie in der folgenden Abbildung (4.8) zu gelangen, müssen wir noch einiges tun!

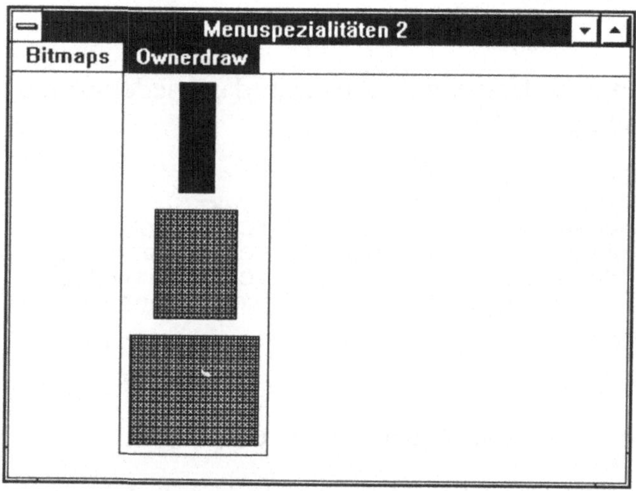

Abbildung 4.8 Ownerdraw–Menüpunkte

Wie gesagt, bei Menüs mit dem Attribut *mf_ownerDraw* verläßt sich Windows ganz auf Sie was die Abmessungen und auch den Inhalt des Menüs anbelangt. Und um Ihnen Gelegenheit zu geben, diese Parameter festzulegen, sendet Windows während der Darstellung des Menüs zwei Nachrichten, auf die wir reagieren müssen:

Nachricht	Zu erfolgende Aktion
WM_MeasureItem	Ausmaße der Menüpunkte übergeben
WM_DrawItem	Menüpunkt mit GDI–Funktionen zeichnen

Tabelle 4.5 Ownerdraw–Nachrichten

Für beide Nachrichten bauen wir Methoden in das Programmfensters ein:

```
PMyWindow = ^TMyWindow;
TMyWindow = object( TWindow )
  constructor Init( ATitle : PChar );
  ...
  procedure WMMeasureItem( var msg: TMessage );
        virtual wm_first+wm_measureItem;
  procedure WMDrawItem( var msg: TMessage );
        virtual wm_first+wm_drawItem;
  ...
end;
```

Beginnen wir mit der ersten Funktion, die auf *WM–MeasureItem* reagiert. Diese Methode erhält einen Zeiger auf eine Struktur vom Typ *TMeasureItemStruct*, in die die korrekten Ausmaße für jeden Menüpunkt eingetragen werden müssen. Wenn Sie beabsichtigen, alle Punkte in der Höhe ebenso groß zu machen, können Sie in dieser Funktion darauf verzichten, die einzelnen Einträge getrennt zu behandeln. Bei der Breite richtet sich Windows für das gesamte Menü nach dem jeweils breitesten Element – das Menü sähe sonst auch seltsam aus.

Von der recht umfangreichen Struktur *TMeasureItemStruct* benötigen wir nur wenige Felder:

Feld	Bedeutung
CtlType	enthält für uns *ODT_Menu*
itemID	ID des Menüpunktes, lesen
itemWidth	Breite des Menüpunktes in Pixeln
itemHeight	Höhe des Menüpunktes

Tabelle 4.6 Wichtige Felder in TMeasureItem

Da ein Programmfenster immer nur eine Methode für die Nachrichten *WM_DrawItem* und *WM_MeasureItem* bereitstellen kann, muß das Feld *CtlType* abgeprüft werden, wenn auch andere *Ownerdraw*–Elemente außer

Menüs verwendet werden. Innerhalb dieser Gruppe müssen diese Elemente natürlich wieder über Ihre ID unterscheidbar sein.

Wenn die von Ihnen geplanten Menüeinträge über die gleiche Höhe verfügen, was in der Regel zutreffen dürfte, so beschränkt sich die Methode für *WM_MeasureItem* auf das Füllen dieser Felder mit den richtigen Werten. Um *msg.lParam* in einen Zeiger auf eine *TMeasureItem*–Struktur zu verwandeln, müssen wir noch einen solchen Zeigertypen definieren und Type–Casting anwenden:

```
type PMIS = ^TMeasureItemStruct;

procedure TMyWindow.WMMeasureItem;
  begin
    PMIS(Msg.lParam)^.itemWidth:=80;
    PMIS(Msg.lParam)^.itemHeight:=80;
  end;
```

Haben Ihre Menüeinträge hingegen verschiedene Höhenwerte, so müssen Sie mit dem Feld *itemID* ein *case*–Statement aufbauen, was abhängig vom Wert dieses Feldes die richtigen Höhenwerte einträgt.

Interessant ist nun besonders die zweite Methode, in der die Einträge für das Menü von Ihnen (oder besser von Ihrem Programm) gezeichnet werden. Hier stehen **sämtliche** GDI–Funktionen zur Verfügung, also auch die zum Kopieren und Vergrößern bzw. Verkleinern von Bitmaps! Es gibt also kaum Einschränkungen in dem, was hier realisiert werden kann. Denkbar wären beispielsweise verschiedene Graphen in einem Statistikprogramm oder Formen in einem Zeichenprogramm, Füllmuster usw.

Ich habe mich für dieses Beispiel auf Rechtecke verschiedener Maße beschränkt, da es ja darauf ankommt, das Prinzip aufzuzeigen, wie man derartiges verwirklichen kann. Auch mit der Nachricht *WM_DrawItem* wird in *msg.lParam* ein Zeiger auf eine spezielle Struktur übergeben, nämlich *TDrawItemStruct,* wofür wir uns wieder einen Zeigertypen definieren.

```
type PDIS = ^TDrawItemStruct;
```

Die entscheidenden Felder des Record *TDrawItemStruct* sind in der folgenden Tabelle zusammengefaßt.

Feld	Bedeutung
CtlType	Enthält für uns *ODT_Menu*
ItemID	Enthält ID des Menüpunktes
ItemState	Prüfen, ob Menüpunkt selektiert ist
HWNDItem	Fensterhandle der Zeichenfläche
HDC	Kontext der Zeichenfläche
rcItem	Maße der Zeichenfläche

Tabelle 4.7 Wichtige Felder in TDrawItemStruct

Mit den Feldern *HDC* und *HWNDItem* verfügen Sie über den Schlüssel zu sämtlichen GDI–Grafikfunktionen. Damit Sie die Maße der zur Verfügung stehenden Zeichenfläche für den jeweiligen Eintrag ermitteln können, steht das Feld *rcItem* zur Verfügung, ein Record vom Typ *TRect* mit den Feldern *bottom, top, left* und *right*. Im ersten Schritt werden diese Feldwerte in lokale Variablen übertragen, um nicht in jeder Programmzeile den Ausdruck *PDIS(msg.lParam)^.XXXXX* wiederholen zu müssen. Aus Performancegründen könnte man dies natürlich auch ändern – bei Menüs dürfte es in dieser Beziehung jedoch kaum zu Problemen kommen.

```
var DC: HDC;
    DW: HWND;
    R:  TRect;
...
DC:=PDIS(Msg.lParam)^.HDC;
R:=PDIS(Msg.lParam)^.rcItem;
DW:=PDIS(msg.lParam)^.HWndItem;
...
```

Anschließend werten wir das Feld *ItemID* aus, um je nach angefordertem Menüeintrag die richtige Zeichnung zu erstellen. Da im Beispiel nur Rechtecke verschiedener Größe gezeichnet werden, erzeugen wir zunächst Maße für ein Rechteck, welches rundherum fünf Pixel kleiner ist als die Zeichenfläche. Für den ersten und zweiten Menüpunkt verkleinern wir diese Maße dann noch weiter, so daß für jeden der drei Menüpunkte eine andere Größe herauskommt.

```
var  x1,y1,x2,y2: word;
...
x1:=r.left+5;
x2:=r.right-5;
y1:=r.top+5;
y2:=r.bottom-5;

Case PDIS(Msg.lParam)^.itemID of
 201: begin
      x1:=x1+30;
      x2:=x2-30;
    end;
 202: begin
      x1:=x1+15;
      x2:=x2-15;
    end;
  end;
```

Die selbst erstellten Menüpunkte müssen natürlich auf zwei verschiedene
Arten dargestellt werden, nämlich selektiert und nicht selektiert. Bei
Texteinträgen wird der dunkle Text auf weißem Grund invers dargestellt,
damit hebt sich der gewählte Menüeintrag gut hervor. Für das Beispiel hier
wird das Rechteck abhängig von *ItemState* mit pink (selektiert) oder mit
grüngrau (normal) gefüllt. Dazu erzeugen wir einen *SolidBrush* mit den
entsprechenden RGB–Werten:

```
var  B,OB: HBrush;
...
If PDIS(Msg.lParam)^.itemState=ODS_Selected then
  B:=CreateSolidBrush(RGB(255,0,128)) else
  B:=CreateSolidBrush(RGB(133,166,171));
OB:=SelectObject(DC,B);
```

Nun ist es endlich soweit – die Vorbereitungen bis hier werden belohnt und
man darf als KünstlerIn zu Pinsel und Stift greifen, um das Werk zu
vollenden (was hier allerdings kaum für die Documenta reichen dürfte):

```
Rectangle(DC,x1,y1,x2,y2);
```

Ordnung muß sein – der neue Pinsel kommt zurück an seinen Platz und der
alte wird wieder aktiviert, auch der Kontext wird für andere KünstlerInnen
in Windows freigegeben:

```
SelectObject(DW,OB);
DeleteObject(B);
ReleaseDC(DW,DC);
```

Hier noch einmal die beiden Methoden für *WM_MeasureItem* und
WM_DrawItem im Zusammenhang:

```pascal
type PMIS = ^TMeasureItemStruct;

procedure TMyWindow.WMMeasureItem;
 begin
  PMIS(Msg.lParam)^.itemWidth:=80;
  PMIS(Msg.lParam)^.itemHeight:=80;
 end;

type PDIS = ^TDrawItemStruct;

procedure TMyWindow.WMDrawItem;
 var DC: HDC;
     DW: HWND;
     R:  TRect;
     B,OB: HBrush;
     x1,y1,x2,y2: word;
 begin
  DC:=PDIS(Msg.lParam)^.HDC;
  R:=PDIS(Msg.lParam)^.rcItem;
  DW:=PDIS(msg.lParam)^.HWndItem;
  x1:=r.left+5;
  x2:=r.right-5;
  y1:=r.top+5;
  y2:=r.bottom-5;
  { Verschiedene Größen erzeugen }
  Case PDIS(Msg.lParam)^.itemID of
   201: begin
         x1:=x1+30;
         x2:=x2-30;
        end;
   202: begin
         x1:=x1+15;
         x2:=x2-15;
        end;
   end;
  { Status der Eintrags ermitteln und daraus
    Farben generieren }
  If PDIS(Msg.lParam)^.itemState=ODS_Selected then
    B:=CreateSolidBrush(RGB(255,0,128)) else
    B:=CreateSolidBrush(RGB(133,166,171));
  OB:=SelectObject(DC,B);
  { Eintrag zeichnen }
  Rectangle(DC,x1,y1,x2,y2);
  { Speicher freigeben }
  SelectObject(DW,OB);
  DeleteObject(B);
  ReleaseDC(DW,DC);
 end;
```

Dieses Beispiel liegt komplett zum Probieren und Verändern auf der Diskette zum Buch als MENU2.PAS vor.

4.5 Toolbars

Fast schon als die Nachfolger der Menüs kann man die heute sehr modernen Toolbars bezeichen, die in Borland Produkten auch Speedbars genannt werden. Auf alle Fälle sind sie eine sinnvolle Ergänzung zu den normalen Menüs, da man über sie schnell die wichtigsten Systemfunktionen einer Appplikation erreichen kann. Mit OWL kann man dies recht einfach realisieren, wobei das folgende Beispiel zunächst für eine Applikation mit einem Fenster gilt. Bei Programmen, die das MDI–System von Windows nutzen, muß man einen anderen Weg gehen, da sonst jedes MDI–Fenster über eine eigene Toolbar verfügt.

Aufbauend auf eine abgespeckte Version des Gerüsts aus dem zweiten Kapitel werden wir nun schrittweise eine Applikation mit Toolbar entwickeln. Um das Beispiel nicht zu kompliziert zu gestalten, verwenden wir als Buttons zunächst **keine** *Ownerdraw–Buttons*, da diese allein bereits einen nicht unerheblichen Programmieraufwand verursachen.

Da nur eine Zeichenfläche zur Verfügung steht, müssen wir den Platz für unsere Toolbar am oberen Fensterrand abzwacken und zwar direkt unterhalb der Menüleiste.

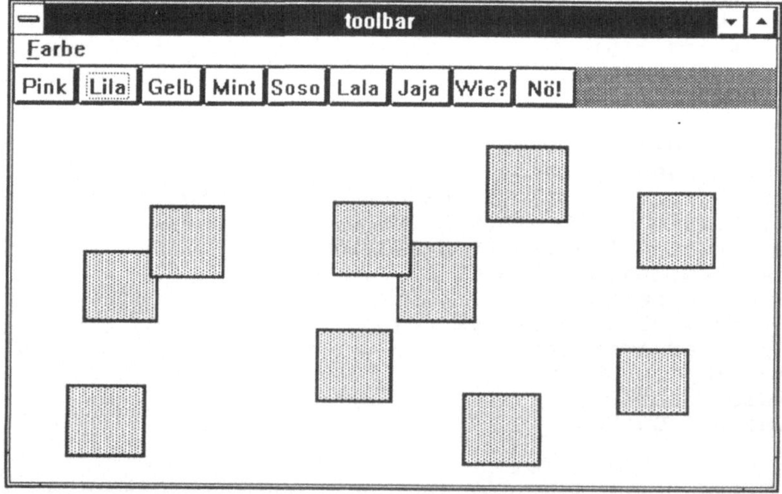

Abbildung 4.9 Programm mit Toolbar

Damit auch bei einem Fenster mit maximaler Ausdehnung bei der derzeit größten Auflösung (1280x1024) die Buttons der Toolbar nicht in der Leere

hängen, müssen wir am oberen Fensterrand einen hellgrauen Streifen
einzeichnen, auf dem dann die Buttons dargestellt werden. Abbildung 4.9
zeigt, wie unsere Toolbar aussehen soll. Die Kästchen im Fenster werden
von der bereits aus dem Gerüst bekannten *Paint*-Methode erstellt,
allerdings ist in diesem Programm die Farbe nicht zufällig, sondern wird
entweder im Menü *Farbe* oder mit den Buttons der Toolbar eingestellt.

Schauen wir uns die *Paint*-Methode einmal an:

```
procedure TMyWindow.Paint;
  var i        : integer;
      r        : TRect;
      brush,
      olebrush: hBrush;
      pen,
      olepen   : hPen;
      x,y      : integer;
  begin
  { Graue Toolbar am oberen Fensterrand }
  brush:=getStockObject(ltGray_Brush);
  pen:=CreatePen(ps_Solid,1,RGB(192,192,192));
  OlePen:=SelectObject(PaintDC,pen);
  OleBrush:=SelectObject(PaintDC,brush);
  Rectangle(PaintDC,0,0,1248,40);
  SelectObject(PaintDC,OleBrush);
  SelectObject(PaintDC,OlePen);
  DeleteObject(pen);
  DeleteObject(brush);

  { Fensterbereich ermitteln }
  GetWindowRect(HWindow,r);

  { Bereich der Toolbar aussparen }
  inc(r.top,34);
  { hier die Rechtecke aus dem Gerüst }
  for i:=1 to 10 do begin
    brush:=createSolidBrush(PaintColor);
    brush:=selectObject(PaintDC,brush);
    x:=random(r.right-r.left-40);
    y:=random(r.bottom-r.top-40-r.top)+r.top;
    rectangle(PaintDC,x,y,x+40,y+40);
    deleteObject(brush);
    end;
  end;
```

Der erste Teil zeichnet den grauen Balken mit einer Breite von 1280 Pixeln,
was bei einem kleineren Fenster nicht stört, da man nie aus dem Fenster
heraus zeichnen kann. Wenn Sie glauben, daß Ihr Programm auch auf
Systemen mit noch größeren Auflösungen zum Einsatz kommt, so müssen
Sie diesen Wert entsprechend erhöhen.

Die Dicke des Balkens richtet sich natürlich nach der Höhe der von Ihnen vorgesehenen Buttons, ich habe hier 40 gewählt, dies macht zusammen mit Text einen guten optischen Eindruck – bei Grafiken in den Buttons können Sie natürlich auf andere Maße ausweichen. Wichtig bei dem folgenden Teil der *Paint*–Methode ist, daß der von der Toolbar belegte Bereich **nicht** mit einbezogen wird. Man muß also die über *GetWindowRect* ermittelten Fenstermaße verringern, in dem man die Dicke der Toolbar zum *Top*–Feld addiert.

```
GetWindowRect(HWindow,r);
inc(r.top,40);
```

Dann kann man mit diesen Maßen ebenso verfahren wie in einer Applikation ohne Toolbar. Die Buttons werden ganz nach OWL–Manier in der *Init*–Methode des Fenster generiert:

```
constructor TMyWindow.Init(ATitle : PChar);
  begin
   TWindow.Init(Nil, ATitle);
  with Attr do
     begin
      Style := ws_OverlappedWindow;
      X:=20; Y:=20; w:=400; h:=300;
      Menu:=LoadMenu(HInstance,'MENU_1');
     end;
   B1:=New(PButton,Init(@Self,101,'Pink',0,0,40,25,false));
   B2:=New(PButton,Init(@Self,102,'Lila',40,0,40,25,false));
   B3:=New(PButton,Init(@Self,103,'Gelb',80,0,40,25,false));
   B4:=New(PButton,Init(@Self,104,'Mint',120,0,40,25,false));
   B5:=New(PButton,Init(@Self,109,'Soso',160,0,40,25,false));
   B5:=New(PButton,Init(@Self,109,'Lala',200,0,40,25,false));
   B5:=New(PButton,Init(@Self,109,'Jaja',240,0,40,25,false));
   B5:=New(PButton,Init(@Self,109,'Wie?',280,0,40,25,false));
   B5:=New(PButton,Init(@Self,109,'Nö!',320,0,40,25,false));
  end;
```

Die letzten fünf Buttons dienen nur der Optik, da eine Toolbar mit nur vier Buttons etwas dünn aussieht. Den Buttons geben wir die gleichen IDs, wie den korrespondierenden Menüeinträgen. Das Menü, welches aus der Programmressource mit dem Namen *MENU_1* geladen wird, enthält ebenfalls die Wahlmöglichkeiten *Pink, Lila, Gelb* und *Mint* sowie *Ende* zum Verlassen des Programms. Bis hier funktioniert bereits alles wunderbar, das Programm stellt sich bereits so dar wie in Abbildung 4.9. Damit es jedoch richtig funktioniert, müssen wir noch ein wenig tun. Zunächst bauen wir die Fenstermethoden für die Reaktion auf die Menüpunkte ein:

```
    PMyWindow = ^TMyWindow;
    TMyWindow = object(TWindow)
      B1,B2,B3,B4,B5: PButton;
      PaintColor: longint;
      constructor Init(ATitle : PChar);
      procedure SetupWindow ; virtual;
      procedure Paint(PaintDC : HDC;
                var PaintInfo: TPaintStruct); virtual;
      procedure Ende(var msg: TMessage);
          virtual cm_first+109;
      procedure Pink(var msg: TMessage);
          virtual cm_first+101;
      procedure Lila(var msg: TMessage);
          virtual cm_first+102;
      procedure Gelb(var msg: TMessage);
          virtual cm_first+103;
      procedure Mint(var msg: TMessage);
          virtual cm_first+104;
      ...
    end;
```

Diese Methoden lassen sich leicht implementieren:

```
procedure TMyWindow.Ende;
 begin
  CloseWindow;
 end;

procedure TMyWindow.Pink;
 begin
  PaintColor:=RGB(255,0,255);
  InvalidateRect(HWindow,nil,true);
  UpdateWindow(HWindow);
 end;

procedure TMyWindow.Lila;
 begin
  PaintColor:=RGB(128,0,255);
  InvalidateRect(HWindow,nil,true);
  UpdateWindow(HWindow);
 end;

procedure TMyWindow.Gelb;
 begin
  PaintColor:=RGB(255,255,0);
  InvalidateRect(HWindow,nil,true);
  UpdateWindow(HWindow);
 end;

procedure TMyWindow.Mint;
 begin
  PaintColor:=RGB(0,255,255);
  InvalidateRect(HWindow,nil,true);
  UpdateWindow(HWindow);
 end;
```

Bereits hier könnte man die Performance des Bildschirmaufbaus verbessern, wenn man nicht immer den gesamten Fensterbereich, sondern nur den Bereich abzüglich der Toolbar über *InvalidateRect* und *UpdateWindow* neu zeichnen läßt. Damit würde auch das lästige Flackern der Toolbar bei jedem Fensterupdate verschwinden! Für dieses Beispiel soll es uns jedoch so reichen. Wichtiger ist es, nun auch die Buttons zum Leben zu erwecken, die leider noch keine Wirkung haben, obwohl das Menü nun funktioniert und die Buttons die gleichen ID–Werte haben. Dies liegt daran, daß Menünachrichten und Nachrichten von Dialogelementen mit einem unterschiedlichen Offset gesendet werden. Bei Menüs arbeitet man mit *cm_first*, während man bei Buttons *id_first* aufaddieren muß. Also müssen wir für jeden Button noch einmal eine Fenstermethode definieren:

```
...
procedure PinkB(var msg: TMessage);
    virtual id_first+101;
procedure LilaB(var msg: TMessage);
    virtual id_first+102;
procedure GelbB(var msg: TMessage);
    virtual id_first+103;
procedure MintB(var msg: TMessage);
    virtual id_first+104;
...
```

Diese sind allerdings recht leicht zu implementieren, da sie nur die entsprechenden Methoden des Menüs aufrufen müssen:

```
procedure TMyWindow.PinkB;
 begin
  Pink(msg);
 end;

procedure TMyWindow.LilaB;
 begin
  lila(msg);
 end;

procedure TMyWindow.GelbB;
 begin
  Gelb(msg);
 end;

procedure TMyWindow.MintB;
 begin
  Mint(msg);
 end;
```

Damit wäre es geschafft – das Programm funktioniert so wie geplant, und wir haben wieder einmal etwas für die Bedienerfreundlichkeit getan. Hier

nun das komplette Beispiel im Zusammenhang, es heißt TOOLBAR.PAS
und befindet sich auf der Diskette zum Buch.

```
{ ---------------------------------------------
  Toolbar-Demo für Ein-Fenster Applikationen

  von Michael Schumann für Vieweg Verlag
  --------------------------------------------- }

program toolbar;

{$R toolbar}

{$IFDEF VER15}
uses WObjects,WinTypes,WinProcs,Strings,WinDos;
{$ELSE}
uses OWindows,ODialogs,WinTypes,WinProcs,Strings,WinDos;
{$ENDIF}

type
  TMyApp = object(TApplication)
    procedure InitMainWindow; virtual;
  end;

  PMyWindow = ^TMyWindow;
  TMyWindow = object(TWindow)
    B1,B2,B3,B4,B5: PButton;
    PaintColor: longint;
    constructor Init(ATitle : PChar);
    procedure SetupWindow ; virtual;
    procedure Paint(PaintDC : HDC;
               var PaintInfo: TPaintStruct); virtual;
    procedure Ende(var msg: TMessage);
        virtual cm_first+109;
    procedure Pink(var msg: TMessage);
        virtual cm_first+101;
    procedure Lila(var msg: TMessage);
        virtual cm_first+102;
    procedure Gelb(var msg: TMessage);
        virtual cm_first+103;
    procedure Mint(var msg: TMessage);
        virtual cm_first+104;
    procedure PinkB(var msg: TMessage);
        virtual id_first+101;
    procedure LilaB(var msg: TMessage);
        virtual id_first+102;
    procedure GelbB(var msg: TMessage);
        virtual id_first+103;
    procedure MintB(var msg: TMessage);
        virtual id_first+104;
  end;
```

```pascal
constructor TMyWindow.Init(ATitle : PChar);
 begin
  TWindow.Init(Nil, ATitle);
  with Attr do
    begin
     Style := ws_OverlappedWindow;
     { Startposition und -größe }
     X:=20; Y:=20; w:=400; h:=300;
     Menu:=LoadMenu(HInstance,'MENU_1');
    end;
  B1:=New(PButton,Init(@Self,101,'Pink',0,0,40,25,false));
  B2:=New(PButton,Init(@Self,102,'Lila',40,0,40,25,false));
  B3:=New(PButton,Init(@Self,103,'Gelb',80,0,40,25,false));
  B4:=New(PButton,Init(@Self,104,'Mint',120,0,40,25,false));
  B5:=New(PButton,Init(@Self,109,'Soso',160,0,40,25,false));
  B5:=New(PButton,Init(@Self,109,'Lala',200,0,40,25,false));
  B5:=New(PButton,Init(@Self,109,'Jaja',240,0,40,25,false));
  B5:=New(PButton,Init(@Self,109,'Wie?',280,0,40,25,false));
  B5:=New(PButton,Init(@Self,109,'Nö!',320,0,40,25,false));
 end;

procedure TMyWindow.SetupWindow;
 begin
  TWindow.SetupWindow;
  PaintColor:=rgb(255,0,255);
 end;


procedure TMyWindow.Paint;
 var i       : integer;
     r       : TRect;
     brush,
     olebrush: hBrush;
     pen,
     olepen  : hPen;
     x,y     : integer;
 begin
  { Graue Toolbar am oberen Fensterrand }
  brush:=getStockObject(ltGray_Brush);
  pen:=CreatePen(ps_Solid,1,RGB(192,192,192));
  OlePen:=SelectObject(PaintDC,pen);
  OleBrush:=SelectObject(PaintDC,brush);
  Rectangle(PaintDC,0,0,1248,25);
  SelectObject(PaintDC,OleBrush);
  SelectObject(PaintDC,OlePen);
  DeleteObject(pen);
  DeleteObject(brush);
  { Fensterbereich ermitteln }
  GetWindowRect(HWindow,r);
  { Bereich der Toolbar aussparen }
  inc(r.top,40);
  { hier die Rechtecke aus dem Gerüst }
  for i:=1 to 10 do begin
    brush:=createSolidBrush(PaintColor);
    brush:=selectObject(PaintDC,brush);
    x:=random(r.right-r.left-40);
```

```
      y:=random(r.bottom-r.top-40-r.top)+r.top;
      rectangle(PaintDC,x,y,x+40,y+40);
      deleteObject(brush);
      end;
  end;

procedure TMyWindow.Ende;
 begin
   CloseWindow;
 end;

procedure TMyWindow.Pink;
 begin
   PaintColor:=RGB(255,0,255);
   InvalidateRect(HWindow,nil,true);
   UpdateWindow(HWindow);
 end;

procedure TMyWindow.Lila;
 begin
   PaintColor:=RGB(128,0,255);
   InvalidateRect(HWindow,nil,true);
   UpdateWindow(HWindow);
 end;

procedure TMyWindow.Gelb;
 begin
   PaintColor:=RGB(255,255,0);
   InvalidateRect(HWindow,nil,true);
   UpdateWindow(HWindow);
 end;

procedure TMyWindow.Mint;
 begin
   PaintColor:=RGB(0,255,255);
   InvalidateRect(HWindow,nil,true);
   UpdateWindow(HWindow);
 end;

procedure TMyWindow.PinkB;
 begin
   Pink(msg);
 end;

procedure TMyWindow.LilaB;
 begin
   lila(msg);
 end;

procedure TMyWindow.GelbB;
 begin
   Gelb(msg);
 end;
```

```
procedure TMyWindow.MintB;
 begin
  Mint(msg);
 end;

procedure TMyApp.InitMainWindow;
 begin
  MainWindow := New(PMyWindow, Init('toolbar'));
end;

var
  App : TMyApp;
begin
  App.Init('MyWindow');
  App.Run;
  App.Done;
end.
```

Wenden wir uns nun einer weiteren Schnittstelle zwischen Programm und AnwenderIn zu – den Dialogen...

5 Dialogboxen

Wenn man einmal zählt, wie vielen Dialogboxen man unter Windows begegnet, so wird klar, wie wichtig diese Schnittstelle zwischen Rechner und AnwenderIn ist. Windows 3.1 hat sehr Erfreuliches parat: Die Standarddialoge. Damit können mit wenigen Programmzeilen komplette Dialoge für die wichtigsten und in nahezu jedem Programm identisch benötigten Funktionen erzeugt werden. Diese Dialoge können trotz Standard an eigene Bedürfnisse angepaßt und ebenso auch optisch ein wenig aufpoliert werden.

Aber auch den Dialogen, die selbst erstellt werden müssen, wird in diesem Kapitel genügend Aufmerksamkeit gewidmet. Nicht modale Dialoge und auch das Einbinden von Grafik sind weitere Themen dieses Kapitels. Bit–Buttons geben Ihren Applikationen den letzten Schliff und machen das Arbeiten mit Programmen unter Windows zur Augenweide.

Unter Windows gibt es immer viele Wege zu einem bestimmten Ziel – dies gilt besonders für das Design und die Programmierung von Dialogboxen. Man kann (auch mit TPW und BPW) den klassischen Weg einschlagen und sämtliche Dialogfunktionen sozusagen *zu Fuß* programmieren, lediglich das grafische Layout wird aus einer Ressource geladen, und die wird von totalen Puristen sogar noch als RC–Datei in Textform erstellt. Diese Vorgehensweise ist jedoch überhaupt nicht mehr zeitgemäß, da man ja über die phantastische *Object Windows Library* verfügt, die einem die gesamte Windows–Bürokratie abnimmt.

Die OWL bietet sämtliche, für Dialoge benötigte Elemente als Objekte an und vereinfacht so die Arbeit damit erheblich. Kombiniert man diese Technik noch mit der Möglichkeit, das gesamte Layout im Resource Workshop zu erstellen und rundet das Ganze dann mit dem Borland–Stil aus BWCC ab, so erreicht man ein absolut professionelles Erscheinungsbild.

Lassen Sie uns gleich damit beginnnen...

5.1 Borland Design

Dialogboxen im Borland Stil haben inzwischen in fast allen populären Applikationen Einzug gehalten, so daß von einem typischen *Borland–Stil* eigentlich nicht mehr die Rede sein kann. Borland war jedoch der Pionier, der schon unter Windows 3.0 eine Menge optischer Verbesserungen mit dem Resource Workshop ermöglichte und dies nicht nur den Programmiersprachen aus dem eigenen Hause vorbehielt. Statt der schnöden weißen und platten Dialogfläche erscheint nun eine Dialogbox in elegantem gehämmerten Metall. Elementgruppen sind nicht mit einem Rahmen, sondern durch Vertiefungen zusammengefaßt. Weitere Abgrenzungen werden nicht durch Linien, sondern durch Einkerbungen symbolisiert.

Dadurch, daß Dialoge so erheblich besser aussehen als die zweidimensionalen Standarddialoge von Windows, wird unter dem Strich bei den meisten AnwenderInnen eine erheblich höhere Akzeptanz erreicht. Denn: Wenn etwas gut aussieht, so arbeitet man natürlich lieber damit. Der Borland–Stil hat etwas *Edles* und baut auf ein paar optische Grundregeln auf, die Sie bei allen Eigenkreationen unbedingt beachten müssen:

Die Lichtquelle ist **immer** in der oberen linken Ecke des Bildschirms, dies muß bei sämtlichen Schattierungen beachtet werden.

- Es stehen vier Helligkeitsstufen zur Verfügung – mit Farben sollte darüber hinaus sparsam umgegangen werden:

    - Weiß für beleuchtete Ränder von Elementen

    - Hellgrau für plane Flächen

    - Dunkelgrau für die der Lichtquelle abgewandten Ränder

    - Schwarz für Vertiefungen

- Elemente sollten sinnvoll gruppiert und genau so optisch zusammengefaßt werden.

- Die Buttons gehören an den unteren oder in Ausnahmefällen an den rechten Rand der Dialogbox und sollten durch eine Kerbe abgetrennt werden.

- Grundsätzlich sollten Bit–Buttons statt der Windows Standardbuttons eingesetzt werden.

Im folgenden wird eine typische BWCC–Dialogbox einmal komplett mit dem Resource Workshop entwickelt. Natürlich ist diese Anleitung keinesfalls der Stein der Weisen, und Ihr Geschmack spricht selbstverständlich das letzte Wort. Ich wäre jedoch bei meinen ersten Dialogen dankbar gewesen, wenn ich mir nicht alle Vorgehensweisen und Maßvorgaben mit viel Mühe und Zeit hätte erarbeiten müssen! Daher denke ich, daß Sie es einmal auf die geschilderte Art und Weise versuchen sollten, wenn Sie nicht schon viel Erfahrung mit dem Dialogdesign haben.

Eine ungeschickte Organisation der Dialogelemente führt letztlich zu einem seltsamen Verhalten der gesamten Dialogbox bei Betätigung von TAB und den Pfeiltasten. Daher eine schrittweise Anleitung für die Entwicklung einer meiner Ansicht nach repräsentativen Dialogbox mit dem Resource Workshop.

Borland–Klassenstil festlegen

Unter den Fenstereigenschaften ist neben dem Titel für die Dialogbox der Klassenstil *BorDlg* einzugeben. Damit erscheint zunächst einmal die graue Arbeitsfläche. Zunächst unsichtbar ist, was dadurch noch alles festgelegt und ermöglicht wird: Bit–Buttons, die schöneren Check– und Radiobuttons und vieles mehr.

Das Raster – die Ränder

Bevor Sie das erste Element plazieren, sollten Sie überprüfen, ob das Raster korrekt eingestellt ist. Eine Einstellung, die sich in meiner Praxis als sehr praktikabel erwiesen hat, ist 2x2 Raster und natürlich das Einrasten der Elemente auf diesem Raster. So kann man sich viele der Ausrichtungsschritte ersparen und kommt erheblich schneller zum Ziel. Wenn Sie das Raster anzeigen lassen, können Sie Abstände wesentlich besser abschätzen und Elemente gleich im ersten Schritt korrekt plazieren.

Die Ränder rundherum und zwischen größeren Kanten sollten vier Kästchen bei der geschilderten Rastereinstellung betragen.

Gruppenflächen mit Titeln einfügen

Bevor die ersten Elemente eingefügt werden, sind die Gruppenflächen mit ihren Titeln zu plazieren. Die hier verwendeten Gruppen sind im Menü unter *Benutzerdefiniert – Gray Group* oder direkt aus der Werkzeugkiste (oberste Reihe, ganz rechts) zu bekommen. Die Gruppen werden zunächst mit ihrer linken oberen Ecke plaziert und anschließend über die rechte untere Ecke auf das erforderliche Maß gebracht.

Obwohl es möglich ist, diesen Gruppen direkt Titel zu geben, sollten Sie aus optischen Gründen zusätzliche statische Textelemente anfügen, wenn es sich um größere Gruppen handelt, die unter Umständen noch Untertitel haben. Lassen Sie für diese Titel einfach noch einmal vier Kästchen am oberen Rand der Gruppen frei und fügen Sie dort statische Textelemente ein. Diese Elemente sind so zu plazieren, daß ihre untere Kante exakt mit der oberen Kante der grauen Gruppenboxen abschließt. Wenn Sie in den Testmodus wechseln, so sehen Sie, daß dies zu einer optisch sehr ansprechenden Darstellung führt:

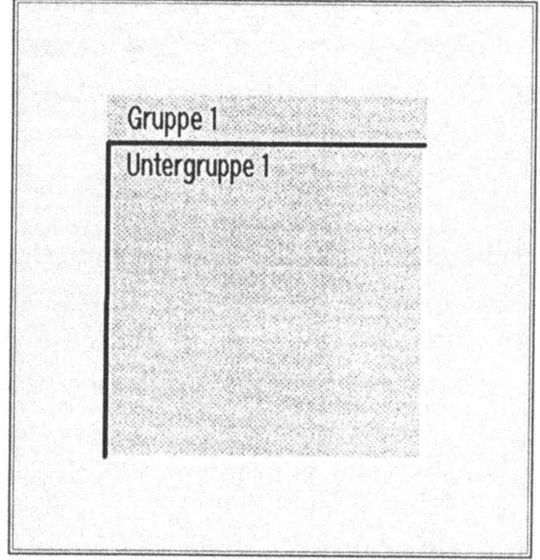

Abbildung 5.1
Gruppe mit externem Titel
im Borland–Stil

Tastaturbedienung ermöglichen

Gruppen haben es sozusagen in sich – wenn man die Spielregeln nicht exakt einhält, so können einen Dialogboxen leicht zum Wahnsinn treiben. Fügen Sie nun die Elemente der Gruppen ein, wobei Sie gleich darauf achten sollten, daß alle Elemente einer Gruppe die IDs genau in der Reihenfolge bekommen, in der sie später mit den Pfeiltasten selektiert werden sollen.

Warum überhaupt Pfeiltasten und TAB? Windows ist doch eine mit der Maus zu bedienende Oberfläche!

Die Antwort auf diese Frage ist ganz einfach. Grundsätzlich sollte jedes Programm unter Windows auch mit der Tastatur allein bedienbar sein – von Zeichen– und Konstruktionsprogrammen einmal abgesehen, da diese ohne Maus tatsächlich kaum sinnvoll und effektiv bedienbar sind.

Wenn Sie wie ich BesitzerIn eines Notebook PC sind und öfter auf Reisen damit arbeiten, so werden Sie schnell Programme verfluchen, die sich nicht anständig mit der Tastatur allein bedienen lassen. Denn trotz Minitrackball und anderen Mausderivaten für unterwegs ist das Ansteuern eines Menüpunktes oder eines Dialogelementes beim Wackeln eines fahrenden Zuges nicht immer einfach und nimmt schnell 50 % der Arbeitszeit ein. Es gehört also zum professionellen Outfit eines jeden Windowsprogramms, daß es – soweit sinnvoll – komplett auch ohne Maus bedient werden kann.

Ist die Reihenfolge der IDs unterbrochen, so können Sie **keine** Gruppen für die Pfeiltasten erstellen! Es empfiehlt sich daher, die IDs der Elemente innerhalb der Gruppen gleich etwa folgendermaßen zu organisieren:

	Gruppe 1	Gruppe 2	Gruppe 3	...
Element 1	101	201	301	...
Element 2	102	202	301	...
Element 3	103	203	303	...
...	...	...	...	

Tabelle 5.1 Sinnvolle Numerierung der Dialogelemente

In unserem Beispiel (BWCCDLG.RES) gibt es drei Gruppen, von denen allerdings nur zwei mehrere Elemente enthalten, die innerhalb der Gruppe mit den Pfeiltasten angesteuert werden können. Die Gruppen werden über Hotkeys und über TAB angesteuert.

Die Gruppenbox benötigt kein Attribut außer natürlich *sichtbar*. Das gleiche gilt für den darüber angebrachten Titel, der allerdings unbedingt einen Hotkey enthalten sollte, über den zusammen mit der ALT–Taste die Gruppe sofort angesprochen werden kann.

Innerhalb der Gruppe werden nun die Elemente aufsteigend numeriert, und nur das erste Element erhält neben *sichtbar* bzw. *visible* die Attribute *Gruppe (group)* und *TAB*. Wenn Sie diese Regel bereits beim Einfügen der Elemente beherzigen, ersparen Sie sich das lästige nachträgliche Festlegen der Gruppen über das G–Symbol in der Werkzeugleiste.

Was sich nicht immer gleich beim Einfügen der Dialogelemente innerhalb des Resource–Workshop realisieren läßt, ist das Einhalten der korrekten Elementreihenfolge. Diese sollte zum Schluß noch einmal geprüft und notfalls neu festgelegt werden. Wenn Sie die Gruppen korrekt definiert haben, so beeinflußt die Elementreihenfolge das Verhalten der gesamten Dialogbox immer noch wesentlich.

Für die Reihenfolge der Elemente innerhalb der Gruppen gilt dabei das gleiche wie für die Reihenfolge der Gruppen in der Dialogbox: Die sogenannte Z–Ordnung:

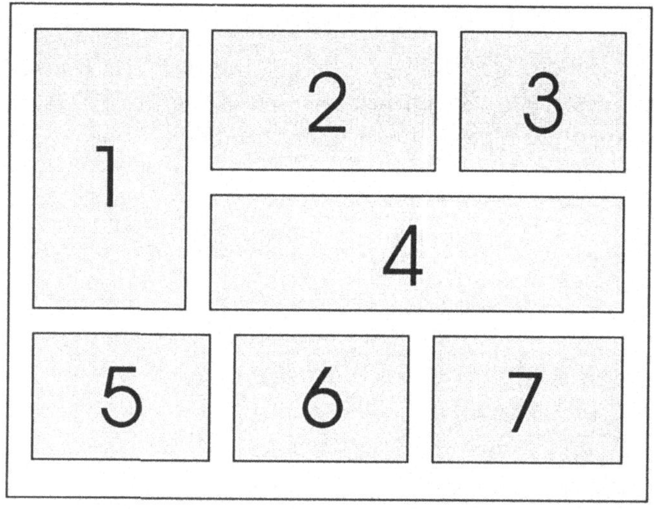

Abbildung 5.2 Z–Ordnung der Dialogelemente und Gruppen

Diese Anordnung lehnt sich an die Art und Weise an, in der wir (in weiten Teilen der Welt) lesen, nämlich von links nach rechts und zeilenweise von oben nach unten.

Damit sieht unsere Dialogbox schon recht brauchbar aus, und Versuche mit der Tastatur zeigen, daß auch ohne Maus sämtliche Elemente erreicht werden können. Abbildung 5.3 zeigt das bisherige Arbeitsergebnis.

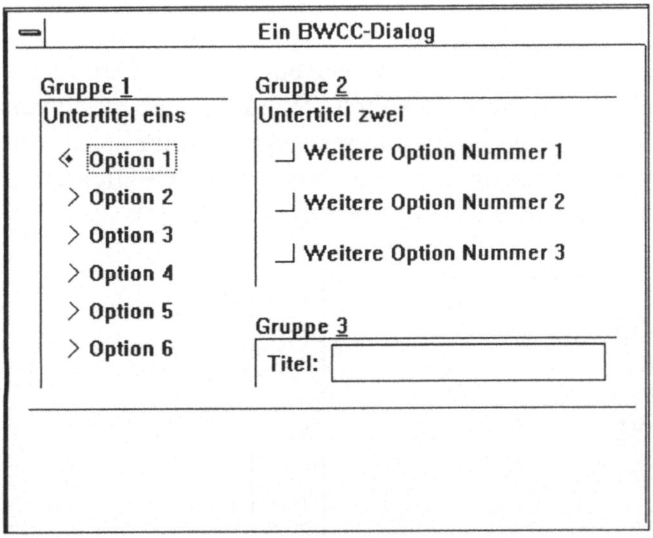

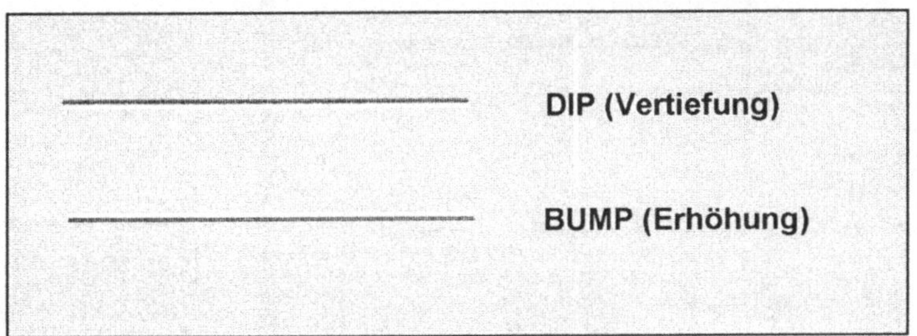

*Abbildung 5.3
Dialog mit drei
Gruppen –
unfertig*

Einfügen von DIPs und BUMPs

Bevor Sie die Buttons einfügen, in unserem Beispiel geschieht dies am unteren Rand, sollte der Bereich dafür durch eine Linie im Borland–Stil abgegrenzt werden. Genau für solche Zwecke, nämlich das Abgrenzen bestimmter Bereiche in der Dialogbox, gibt es die *Dips* und *Bumps*. Sie sollten es Ihrem persönlichen Geschmack überlassen, welche der zwei Linienarten Sie einsetzen, obwohl wohl in der Regel DIPs benutzt werden.

Abbildung 5.4 DIPs und BUMPs

Nachdem nun über ein *Dip* oder ein *Bump* der Bereich für die Buttons abgetrennt wurde, können diese eingefügt werden.

Einfügen der Buttons

Der letzte Schritt besteht nun darin, die Buttons einzufügen. Der Optik wegen sollten Sie unbedingt die vom Resource Workshop angebotenen *Bit–Buttons* verwenden, da diese wesentlich besser aussehen und sich von ihren Standardabmessungen besser in das Bild einer BWCC–Dialogbox einfügen. Acht verschiedene Bit–Buttons sind bereits vordefiniert:

OK	1
CANCEL	2
ABORT	3
RETRY	4
IGNORE	5
YES	6
NO	7
HELP	998

Tabelle 5.2 Vordefinierte Bit–Buttons

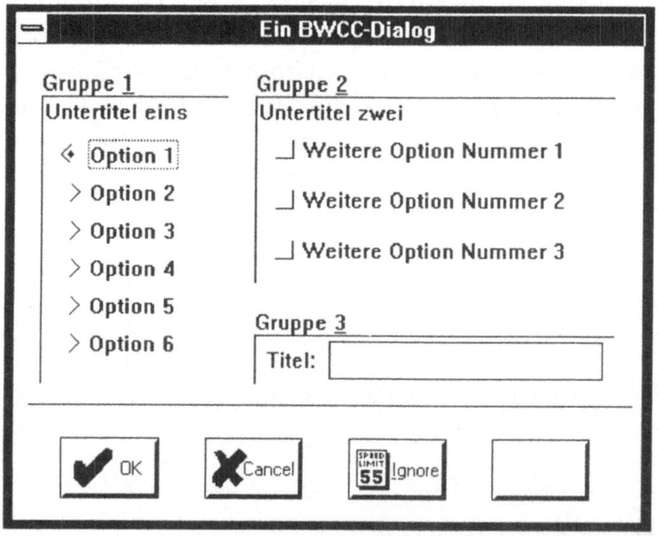

Abbildung 5.5
Dialog mit Dip und
Bit–Buttons

Natürlich können Sie beliebig viele weitere Bit–Buttons definieren – wie dies bewerkstelligt wird, das erfahren Sie gleich im nächsten Abschnitt dieses Kapitels. Die Buttons können Sie jedoch bereits einfügen und auch schon entsprechende IDs vergeben. Diese sollten jedoch im Bereich zwischen 100 und 900 liegen – vielleicht betrachten Sie die Buttons der

Dialogbox auch als Gruppe und geben ihnen (abgesehen von den vorde-finierten Borland Bit–Buttons) die IDs 801, 802 usw.

Für die Buttons muß neben den für die anderen Elemente bezüglich der Tastaturbedienbarkeit erwähnten Vorkehrungen noch ein weiterer Punkt beachtet werden. In jeder Dialogbox gibt es einen *Default–Button*, der auch *Voreingestellter Schalter* genannt wird. Dieser Schalter wird auch dann über RETURN aktiviert, wenn ein ganz anderes Dialogelement selektiert ist.

Bei Dialogen, die Eingaben verlangen, kann der Eingabevorgang einfach in einem beliebigen Element über RETURN beendet werden. Natürlich darf nur einer der Buttons dieses Attribut bekommen, sonst entsteht Verwirrung! Es muß aber nicht der *OK*–Button sein – alles ist erlaubt! In Abbildung 5.5 sehen Sie rechts einen leeren Button – dieser soll nun als ganz individueller Bit–Button eine ganz besondere Funktion auslösen.

5.2 Eigene Bit-Buttons

Dank der von Borland mitgelieferten und mit den von Ihnen erzeugten Programmen frei verteilbaren Bibliothek BWCC.DLL ist das Erstellen der wirklich schönen Bit–Buttons überhaupt kein Problem, wenn Sie mit dem Resource Workshop arbeiten. Sie müssen keine einzige Programmzeile zusätzlichen Code in Ihrer Applikation vorsehen, da alles quasi im Hintergrund von BWCC.DLL erledigt wird. Bevor Sie jedoch mit diesen Buttons loslegen können, ein paar Grundlagen zu Buttons allgemein.

Buttons haben grundsätzlich immer drei mögliche Zustände:

* Normal,
  das ist jeder Button, der nicht Vorgabe ist und nicht angeklickt wird

* Fokussiert bzw. selektiert,
  das ist z.B. ein Button, der mit TAB ausgewählt wurde

* Heruntergedrückt
  ist ein Button während der Betätigung mit Maus oder Tastatur

Diese drei Zustände werden bei normalen Windows–Buttons automatisch erzeugt und auch bei den Borland–Buttons, die nur mit Text belegt sind, braucht man sich als ProgrammiererIn nicht um diese Belange zu küm-mern. Anders natürlich bei selbst definierten Grafiken im Button, die ja, das zeigen die vordefinierten Bit–Buttons, animiert werden. Auch hier gibt es wieder ein paar Regeln, die zu beachten sind, wenn Sie die eigenen Buttons mit den vordefinierten kombinieren wollen.

- Für jeden der drei Schalterzustände ist je eine Bitmap zu erstellen, die die Größe 63x39 Pixel in 16 Farben aufweist.

- Wenn die Möglichkeit besteht, daß Ihre Applikation auf einem System mit EGA–Ausstattung zum Einsatz kommt, müssen Sie noch drei Bitmaps für die Schalterzustände mit den Maßen 63x30 Pixel erstellen.

- Die Aufteilung sollte grundsätzlich so sein: Grafik links, Text rechts

- Als Font kann Arial oder Small Fonts 7 Punkt eingesetzt werden.

- Die Schrift des Buttons muß in der Bitmap für den selektierten Zustand mit einer gepunkteten Linie umrandet werden. Dazu ist die dünnste Linienstärke zu verwenden.

- Beim betätigten Button wandert die Schrift (mit der Buttonfläche und der Umrahmung) um ein Pixel nach unten und eines nach rechts.

- Die Grafik kann natürlich animiert werden – ein statisches Symbol sollte beim betätigten Button jedoch nicht bewegt werden. Vielmehr wandert sein Schatten um einen Pixel nach unten und nach rechts. So zumindest verhalten sich die von Borland gelieferten Buttons.

Sie können dieses Verhalten an den vorgefertigten Buttons in jeder der Borland Applikationen unter Windows bereits genau beobachten. Um nun Buttons dieser Art zu erstellen, ist eine geplante Vorgehensweise sicherlich sehr hilfreich. Auf der Diskette zu diesem Buch finden Sie vier Vorgabebitmaps für Ihre Button–Kreationen, die zum einen einen leeren und einen leeren gedrückten Button verkörpern. Sie können davon leicht die benötigte Anzahl in Ihre Ressource einfügen und anschließend umbenennen – der Weg geht über *Datei/Dem Projekt hinzufügen*. Diese Bitmaps dienen dann erst einmal als Grundlage für die eigenen Buttons und erparen Ihnen das Kopieren von Borland–Buttons aus BWCC.DLL und das anschließende Freiradieren der Buttonfläche in Paintbrush oder einem anderen Pixelgrafikprogramm.

Die folgenden Button–Bitmaps finden Sie auf der Diskette zum Buch als Vorlage für Eigenkreationen:

Normaler Button EGA	NORMBUTE.BMP
Gedrückter Button EGA	GEDRBUTE.BMP
Normaler Button VGA	NORMBUT.BMP
Gedrückter Button VGA	GEDRBUT.BMP

Tabelle 5.3 Buttonvorlagen von der Diskette zum Buch

Ich empfehle Ihnen, zunächst den normalen Button zu erzeugen und diesen dann 1:1 zu duplizieren. Die Kopie können Sie dann leicht in den selektierten verwandeln, der sich ja nur durch die gestrichelte Linie vom normalen unterscheidet. Markieren Sie einfach im Bitmap–Editor des Workshop alles *(Bearbeiten/Alles markieren)*, kopieren Sie in die Zwischenablage *(Bearbeiten/Kopieren)*, erzeugen Sie eine neue Bitmap in den korrekten Ausmaßen und fügen Sie dort den gesamten Button über *Bearbeiten/Einfügen* ein.

Im selektierten Button ziehen Sie einfach ein Rechteck über den Button. In der vergrößerten Darstellung werden dann hellgraue (bei EGA weiße) Unterbrechungen in den Rahmen eingefügt, um die gestrichelte Linie zu erzeugen. Nun haben Sie bereits 2/3 der Arbeit geschafft. Für das letzte Drittel sollten Sie nun wieder eine neue Bitmap einfügen und in diese die Vorgabe für den leeren gedrückten Button einfügen (GEDRBUT.BMP bzw. GEDRBUTE.BMP).

Für die nun folgenden Arbeiten empfiehlt es sich, im Workshop den neuen gedrückten und den selektierten Button in zwei Bitmap–Editorfenstern neben– oder übereinander zu stellen, damit Sie einfach zwischen beiden kopieren und vergleichen können. Markieren Sie dann zunächst den Textteil des Button und fügen Sie ihn im gedrückten Button so ein, daß er relativ zur linken oberen Ecke je ein Pixel weiter rechts und unten sitzt. Markieren Sie dann den Grafikteil und fügen Sie ihn an der gleichen Stelle ein, an der er im normalen Button sitzt.

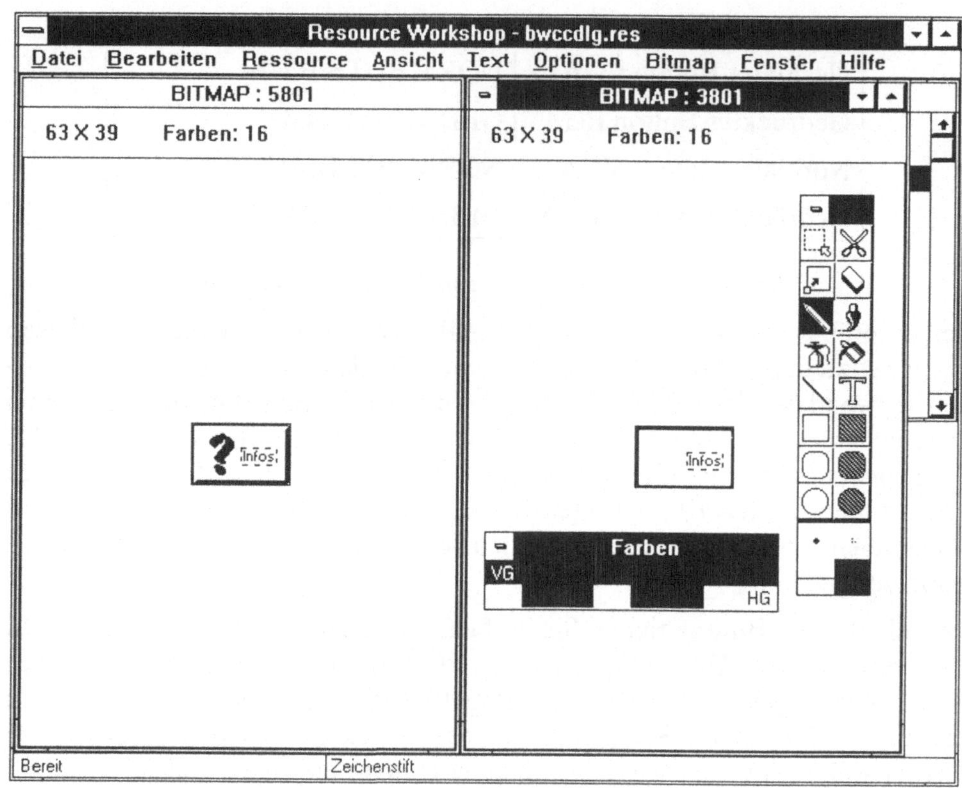

Abbildung 5.6 Kopieren zwischen selektiertem und gedrücktem Button

Dies ist natürlich kein Muß, denn Sie können durchaus auch wilde Animationen erzeugen, beispielsweise ein Gesicht, welches beim Betätigen des Button lacht oder ein Icon, das die Farbe wechselt. Wie war das noch? Nichts ist unmöglich!

Damit die Buttons funktionieren, müssen die Bitmaps die korrekten IDs aufweisen, die selbstverständlich mit der ID des Buttons verknüpft sind. Dann können Sie den frisch gebackenen Bit-Button sogar gleich live austesten. Allerdings ist meist ein Verlassen des Bitmap-Editors bei allen Bitmaps nötig, um die Änderungen im Testmodus der Dialogbox wirksam werden zu lassen.

Zustand des Bit–Button	ID der korrespondierenden Bitmap
Normal (VGA)	Button ID + 1000
Normal (EGA)	Button ID + 2000
Selektiert (VGA)	Button ID + 5000
Selektiert (EGA)	Button ID + 6000
Gedrückt (VGA)	Button ID + 3000
Gedrückt (EGA)	Button ID + 4000

Tabelle 5.4 IDs der Bitmaps für Bit–Buttons

Immer noch nicht genug Grafik für Ihre Dialoge? Da gibt es noch weitere Möglichkeiten!

5.3 Icons und Bitmaps in Dialogen

Beginnen wir mit einer ganz einfachen Sache, nämlich dem Einfügen eines Icon in eine Dialogbox. Dazu muß keinesfalls der Bitmap–Editor des Resource Workshop bemüht werden! Man fügt einfach ein *statisches Symbol* ein und gibt diesem Symbol als Text den Namen des Icon, welches eingefügt werden soll. In einer *Über...*–Dialogbox ist dies üblich, dort erscheint in der Regel das Icon, welches das Porgramm auch im Programmanager repräsentiert.

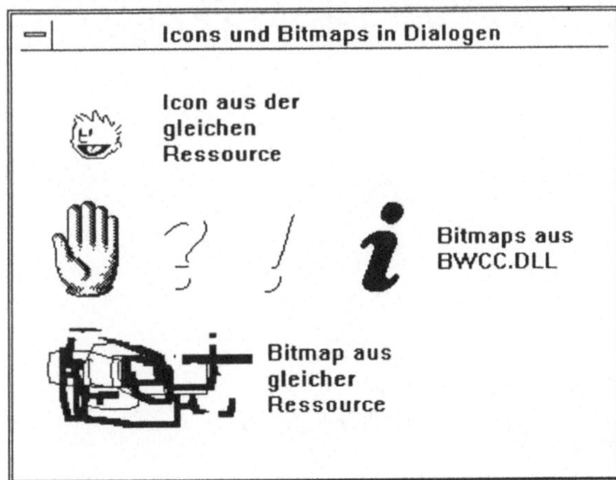

Abbildung 5.7
Grafiken aus der ~~Retorte~~
Ressource

Auf eine ähnliche Weise können beliebige Bitmap–Grafiken in den Dialog eingefügt werden und verleihen diesem schnell ein professionelles Aussehen. Hier allerdings muß die Bitmap eine numerische ID aufweisen, die zwischen 1100 und 1899 liegen sollte. Eingefügt wird diese dann über *Element/Benutzerdefiniert/Bitmap*. Tatsächlich eingefügt wird darüber ein Borland–Button, der allerdings nicht das Attribut *PushButton* oder *DefPushbutton* trägt, sondern die Eigenschaft *Bitmap* hat. Durch die enge Verwandtschaft mit den Bit–Buttons klärt sich auch die Bitmap–ID zwischen 1100 und 1900, da die niedrigen IDs von den Bit–Buttons belegt sind. Als ID dieses Elements tragen Sie nun die ID der Bitmap weniger 1000 ein. Hat die Bitmap die ID 1422, so ist beim Element der Wert 422 einzutragen.

Nicht immer sind dazu eigene Schöpfungen nötig, da in BWCC.DLL bereits vier recht interessante Bitmaps enthalten sind, die intern für die *Messagebox*–Funktion verwendet werden. Abbildung 5.7 zeigt diese vier (sicherlich bekannten) Symbole, die unter den Nummern 901, 902, 903 und 904 angesprochen werden können. So erklärt sich auch das Limit 1900, da Sie sonst mit den BWCC internen Bitmaps in Konfusion geraten.

An dieser Stelle ein Tip für die Gestaltung eigener Abbildungen, Symbole oder Logos in einer BWCC–Dialogbox. Das Optische spielt ja bekanntlich bei Windowsapplikationen eine sehr große Rolle und auch der Grad der Professionalität eines Programmes wird zu einem großen Teil am Outfit gemessen. Gutes Outfit – da verzeihen AnwenderInnen schon einmal den einen oder anderen kleinen Programmfehler.

Angenommen, Sie möchten ein Firmenlogo oder ein für die Applikation spezifisches Logo einfügen, so sollten Sie dies nicht auf die folgende Art und Weise tun:

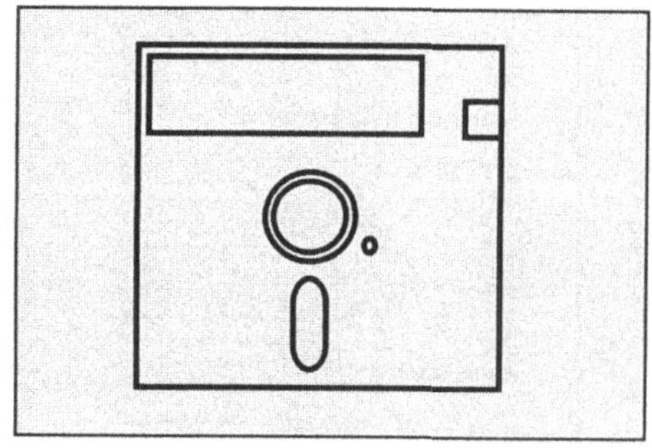

Abbildung 5.8
Langweilig:
Das Logo "einfach so"

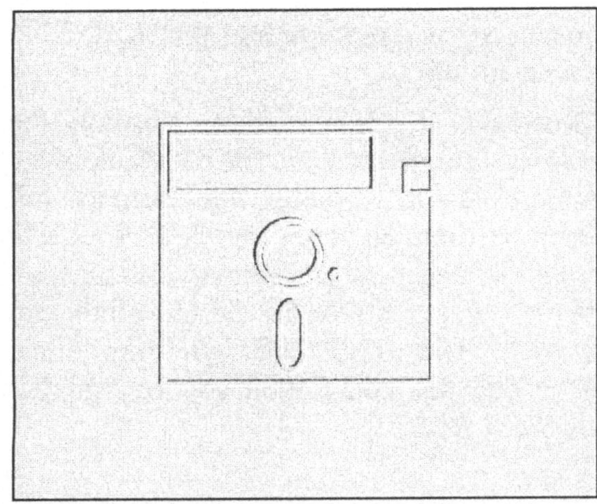

Abbildung 5.9
Professioneller:
Eingestanztes Logo

Gleich um Klassen besser und im Stil der BWCC–Dialoge erscheint das Logo in Abbildung 5.9, welches durch die geschickte Überlagerung von drei Kopien des gleichen Symbols entstehen. Die Schritte dazu sind folgende:

* Logo in dunkelgrau einfügen

* Logo in weiß um je zwei Pixel nach rechts und unten verschoben darüber kopieren

* Logo in hellgrau um je einen Pixel nach rechts und unten verschoben darüber kopieren

Dies können Sie im Bitmap–Editor leider nicht so ohne weiteres erreichen, da Sie nicht mit durchsichtigen Bitmaps arbeiten können. Andere Grafik-programme erlauben solche Manipulationen und können Grafiken im BMP–Format exportieren um sie im Workshop einzufügen. Aber auch ohne ein solches Programm ist es möglich, derart ansprechende Logos in Dialoge und Fenster einzubauen. Hier ist ein anderer Weg einzuschlagen, der ein paar Zeilen Programmcode benötigt, die sich aber unbedingt lohnen. Ausgangspunkt ist eine Grafik im Bitmap–Format, die in **Schwarz auf Weiß** vorliegt und in der Programmressource gespeichert ist.

Windows verfügt natürlich auch über die Möglichkeit, erst zur Laufzeit Bitmaps in Dialogen anzuzeigen, ebenso, wie die Manipulation anderer Dialoglemente zur Laufzeit überhaupt kein Problem ist. Als Platzhalter für die Bitmap sollten Sie einen grauen Gruppenrahmen und darüber ein Bitmap–Element einfügen, dessen ID natürlich **nicht** auf die Logo–Bitmap verweist. Diese wollen wir ja in der eben geschilderten Weise dreimal übereinander in verschiedenen Farben einfügen.

Was dem Bitmap–Editor des Resource Workshop fehlt, nämlich die Möglichkeit, mit transparenten Bitmaps zu arbeiten, ist für ein Windows-programm überhaupt nichts besonderes. Beim Kopieren von Bitmaps mit *BitBlt* kann man nämlich über einen bestimmten sogenannten *ROP–Code* (**R**aster **OP**eration–Code) den weißen Hintergrund der Bitmap als transpa-rent deklarieren. Diese Codes werden weiter hinten in diesem Buch, im Grafikkapitel, noch näher behandelt. Hier benötigen wir nur einen speziellen ROP–Code, der nicht zu den dokumentierten gehört, und wir behandeln ihn zunächst einfach als *Black Box*:

```
ROP_Stanze = $B8074A;
```

Um Ihnen das *Stanzen* eines Logos zu demonstrieren, habe ich einmal mein Logo zusammen mit einer kleinen Dialogbox in einer Ressource unterge-bracht: STANZLGO.RES. In der Dialogbox befindet sich eine graue Gruppenfläche und darüber ein bereits aus diesem Abschnitt bekanntes Bitmap–Element, welches in diesem Fall allerdings das Attribut *Owner-draw* aufweisen muß, damit es vom Programm zur Laufzeit *bemalt* werden kann.

```
{ ------------------------------------------------
  Beispiel für ein eingestanztes Logo
  in Dialogen mit BWCC-Stil

  von Michael Schumann für Vieweg Verlag
  ------------------------------------------------ }
program StanzLGO;


{$IFDEF VER15}
uses WinTypes,WinProcs,Win31,WObjects,bwcc;
{$ELSE}
uses WinTypes,WinProcs,Win31,OWindows,ODialogs,bwcc;
{$ENDIF}

{$R StanzLGO}


type    PLgoWindow =  ^TLgoWindow;
        TLgoWindow = object(TDlgWindow)
          ESurname,
          Ename,
          EBorn,
          ENotes:    PEdit;
          constructor Init(AParent:PWindowsObject;
  ATitle:PChar);
```

```pascal
            procedure DrawPic(var M:TMessage); virtual
                   wm_first+wm_drawItem;
          end;


        TLgoDemo = object(TApplication)
          procedure InitMainWindow; virtual;
        end;

var     PD:           ^TDrawItemStruct;
        Picture: HBitMap;

const ROP_Stanze = $B8074A;

procedure TLgoWindow.DrawPic;
var
        MemDC         : HDC;
        Brush, oldBrush : HBrush;
begin
  { Zeiger auf TPaintStruct-Struktur }
  PD:=pointer(M.lparam);

  { Zusätzlichen Kontext erzeugen }
  MemDC:=CreateCompatibleDC(PD^.HDC);

  { Diesem Kontext die Bitmap zuweisen }
  SelectObject(MemDC,Picture);

  { Zunächst dunkelgrau darstellen }
  Brush:=CreateSolidBrush(RGB(0,0,0));
  oldBrush:=SelectObject(PD^.HDC,Brush);
  BitBlt(PD^.HDC,3,3,65,65,MemDC,0,0,ROP_Stanze);
  SelectObject(PD^.HDC,oldBrush);
  DeleteObject(Brush);

  { um je zwei Pixel nach rects und unten in weiß }
  Brush:=CreateSolidBrush(RGB(255,255,255));
  oldBrush:=SelectObject(PD^.HDC,Brush);
  BitBlt(PD^.HDC,3+2,3+2,65,65,MemDC,0,0,ROP_Stanze);
  SelectObject(PD^.HDC,oldBrush);
  DeleteObject(Brush);

  { um je einen Pixel nach rects und unten in hellgrau }
  Brush:=CreateSolidBrush(RGB(128,128,128));
  oldBrush:=SelectObject(PD^.HDC,Brush);
  BitBlt(PD^.HDC,3+1,3+1,65,65,MemDC,0,0,ROP_Stanze);
  SelectObject(PD^.HDC,oldBrush);
  DeleteObject(Brush);
  DeleteDC(MemDC);
  ReleaseDC(PD^.HWndItem,PD^.HDC);
end;

constructor TLgoWindow.Init;
 begin
   TDlgWindow.Init(nil,'Dialog_1');
   Picture:=LoadBitmap(HInstance,'LOGO');
```

```
  end;


procedure TLgoDemo.InitMainWindow;
begin
  MainWindow := New(PLgoWindow,
    Init(nil, 'Gestanztes Logo'));
end;


var App: TLgoDemo;

begin
  App.Init('StanzLogoDemo');
  App.Run;
  App.Done;
end.
```

Das Beispielprogramm selbst ist ziemlich trivial, da es als Hauptfenster die
Dialogbox benutzt (auch dazu kommen wir später noch einmal ausführlicher) und außer dem *Stanzen* des Logos keinerlei Funktionalität aufweist.
Um das Beispiel in eine *Über...*-Dialogbox umzuarbeiten, müssen Sie statt
des Programmfensters einen entsprechenden Dialog mit der Methode
DrawPic definieren – den Rest können Sie fast 1:1 übernehmen. Natürlich
müssen Größe und Position des Logos angepaßt werden.

Der entscheidende Teil ist hier die Ownderdraw–Methode *DrawPic*, die
natürlich auch einen anderen Namen haben kann. Diese Methode reagiert
auf **sämtliche** Nachrichten, die Ownerdraw–Elemente des dazugehörigen
Fensters bzw. der dazugehörigen Dialogbox betreffen. Befinden sich also
mehrere derartige Elemente in der Dialogbox, so muß natürlich anhand der
ID des zu zeichnenden Elements verzweigt werden.

Jeder Ownerdraw–Methode wird in *lParam* ein Zeiger auf eine Struktur
vom Typ *TPaintStruct* übergeben, deren Feld *ItemID* die ID des Elements
enthält, welches beim jeweiligen Aufruf gezeichnet werden soll. Bei mehr
als zwei Elementen empfiehlt sich hier ein *Case*–Konstrukt.

```
PD:=pointer(M.lparam);
```

Dieser (hier mit dem Namen PD) versehene Record enthält natürlich auch
ein Kontexthandle. Um mit *BitBlt* arbeiten zu können, muß ein zweiter
identischer Zeichenkontext im Speicher erstellt werden, der als Quelle für
die Kopieraktion fungieren wird. Daher wird diesem Speicherkontext die
Bitmap zugewiesen.

```
var
      MemDC          : HDC;
```

```
...
MemDC:=CreateCompatibleDC(PD^.HDC);
SelectObject(MemDC,Picture);
...
```

Nun benötigen wir noch einen Pinsel, mit dem die Farbe der Bitmap bestimmt werden kann. Ohne Festlegen eines solchen würde jede Abbildung mit dem Vorgabepinsel in Schwarz erscheinen.

```
var   Brush, oldBrush : HBrush;
```

Das Kopieren der Bitmaps wird nun in drei Schritten vorgenommen: dunkelgrau, weiß und dann hellgrau.

```
Brush:=CreateSolidBrush(RGB(128,128,128));
oldBrush:=SelectObject(PD^.HDC,Brush);
BitBlt(PD^.HDC,3,3,65,65,MemDC,0,0,ROP_Stanze);
SelectObject(PD^.HDC,oldBrush);
DeleteObject(Brush);

Brush:=CreateSolidBrush(RGB(255,255,255));
oldBrush:=SelectObject(PD^.HDC,Brush);
BitBlt(PD^.HDC,3+2,3+2,65,65,MemDC,0,0,ROP_Stanze);
SelectObject(PD^.HDC,oldBrush);
DeleteObject(Brush);

Brush:=CreateSolidBrush(RGB(192,192,192));
oldBrush:=SelectObject(PD^.HDC,Brush);
BitBlt(PD^.HDC,3+1,3+1,65,65,MemDC,0,0,ROP_Stanze);
SelectObject(PD^.HDC,oldBrush);
```

Das Aufräumen zum Schluß darf nicht fehlen, sonst entstehen unnötige *Speicherleichen*:

```
DeleteObject(Brush);
DeleteDC(MemDC);
ReleaseDC(PD^.HWndItem,PD^.HDC);
```

Der erzielte Effekt kann sich in der Tat sehen lassen, wie die drei folgenden Abbildungen zeigen.

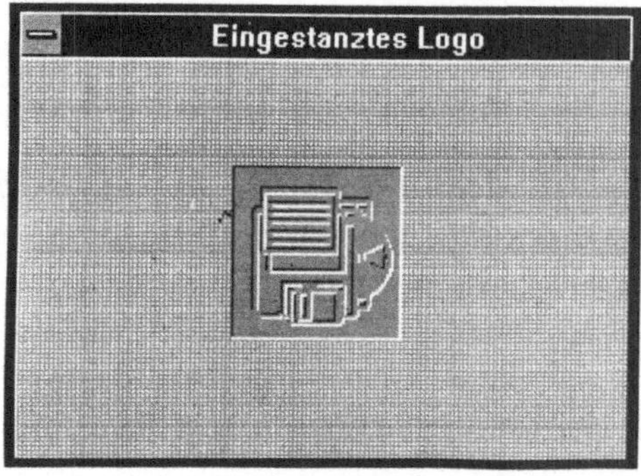

Abbildung 5.10
Gestanztes Logo, erste
Variante

Alternativ zu Hellgrau mit Weiß und Dunkelgrau können auch die Farben Schwarz, Weiß und Dunkelgrau eingesetzt werden, wenn das Logo in Hellgrau nicht optimal aussieht.

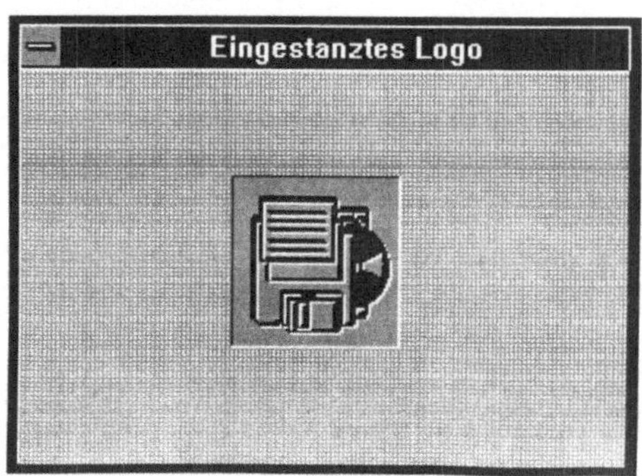

Abbildung 5.11
Gestanztes Logo, zweite
Variante

Die dritte Möglichkeit und eigentlich auch die logischste ist, das Logo innerhalb des eingestanzten Gruppenrahmens als Erhebung darzustellen.

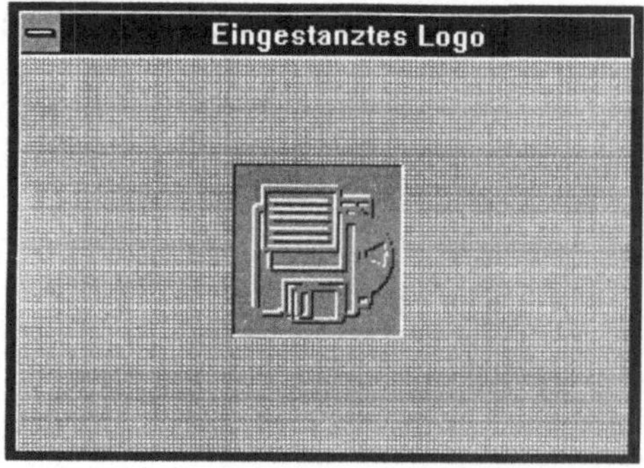

Abbildung 5.12
Gestanztes Logo, dritte
Variante

So gäbe es in der Dialogbox nur Oberfläche und eine Erniedrigungsstufe, bei den beiden vorher genannten Methoden sind es hingegen zwei verschiedene Tiefen. Ob AnwenderInnen sich allerdings jemals daran stören würden, sei dahingestellt. Um aus der Erniedrigung eine Erhöhung zu machen, braucht man unter Windows nur Licht und Schatten zu vertauschen. Also erst mit Weiß und dann mit Dunkelgrau kopieren. Abbildung 5.12 zeigt diese Variante.

Es bleibt Ihrem guten Geschmack überlassen, welche der drei Varianten Sie einsetzen. Die Ingredienzen sind nun klar: Grau, Dunkelgrau, Weiß und Schwarz, drei Teelöffel *BitBlt*, das Ganze ein wenig gegeneinander verschoben, fertig ist das gestanzte Logo.

In der folgenden Tabelle finden Sie noch einmal die RGB–Werte der benötigten Farben für Brushes:

Farbe	R,G,B
Schwarz	0, 0, 0
Dunkelgrau	128, 128, 128
Hellgrau	192, 192, 192
Weiß	255, 255, 255

Tabelle 5.X RGB–Werte für Gestanztes

Soviel zur Ästhetik der Dialogbox – wenden wir uns wieder der nicht zu vergessenden Funktionalität zu.

5.4 Windows Standarddialoge

In Windows 3.1 ist es endlich soweit – es gibt Standarddialoge für die wichtigsten Einsatzgebiete, die ProgrammiererInnen endlich davon befreien, immer wieder neue Lösungen für alte Probleme zu programmieren, die aufs Neue ausgetestet werden müssen. Und außerdem sorgen sie für ein einheitliches Erscheinungsbild der Applikationen unter Windows – ein klares Plus für AnwenderInnen dieser Programme!

Der Einsatz dieser Standarddialoge ist sehr einfach, da immer eine bestimmte Struktur als Parameter eingesetzt wird, in die vor dem Start bestimmte Werte eingetragen, und aus der nach Beendigung des Dialoges die Ergebnisse wieder herausgelesen werden können.

Folgende Standarddialoge sind unter Windows 3.1 in der Bibliothek COMMDLG.DLL enthalten

Dialog	Funktionsname	Strukturname
Datei laden	GetOpenFilename	TOpenFilename
Datei speichern unter	GetSaveFilename	TOpenFilename
Drucken	PrintDlg	TPrintDlg
Druckereinrichtung	PrintDlg	TPrintDlg
Schriftwahl	ChooseFont	TChooseFont
Farbwahl	ChooseColor	TChooseColor
Suchen	FindText	TFindReplace
Ersetzen	ReplaceText	TFindReplace

Tabelle 5.5 Die acht Standarddialoge aus COMMDLG.DLL

Verschiedene Funktionen benutzen die gleiche Struktur, bei den Druck–Dialogen wird die Entscheidung, welcher Dialog angezeigt werden soll, anhand von Feldinhalten getroffen. In diesem Abschnitt werden wir nur vier dieser Dialoge besprechen. Dialoge, die mit dem Ausdrucken zu tun haben, werden in einem eigenen Abschnitt im Kapitel über das Drucken besprochen. Die Dialoge zum Suchen und Ersetzen finden Sie am Ende dieses Abschnitts, da sie sich in ihrer Funktionsweise doch recht stark von den anderen vier Standarddialogen unterscheiden.

Beginnen wir mit den zentralen Dialogen in nahezu jeder Applikation: *Datei Öffnen* und *Datei speichern unter*. Die Struktur *TOpenFilename* enthält eine Menge Felder, die jedoch für eine normale Anwendung nicht alle benötigt werden.

Feld	Ein-/Ausgabe	Bedeutung
lStructSize	Ein	Größe der TFileOpen-Struktur
hWndOwner	Ein	Handle des Applikationsfensters
hInstance	Ein	Instanz des Applikationsfensters
lpstrFilter	Ein	Zeiger auf Filterarray
lpstrCustomFilter	Ein	Zusätzlicher Filter (optional, also nil)
nMaxCustFilter	Ein	Größe des zus. Filterarray (optional)
nFilterIndex	Ein/Aus	Aktueller Index in Filterarray
lpstrFile	Ein/Aus	Zeiger auf String für Dateinamen
nMaxFile	Ein	Größe des Dateinamenstring
lpstrFileTitle	Aus	Gewählte Datei ohne Pfad (optional)
nMaxFileTitle	Ein	Größe des Puffers für lpStrFileTitle
lpstrInitialDir	Ein	Zeiger auf String mit Startverzeichnis
lpstrTitle	Ein	String mit Titel der Dialogbox
Flags	Ein/Aus	Verschiedenes (siehe Text)
nFileOffset	Aus	Position erstes Zeichen Dateiname
nFileExtension	Aus	Position erstes Zeichen der Extension
lpstrDefExt	Ein	Vorgabeextension beim Speichern
lCustData	Ein	Optionale Benutzerdaten
lpfnHook	Ein	Hook-Funktion für Erweiterung
lpTemplateName	Ein	Ressourcentemplate für angepaßtes Outfit (Abschnitt 5 dieses Kapitels)

Tabelle 5.6 Felder der TFileOpen-Struktur

Bevor man nun diese Struktur füllt, sollte man sich unbedingt über das gewünschte Verhalten sowohl des *Öffnen...* als auch des *Speichern unter...* Dialoges Gedanken machen.

- Sollen die Dialoge beim zweiten und folgenden Aufruf das zuvor gewählte Verzeichnis und den zuvor selektierten bzw. eingegebenen Dateinamen anzeigen?

- Sollen *Öffnen...* und *Speichern als...* die gleiche Struktur verwenden, so daß bei *Speichern unter...* der Pfad und Dateiname angezeigt wird, der zuletzt unter *Öffnen...* gewählt wurde?

- Sollen verschiedene Dateitypen (z.B. *.PAS, *.BAK...) zur Auswahl stehen und wie sollen diese benannt werden

Die ersten beiden Fragen habe ich in Anlehnung an das von bekannten Applikationen bekannte Verhalten mit *ja* beantwortet, bei der dritten sollen hier einmal drei Beispieltypen verwendet werden:

Alle Dateien	*.*
Quellcode Dateien	*.PAS, *.INC, *.RC
Textdateien	*.TXT, *.DOC, *.ASC

Tabelle 5.7 Drei Dateitypen für Datei/Öffnen

Gleich beim Start der Applikation sollten die Vorgaben in der *Init-*Methode des Programmfensters eingestellt werden – die Variablen dazu werden global deklariert, da sie zur gesamten Laufzeit des Programms benötigt werden:

```
var
    FileRec    : TOpenFilename;
    FileName,
    DirName    : array[0..255] of char;
    Filters    : array[0..1000] of char;
    DefExt     : array[0..2] of char;
```

Obwohl es möglich ist, zusätzlich zum Dateinamen mit komplettem Pfad noch einen ohne Pfadangabe aus der Struktur zu erhalten, wird hier darauf verzichtet – dies würde nur dazu führen, noch eine weitere globale Stringvariable zu benötigen. Es dürfte kein Problem darstellen, die komplette Pfadangabe immer aus Datei- und Verzeichnisnamen mit dem Zeichen \ dazwischen zusammenzusetzen. Wieder ein paar hundert Bytes gespart!

Hier werden die Variablen mit den Eingangswerten gefüllt. Die Tabelle mit den möglichen Dateitypen hat folgenden Aufbau:

```
Bezeichnung 1 #0 Spezifikation 1.1; Spezifikation 1.2;...#0
Bezeichnung 2 #0 Spezifikation 2.1; Spezifikation 2.2;...#0
Bezeichnung 3 #0 Spezifikation 3.1; Spezifikation 3.2;...#0
...
Bezeichnung n #0 Spezifikation n.1; Spezifikation n.2;...#0#0
```

Wichtig ist die Trennung durch das Nullzeichen und das doppelte Nullzeichen am Ende der Tabelle. Das ganze wird in einer *PChar-*

Variablen gespeichert. Da das Aneinanderkopieren von Strings mit Nullzeichen nicht trivial ist, ersetzen wir das Nullzeichen durch eines, welches in der Tabelle nicht vorkommt – hier $ – und ersetzen erst zum Schluß:

```
StrCopy(Filters,'Alle Dateien$*.*$');
StrCat(Filters,'Textdateien$*.TXT;*.DOC;*.ASC$');
StrCat(Filters,'Quellcodes$*.PAS;*.INC;*.RC$$');
For i:=0 to StrLen(Filters) do
   if Filters[i]='$' then Filters[i]:=#0;
```

Das Vorgabeverzeichnis wird hier mit C:\ besetzt, eleganter allerdings ist es, dieses Verzeichnis aus WIN.INI zu lesen und AnwenderInnen damit die Möglichkeit zu geben, immer gleich auf das richtige Verzeichnis zu springen. Gerade im Netzwerk ist dies ein feiner Zug eines Programms – Microsoft Word für Windows zum Beispiel bietet diese Möglichkeit an:

```
...
[Microsoft Word 2.0]
NOVELLNET=YES
AUTOSAVE-path=C:\temp
INI-path=m:\
DOC-PATH=m:\docs
DOT-PATH=m:\dots
...
```

Natürlich müssen Sie dies von Fall zu Fall entscheiden. Damit Anwender-Innen Ihrer Applikation beim Speichern nicht versehentlich Dateien ohne Extension erzeugen, sollte immer eine Vorgabe angegeben werden:

```
StrCopy(DirName,'C:\');
StrCopy(DefExt,'SUB');
```

Dies sind zunächst unsere Variablen, die nun in der *Datei/Öffnen...* und der *Datei/Speichern als...* Methode in die *TFileOpen*-Struktur übertragen werden müssen. Dort ist allerdings noch etwas mehr zu tun. Zunächst setzen wir Systemwerte und die Größe der Struktur:

```
lStructSize:=SizeOf(FileRec);
hInstance:=hInstance;
hWndOwner:=HWindow;
```

Anschließend werden die Dateitypen übergeben, der Index wird auf den in der Regel benötigten gesetzt, der erste Eintrag hat den Index 1.

```
lpStrFilter:=Filters;
nFilterIndex:=1;
```

Die Referenz auf unsere Dateinamenvariable, deren maximales Fassungs-
vermögen, das Startverzeichnis und ein Titel für die Dialogbox sind zu
übergeben:

```
lpstrFile:=FileName;
nMaxFile:=SizeOf(FileName);
lpstrInitialDir:=DirName;
lpstrTitle:='Datei Öffnen';
```

Schließlich kann das Verhalten des Dialoges über bestimmte Werte in
Flags entscheidend beeinflußt werden.

```
Flags:=OFN_NoChangeDir+OFN_FileMustExist;
```

Beim Öffnen muß die gewählte Datei natürlich existieren und wenn nicht,
soll der Benutzer eine entsprechende Meldung erhalten. Dies ist über das
Bit *OFN_FileMustExist* zu erreichen:

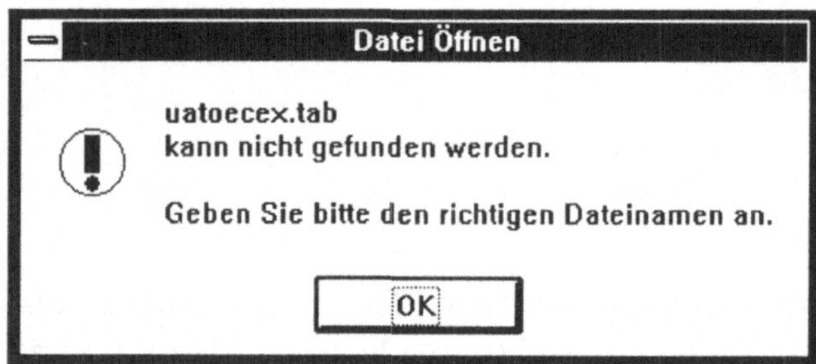

Abbildung 5.13
Ungültige Dateiangabe
bei Datei/Öffnen...

Das zweite Flag verhindert, daß der Dialog das Standardverzeichnis für die
Applikation wechselt – dies kann unangenehme Folgen haben (oder auch
erwünscht sein!). Die restlichen Felder der Struktur werden mit 0 und nil
besetzt:

```
lpstrDefExt:=nil;
lpstrFileTitle:=nil;
nMaxFileTitle:=0;
lCustData:=0;
lpstrCustomFilter:=nil;
nMaxCustFilter:=0;
```

Nun ist alles bereit für *GetOpenFilename*. Diese Funktion liefert das
Ergebnis true, wenn tatsächlich etwas gültiges gewählt wurde. Nur dann
sollte eine Aktion erfolgen. Neben dem obligatorischen Öffnen der Datei,
was Sie natürlich programmieren müssen, setzen wir hier das Anfangsver-
zeichnis und den Dateinamen neu, so daß man sich beim nächsten Öffnen
einer Datei genau dort befindet, wo man war.

```
if GetOpenFileName(FileRec) then begin
    StrCopy(DirName,FileName);
    StrCopy(FileName,@DirName[nFileOffset]);
    DirName[nFileOffset]:=#0;
    If DirName[nFileOffset-1]='\' then
        DirName[nFileOffset-1]:=#0;
    ... { hier Ihre Aktionen } ...
```

Das Verzeichnis wird über *nFileOffset* aus dem kompletten Dateinamen ermittelt, und ein eventueller Backslash \ am Ende wird abgetrennt. Der Dateiname wird von der Pfadangabe befreit und beides als Anfangsparameter für den nächsten Aufruf von *GetOpenFilename* gesetzt.

Sie erhalten den kompletten Dateinamen über folgenden Konstrukt:

```
StrCopy(Komplett,DirName);
StrCat(Komplett,'\');
StrCat(Komplett,FileName);
```

So sieht das Ergebnis aus:

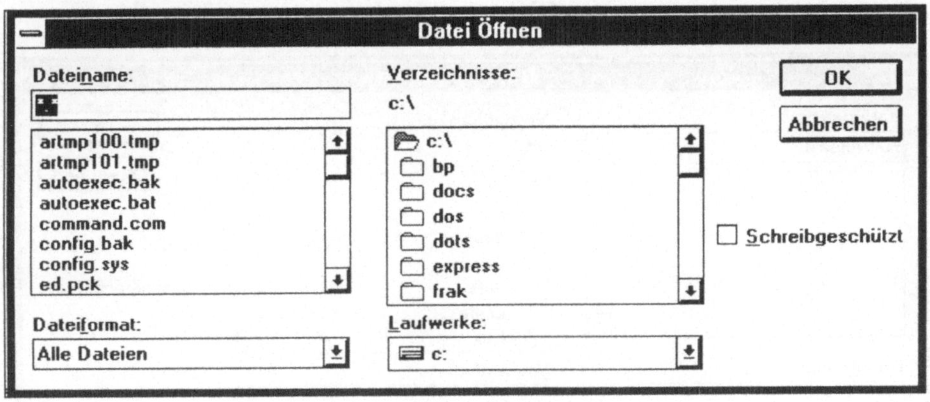

Abbildung 5.14 Standarddialog Datei laden

Der Dialog zum Speichern einer Datei kann mit nahezu identischem Code erzeugt werden. Hier ist zusätzlich eine Dateiextension anzugeben, die dann angehängt wird, wenn AnwenderInnen einen Namen ohne Dateierweiterung angeben. Das Anbieten von Dateiformaten ist in der Regel beim Speichern auch nicht nötig. Schließlich sollten wir noch ein Flag setzen, welches eine Warnung ausgibt, sollte es bereits eine Datei des gleichen Namens geben.

```
With FileRec do begin
  lStructSize:=SizeOf(FileRec);
  hInstance:=hInstance;
  hWndOwner:=HWindow;
  lpStrFilter:=nil;
  nFilterIndex:=1;
  lpstrFile:=FileName;
  nMaxFile:=256;
  lpstrInitialDir:=DirName;
  lpstrTitle:='Datei speichern';
  Flags:=OFN_NoChangeDir+OFN_OverwritePrompt;
  lpstrDefExt:=DefExt;
  lpstrFileTitle:=nil;
  nMaxFileTitle:=0;
  lCustData:=0;
  lpstrCustomFilter:=nil;
  nMaxCustFilter:=0;
  if GetSaveFileName(FileRec) then begin
     ...
```

Damit steht auch die Box zum Sichern einer Datei:

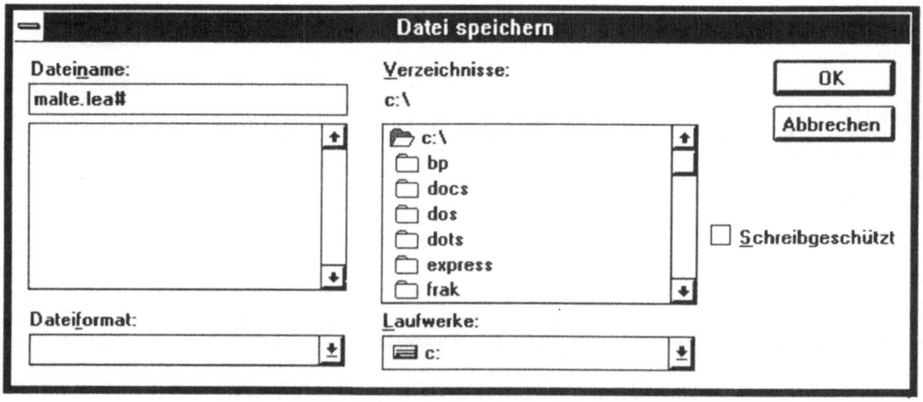

Datei speichern

Dateiname:
malte.lea#

Verzeichnisse:
c:\

c:\
bp
docs
dos
dots
express
frak

OK
Abbrechen
Schreibgeschützt

Dateiformat:

Laufwerke:
c:

Abbildung 5.15 Standarddialog Datei Sichern

Sie finden diese zwei Dialoge im Beispielprogramm STANDDLG.PAS auf der Diskette zum Buch. In diesem Beispielprogramm kommen auch die folgenden zwei Standarddialoge zum Einsatz, die erheblichen Programmieraufwand erfordern würden, müßte man sie selbst erstellen.

Die Auswahl einer Farbe aus dem Windows–Angebot inklusive der Definitionsmöglichkeit von 16 selbstgemischten Farben und auch das Wählen einer passenden Schrift dürften vor allem für Grafikprogramme interessant sein.

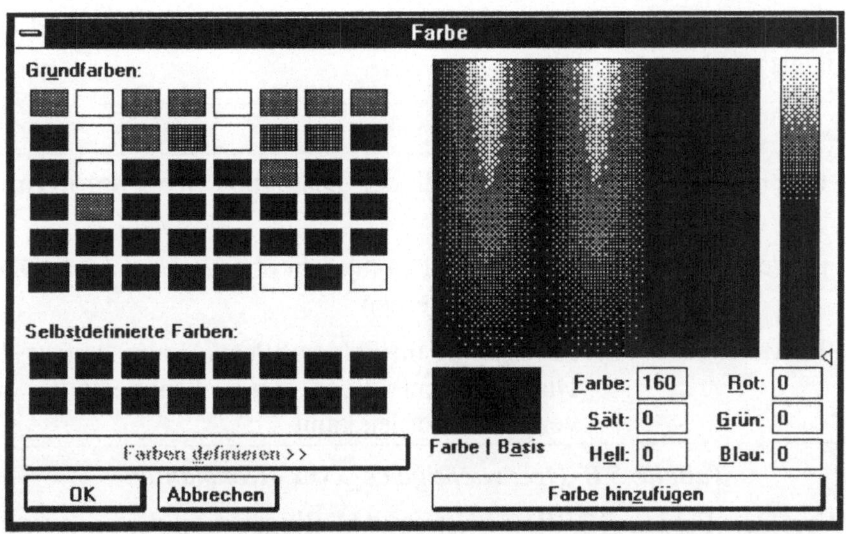

Abbildung 5.16 Standarddialog für die Farbwahl

Der Einsatz dieses Farbwahldialoges ist recht einfach, da dieser nur einen Lonint–Wert für die gewählte Farbe zurückliefert. 16 selbstdefinierte Farben stehen neben den Grundfarben zur Verfügung, diese können sowohl vordefiniert als auch zur Laufzeit aus dem rechten Teil des Dialoges ausgesucht werden.

Für diese 16 Farben benötigen wir ein Array, welches natürlich auch gleich mit den entsprechenden Farbwerten vorbesetzt werden kann.

```
var   CustColors : array[0..15] of longint;
```

oder

```
type TCustColors = array[0..15] of longint;
const CustColors : TCustColors = ($12345,$0043...);
```

Nach Initialisieren der Struktur auf die bekannte Art und Weise können Sie den Dialog sofort zur Anzeige bringen:

```
with ColorRec do begin
  lstructSize:=sizeOf(ColorRec);
  hWndOwner:=HWindow;
  hInstance:=hInstance;
  lpFnHook:=nil;
  lpCustColors:=@CustColors;
  flags:=0;
  ChooseColor(ColorRec);
```

Eine wichtige Rolle spielt auch hier der Wert, mit dem das Feld *Flags* initialisiert wird.

Bit	Wirkung
cc_fullOpen	Rechter Teil der Dialogbox wird sofort mit-angezeigt
cc_preventFullOpen	Rechter Teil kann nicht über *Farben hinzufügen* angezeigt werden
cc_RGBInit	Es wird die im Feld *rgbResult* beim Aufruf des Dialoges enthaltene Farbe eingestellt, die verändert werden kann

Tabelle 5.8 Drei wichtige cc_xxxx–Konstanten

Der Wert des Feldes *RGBResult* ist sowohl Eingabeparameter (wenn das Flag *cc_RGBInit* gesetzt ist) als auch Ausgabeparameter, aus dem die eingestellte Farbe entnommen werden kann. Auch hier gibt die Funktion *ChooseColor* den Wert true zurück, wenn ein Wert gewählt wurde.

Wenn keine Option angegeben wurde, so erscheint zunächst die verkleinerte Dialogbox, und der Teil zum Mischen einer Farbe kann auf Buttondruck geöffnet werden. Man sollte möglichst darauf verzichten, den Dialog mit *cc_FullOpen* gleich auf die volle Größe zu bringen, da dies auf manchen Rechnern zu einer mehrere Sekunden dauernden Wartezeit bis zum Erscheinen des Dialoges führt. Wenn hingegen der Dialog sofort auftaucht und die Wartezeit erst bei Betätigen des *Farben hinzufügen*-Buttons entsteht, so ist dies für AnwenderInnen wesentlich logischer.

Der Schriftendialog wird auch mit bekannten Methoden verwendet, hier allerdings erhält man als Ergebnis eine recht komplexe Struktur vom Typ *TLogFont*, auf die an dieser Stelle nicht weiter eingegangen wird. Genaueres über Schriften und die Struktur *TLogFont* enthält das Kapitel *Textorientiertes*.

```
var  LogFont: TLogFont;

  with FontRec do begin
    lstructSize:=sizeOf(FontRec);
    hWndOwner:=HWindow;
    hInstance:=hInstance;
    hDC:=0;
    lpLogFont:=@logFont;
    lpFnHook:=nil;
    nSizeMin:=0;
```

```
nSizeMax:=999;
Flags:=cf_ScreenFonts or cf_Effects or
       cf_InitToLogFontStruct or cf_TTOnly;
if ChooseFont(FontRec) then ...
```

Besondere Beachtung verdient hier das Feld Flags, über das ganz wesentliche Einstellungen vorgenommen werden:

Wirkung	Flagname	Weitere Felder
Druckerschriften anbieten	cf_Printerfonts	hDC = Druckerkontext
Truetype–Schriften anbieten	cf_TrueType	–
Ducker und Trutype–Schriften anbieten	cf_Both	hDC = Druckerkontext
Nur skalierbare Schriften	cf_scalableOnly	–
Nur Schriften mit ANSI–Zeichensatz	cf_Ansi	–
Keine Proportionalschriften	cf_fixedPitchOnly	–
Farben und Unter/Durchstreichung	cf_Effects	–
Nur bestimmten Größenbereich	cf_limitSize	nSizeMin und nSizeMax müssen Werte enthalten

Tabelle 5.8 Die wichtigsten cf_XXXX–Konstanten für den Druckerdialog

Das Beispiel STANDDLG.PAS auf der Diskette zum Buch enthält die beschriebenen vier Dialoge und die zwei im folgenden Abschnitt beschriebenen. Den kompletten Quellcode finden Sie ebenfalls im nächsten Abschnitt.

5.5 Nicht modale (Standard-)Dialoge

Kommen wir nun zu den Dialogen für das Suchen und Ersetzen von Text. Diese zwei Dialoge sind nicht modal, was bedeutet, daß sie auf dem Bildschirm erscheinen und benutzt werden können, während der Rest des Programms (z.B. die Menüleiste) aktiv bleibt. Der Einsatz dieser zwei Standarddialoge ist repräsentativ für alle nicht modalen Dialoge, daher wurde das *Standard* im Titel dieses Abschnitts eingeklammert.

Wozu nicht modale Dialoge z. B. beim Suchen von Text? Zunächst der Vorteil:

* Die Funktion Suchen oder Suchen und Ersetzen muß nicht für jeden Vorgang neu aus dem Menü heraus aufgerufen werden.

Aber es gibt auch Nachteile, diese betreffen die Seite der Programmierer-Innen – man muß sich mit folgendem Zusatzaufwand auseinandersetzen:

* Die Dialogbox kann quasi beliebig oft übereinander erstellt werden, wenn keine Vorkehrungen getroffen werden.

* Meldungen dieser Dialogboxen müssen über *RegisterWindowMessage* privatisiert werden.

* Buttonmeldungen müssen in einer überschriebenen *DefWndProc*-Methode verarbeitet werden.

* Für die Bedienbarkeit mit der Tastatur (TAB und Shortcuts) muß die Applikationsmethode *MessageLoop* überschrieben werden.

Lassen Sie sich nicht davon entmutigen – die Realisierung ist doch noch gut überschaubar. Das Erstellen der Dialoge für die Suche und für Ersetzen geschieht auf nahezu identische Art, daher ist im folgenden nur von der *Suchen*-Dialogbox die Rede. Zunächst benötigen wir Variablen für den Such- und den Ersatztext, ein Handle für die Dialogbox und eine Variable, in der der Messagecode für Nachrichten aus der Dialogbox abgelegt wird.

```
var
  FindStr,
  ReplaceStr: array[0..40] of char;
  FindWnd   : HWnd;
  wm_findRep: word;
```

Ein ganz wichtiger Schritt bei der Initialisierung des Programms ist das Privatisieren der Nachrichten aus der *Suchen*-Dialogbox. Stellen Sie sich vor, neben Ihrer Anwendung (Applikation 1) ist noch eine andere Applikation 2 aktiv, die ebenfalls Methoden für *Suchen* aufweist. Da es sich ja um einen Standarddialog handelt, wird immer der gleiche Nachrichtencode gesendet, und das könnte fatale Folgen haben. Die Nachricht könnte statt von Ihrer Applikation von der anderen abgearbeitet werden und man würde dies wahrscheinlich auch zu spät bemerken. Die folgende Abbildung zeigt diesen Vorgang:

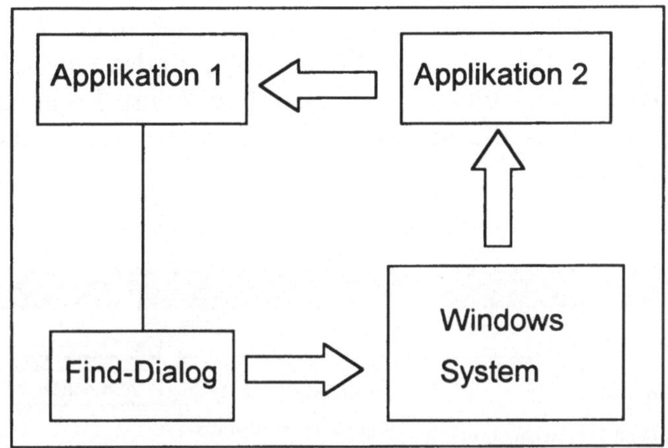

Abbildung 5.17 Nachrichtenweitergabe

Ausschließen kann man dieses Fehlverhalten über die Registration der vom *Find*–Dialog gesendeten Nachricht:

```
wm_FindRep:=RegisterWindowMessage('commdlg_FindReplace');
```

Damit wird die nicht fensterbezogene Nachricht *commdlg_FindReplace* für dieses Fenster registriert und vom Windowssystem in einen anderen, eindeutigen Code umgewandelt. Dieser Code ist der Rückgabewert dieser Funktion. Das Erstellen des Fensters geschieht auf die nun hinreichend bekannte Weise:

```
with FindRec do begin
   lStructSize:=sizeOf(FindRec);
   hWndOwner:=HWindow;
   hInstance:=hInstance;
   lpStrFindWhat:=FindStr;
   lpStrReplaceWith:=nil;
   wFindWhatLen:=SizeOf(FindStr);
   wReplaceWithLen:=0;
   flags:=FR_Down;
   lpfnHook:=nil;

   FindWnd:=FindText(FindRec);
```

Hier taucht die Variable *FindWnd* auf, die nach Erstellen des Dialoges das dazugehörige Handle enthält.

Ohne weitere Maßnahmen funktioniert der Dialog in diesem Stadium bereits, kann aber noch mehrfach übereinander initialisiert werden, indem man einfach den Menüpunkt *Bearbeiten/Suchen* mehrfach betätigt. Damit wird jedesmal eine neue Dialogbox erstellt, die exakt über der vorherigen liegt. Dies können wir verhindern, wenn wir ein Flag in der *TFindReplace*-Struktur prüfen, welches darüber Auskunft gibt, ob das Dialogfenster noch gültig ist. Dieses Flag müssen wir natürlich beim Programmstart auf *ungültig* setzen, damit dieser Mechanismus nicht den ersten Start der Dialogbox verhindert

```
FindRec.Flags:=fr_DialogTerm; { in SetupWindow }
```


Abbildung 5.18 Suchen–Dialogbox

Und in der Methode für den Menüpunkt *Suchen* verhindert die folgende Zeile mehrfaches Erstellen der Dialogbox:

```
If FindRec.Flags and fr_DialogTerm=0 then exit;
```

Das Flag *fr_DialogTerm* zeigt an, daß das Fenster (und damit auch das Fensterhandle) ungültig ist – also keine Dialogbox vorhanden ist. Um nun auf die Nachrichten aus diesem Dialog reagieren zu können, müssen wir die Methode *DefWndProc* überschreiben und dort auf Nachrichten mit dem in *wm_findRep* gespeicherten Code achten:

```
procedure TMyWindow.DefWndProc;
type  PFR = ^TFindReplace;
 begin
 if msg.message = wm_findRep then begin
   If PFR(msg.lParam)^.Flags and FR_FindNext > 0 then begin
       MessageBox(HWindow,FindStr,'Suchen',mb_ok);
       SetFocus(FindWnd);
       end;
   If PFR(msg.lParam)^.Flags and FR_Replace > 0 then begin
       MessageBox(HWindow,ReplaceStr,'Ersetzen',mb_ok);
       SetFocus(FindWnd);
       end;
   If PFR(msg.lParam)^.Flags and FR_ReplaceAll > 0 then begin
       MessageBox(HWindow,ReplaceStr,'Alles ersetzen',mb_ok);
       SetFocus(FindWnd);
       end;
   end;
 TWindow.DefWndProc(msg);
 end;
```

Da die Dialoge *Suchen* und *Ersetzen* die gleiche Nachricht verschicken, wird anhand verschiedener Bits im Feld *Flags* entschieden, was nun zu tun ist. Freundlicherweise ist ein Zeiger auf die *TFindReplace*-Struktur in *lParam* der Nachricht enthalten. So können neben dem betätigten Button auch noch andere Informationen über den Zustand der Dialogbox ermittelt werden:

Bit	gesetzt bei
fr_Down	Suche abwärts
fr_matchCase	Schreibweise beachten
fr_wholeWord	Nur ganze Worte

Tabelle 5.9 Weitere Dialogelemente abfragen

Such– und Ersatztext können natürlich auch aus dieser Struktur ermittelt werden, allerdings stehen sie ja auch in den von uns vereinbarten Variablen zur Verfügung. Die eigentliche Aktion muß statt der Messagebox–Aufrufe eingebaut werden. Wichtig ist der Aufruf von *SetFocus* nach dem Such- oder Ersatzvorgang, der wieder die *Suchen*-Dialogbox aktiviert.

Ohne dieses Statement machen Sie sich Feinde unter den AnwenderInnen, die auf die Benutzung der Tastatur angewiesen sind und an dieser Stelle nicht mehr weiter kämen! Tastaturbenutzer erwarten außerdem, daß man innerhalb der Dialogbox die Tab–Taste für das Ansteuern der Dialogelemente verwenden kann. Ohne weitere Maßnahmen funktioniert auch dies nicht!

Hierzu müssen Sie die zentrale Nachrichtenschleife der Applikation überschreiben und auch neu schreiben, da es keine Funktion, sondern eben eine Schleife ist, die während der gesamten Laufzeit des Programms ausgeführt wird.

Diese Schleife kann vom Original fast ohne Modifikation übernommen werden, lediglich ein Aufruf der Funktion *IsDialogMessage* muß eingebaut werden, der damit auch Dialogelemente bedient. Es ist recht unwahrscheinlich, daß nach Beenden des Dialoges ein anderes Fenster das nun ungültige Fensterhandle erhält und so über *IsDialogMessage* Nachrichten zugeschanzt bekommt, die Verwirrung auslösen könnten. Trotzdem sollte man Vorkehrungen treffen, indem auch hier die Gültigkeit des Fensterhandle der *Suchen*-Dialogbox in *Flags* geprüft wird:

```
if ((FindRec.Flags and fr_DialogTerm <>0 ) or
    not IsDialogMessage(FindWnd,msg)) and ...
```

Der komplette Quellcode zu diesen Beispielen und zu denen aus dem
vorangegangenen Abschnitt finden Sie hier nun im Zusammenhang:

```
{ -------------------------------------------
  Standarddialoge-Demonstration

  von Michael Schumann für Vieweg Verlag
  ------------------------------------------- }

program StandDlg;

{$R standdlg}

{$IFDEF VER15}
uses WObjects,WinTypes,WinProcs,Strings,CommDlg,WinDos,BWCC;
{$ELSE}
uses
OWindows,ODialogs,WinTypes,WinProcs,Strings,CommDlg,WinDos,
BWCC;
{$ENDIF}



type
  TMyApp = object(TApplication)
    procedure InitMainWindow; virtual;
    procedure MessageLoop; virtual;
  end;

  PMyWindow = ^TMyWindow;
  TMyWindow = object(TWindow)
    constructor Init(ATitle : PChar);
    procedure DefWndProc(var msg:TMessage); virtual;
    procedure OpenFile(var Msg:TMessage); virtual
              cm_first + 101;
    procedure SaveFile(var Msg:TMessage); virtual
              cm_first + 102;
    procedure FileExit (var Msg : TMessage); virtual
              cm_first + 105;
    procedure EditFind (var Msg : TMessage); virtual
              cm_first + 201;
    procedure EditReplace (var Msg : TMessage); virtual
              cm_first + 202;
    procedure OptionColors (var Msg : TMessage); virtual
              cm_first + 301;
    procedure OptionFonts (var Msg : TMessage); virtual
              cm_first + 302;

  end;

var
    wm_findRep: word;
```

```pascal
    FileRec    : TOpenFilename;
    FontRec    : TChooseFont;
    ColorRec   : TChooseColor;
    FindRec    : TFindReplace;
    FileName,
    DirName    : array[0..255] of char;
    Filters    : array[0..1000] of char;
    DefExt     : array[0..2] of char;
    FindStr,
    ReplaceStr: array[0..40] of char;
    LogFont    : TLogFont;
    FindWnd    : HWnd;

constructor TMyWindow.Init(ATitle : PChar);
 var i:integer;
 begin
   TWindow.Init(Nil, ATitle);
   with Attr do
     begin
       Style := ws_OverlappedWindow;
       Menu := LoadMenu(hInstance,'MENU_1');
       { Startposition und -größe }
       X:=20; Y:=20; w:=400; h:=300;
       { Strukturen vorbelegen }
       StrCopy(DirName,'C:\');
       { Mögliche Dateikennungen beim Öffnen festlegen }
       StrCopy(Filters,'Alle Dateien$*.*$');
       StrCat(Filters,'Textdateien$*.TXT;*.DOC;*.ASC$');
       StrCat(Filters,'Quellcodes$*.PAS;*.INC;*.RC$$');
       For i:=0 to StrLen(Filters) do
         if Filters[i]='$' then Filters[i]:=#0;
       { Vorgabe-Extension beim Speichern }
       StrCopy(DefExt,'SUB');
       { Find und Replace-Struktur initialisieren }
       FindRec.Flags:=FR_DialogTerm;

 wm_FindRep:=RegisterWindowMessage('commdlg_FindReplace');
       FindWnd:=0;
     end;
  end;


procedure TMyWindow.OpenFile;
 begin
    With FileRec do begin
      { Strukturgröße von FileRec }
      lStructSize:=SizeOf(FileRec);
      { Instanz }
      hInstance:=hInstance;
      { Übergeordnetes Fenster }
      hWndOwner:=HWindow;
      { Filter }
      lpStrFilter:=Filters;
      nFilterIndex:=1;
      { Zeiger auf Dateinamen-Variable }
      lpstrFile:=FileName;
```

```pascal
    nMaxFile:=256;
    { Startverzeichnis }
    lpstrInitialDir:=DirName;
    { Dialogbox Titel und Attribute }
    lpstrTitle:='Datei Öffnen';
    Flags:=OFN_NoChangeDir+OFN_FileMustExist;
    { Diese Felder brauchen wir hier nicht }
    lpstrDefExt:=nil;
    lpstrFileTitle:=nil;
    nMaxFileTitle:=0;
    lCustData:=0;
    lpstrCustomFilter:=nil;
    nMaxCustFilter:=0;

    { CommDlg-Funktion aufrufen }
    if GetOpenFileName(FileRec) then begin
       { Pfad- und Dateinamen für nächsten
         Aufruf vorbereiten }
       StrCopy(DirName,FileName);
       StrCopy(FileName,@DirName[nFileOffset]);
       DirName[nFileOffset]:=#0;
       If DirName[nFileOffset-1]='\' then
          DirName[nFileOffset-1]:=#0;
       messagebox(HWIndow,FileName,DirName,mb_ok);
       end;
    end;

  end;

procedure TMyWindow.SaveFile;
 begin
   With FileRec do begin
    { Strukturgröße von FileRec }
    lStructSize:=SizeOf(FileRec);
    { Instanz }
    hInstance:=hInstance;
    { Übergeordnetes Fenster }
    hWndOwner:=HWindow;
    { Filter }
    lpStrFilter:=nil;
    nFilterIndex:=1;
    { Zeiger auf Dateinamen-Variable }
    lpstrFile:=FileName;
    nMaxFile:=256;
    { Startverzeichnis }
    lpstrInitialDir:=DirName;
    { Dialogbox Titel und Attribute }
    lpstrTitle:='Datei speichern';
    Flags:=OFN_NoChangeDir+OFN_OverwritePrompt;
    { Diese Felder brauchen wir hier nicht }
    lpstrDefExt:=DefExt;
    lpstrFileTitle:=nil;
    nMaxFileTitle:=0;
    lCustData:=0;
    lpstrCustomFilter:=nil;
    nMaxCustFilter:=0;
```

```pascal
        { CommDlg-Funktion aufrufen }
        if GetSaveFileName(FileRec) then begin
          { Pfad- und Dateinamen für nächsten
            Aufruf vorbereiten }
          StrCopy(DirName,FileName);
          StrCopy(FileName,@DirName[nFileOffset]);
          DirName[nFileOffset]:=#0;
          If DirName[nFileOffset-1]='\' then
              DirName[nFileOffset-1]:=#0;
          messagebox(HWIndow,FileName,DirName,mb_ok);
        end;
    end;

  end;

procedure TMyWindow.OptionFonts;
  begin
    with FontRec do begin
      lstructSize:=sizeOf(FontRec);
      hWndOwner:=HWindow;
      hInstance:=hInstance;
      hDC:=0;
      lpLogFont:=@logFont;
      lpFnHook:=nil;
      nSizeMin:=0;
      nSizeMax:=999;
      Flags:=cf_ScreenFonts or cf_Effects or
             cf_InitToLogFontStruct or cf_TTOnly;
      ChooseFont(FontRec);
    end;
  end;

var  CustColors :  array[0..15] of longint;


procedure TMyWindow.OptionColors;
  begin
    with ColorRec do begin
      lstructSize:=sizeOf(ColorRec);
      hWndOwner:=HWindow;
      hInstance:=hInstance;
      lpFnHook:=nil;
      lpCustColors:=@CustColors;
      flags:=0;
      ChooseColor(ColorRec);
    end;
  end;


procedure TMyWindow.EditFind;
  begin
    { Nicht nochmal aufrufen ! }
    If FindRec.Flags and fr_DialogTerm=0 then exit;
    with FindRec do begin
      { Struktur füllen }
```

```pascal
          lStructSize:=sizeOf(FindRec);
          hWndOwner:=HWindow;
          hInstance:=hInstance;
          lpStrFindWhat:=FindStr;
          lpStrReplaceWith:=nil;
          wFindWhatLen:=SizeOf(FindStr);
          wReplaceWithLen:=0;
          flags:=FR_Down;
          lpfnHook:=nil;
          { Fenster erzeugen }
          FindWnd:=FindText(FindRec);
        end;
    end;


  procedure TMyWindow.EditReplace;
    begin
      { Nicht nochmal aufrufen ! }
      If FindRec.Flags and fr_DialogTerm=0 then exit;
      with FindRec do begin
        { Struktur füllen }
        lStructSize:=sizeOf(FindRec);
        hWndOwner:=HWindow;
        hInstance:=hInstance;
        lpStrFindWhat:=FindStr;
        lpStrReplaceWith:=ReplaceStr;
        wFindWhatLen:=SizeOf(FindStr);
        wReplaceWithLen:=SizeOf(ReplaceStr);
        flags:=FR_Down;
        lpfnHook:=nil;
        { Fenster erzeugen }
        FindWnd:=ReplaceText(FindRec);
      end;
    end;

  procedure TMyWindow.DefWndProc;
  type  PFR = ^TFindReplace;
    begin
    if msg.message = wm_findRep then begin
      If PFR(msg.lParam)^.Flags and FR_FindNext > 0 then begin
        {...}
        MessageBox(HWindow,FindStr,'Suchen',mb_ok);
        {...}
        SetFocus(FindWnd);
        end;
      If PFR(msg.lParam)^.Flags and FR_Replace > 0 then begin
        {...}
        MessageBox(HWindow,ReplaceStr,'Ersetzen',mb_ok);
        {...}
        SetFocus(FindWnd);
        end;
      If PFR(msg.lParam)^.Flags and FR_ReplaceAll > 0 then begin
        {...}
        MessageBox(HWindow,ReplaceStr,'Alles ersetzen',mb_ok);
        {...}
```

```pascal
        SetFocus(FindWnd);
        end;

    end;
  TWindow.DefWndProc(msg);
end;

procedure TMyWindow.FileExit;
 begin
   CloseWindow;
 end;

procedure TMyApp.InitMainWindow;
 var i:integer;
 begin
   MainWindow := New(PMyWindow, Init('Standard Dialoge'));
 end;

procedure TMyApp.MessageLoop;
var msg: TMsg;
 begin
   repeat
     if PeekMessage(msg,0,0,0,pm_Remove) then begin
        if msg.Message = wm_Quit then begin
           Status := msg.WParam;
           Exit;
           end;
        if ((FindRec.Flags and fr_DialogTerm <>0 ) or
           not IsDialogMessage(FindWnd,msg)) and
           not ProcessAppMsg(msg) then begin
           TranslateMessage(msg);
           DispatchMessage(msg);
           end;
        end
   until 5=6;
 end;

var
   App : TMyApp;
begin
   App.Init('MyWindow');
   App.Run;
   App.Done;
end.
```

5.6 Standarddialoge modifizieren

Wenn Sie in BPW oder TPW *Datei/Öffnen* aktivieren, so erscheint eine Dialogbox, die optisch nur wenig mit den in den letzten Abschnitten besprochenen Standarddialogboxen zu tun hat. Trotzdem können Sie für eigene Kreationen die Vorteile der Standardbox (keine Zeile Dialogboxcode nötig) und die eigener Entwicklungen (besseres Aussehen, BWCCStil) nutzen. Schlüssel dazu sind die Felder *hInstance* und *lpTemplateName*, die in jeder Struktur zu den Standarddialoge enthalten sind.

Über diese Felder kann Windows dazu veranlaßt werden, eine andere Ressource für die Darstellung der Dialogbox zu verwenden – diese kann bequem mit dem Ressource–Workshop erstellt werden.

Da sich das Anpassen eines Dialogs auf alle anderen übertragen läßt, führen wir einmal eine Verwandlung der Standard *Datei/Öffnen*–Dialogbox durch. Das Resultat soll so aussehen, wie wir es aus TPW oder BPW gewohnt sind – abgesehen von der Möglichkeit, die letzten Dateinamen in einer Combobox aufklappen zu können. Dies halte ich für eine redundante Spielerei, da diese ebenfalls im *Datei*–Menü enthalten sind.

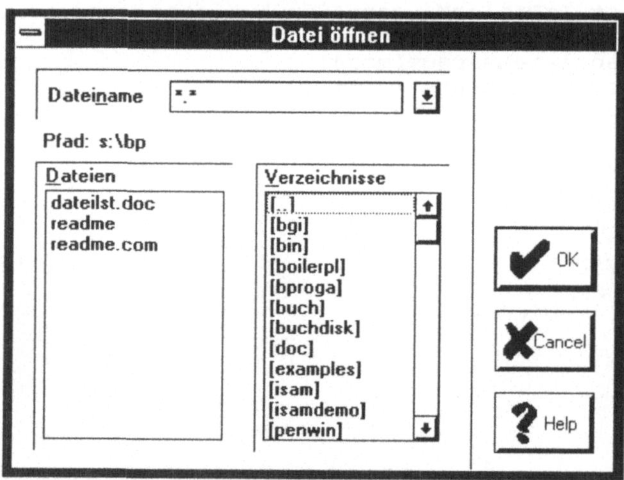

Abbildung 5.19 Unser Ziel: Standarddialog mit diesem Outfit

Die Attribute und die IDs der Elemente in der neuen Dialogbox müssen natürlich mit denen der alten übereinstimmen. Daher ist der beste Weg, COMMDLG.DLL mit dem Resource Workshop zu laden und die betreffende Dialogbox als RC–Datei zu speichern. Diese Dialogbox kann dann über *Datei/Dem Projekt hinzufügen* komplett in die Programm-ressource übernommen werden und ist bereit für unsere Modifikationen. Dabei sind folgende Punkte zu beachten:

- Elemente dürfen nicht gelöscht, sondern nur unsichtbar gemacht werden

- Elemente dürfen in ihrer Funktion nicht verändert werden

- Der BorDlg-Stil kann nicht allen Standarddialogen problemlos aufge-zwungen werden

Beginnen wir mit dem ersten Schritt und lassen wir die nicht benötigten Elemente verschwinden, nachdem die Dialogbox den Stil *BorDlg* bekom-men hat. All diesen Elementen ist einfach das Attribut *sichtbar* wegzuneh-men. So kann Windows noch mit ihnen kommunizieren, angezeigt werden sie jedoch nicht. Die Buttons für *OK* und *Abbruch* können gelöscht werden – dafür setzen wir die Bit-Buttons mit den Codes 1 und 2 ein.

Nun noch ein paar graue Gruppenboxen und Dips bzw. Bumps, wie es im ersten Abschnitt dieses Kapitels ausführlich besprochen wurde, und schon erscheint zumindest im Testmodus eine wesentlich schönere Dialogbox im Borland-Stil:

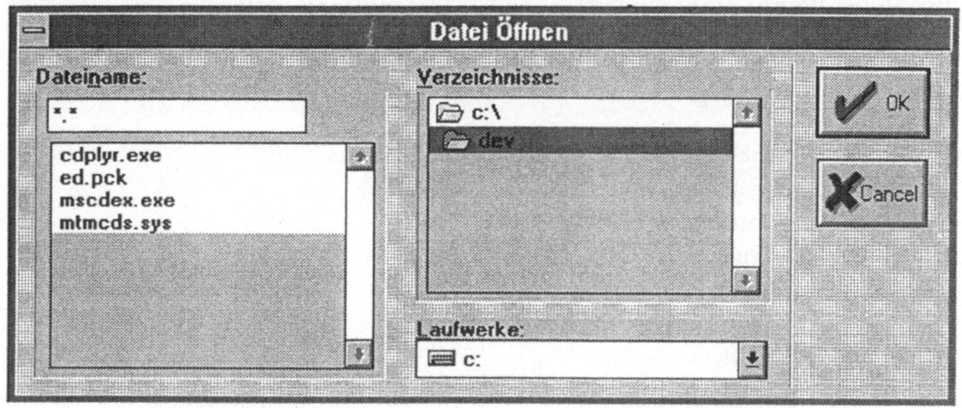

Abbildung 5.20 Standarddialog im Borland-Stil

Im Programm müssen lediglich zwei kleine Änderungen vorgenommen werden, um COMMDLG dazu zu veranlassen, unser Template zu verwenden. Zunächst **muß** sichergestellt sein, daß sich BWCC.DLL im Speicher befindet – dies kann mit folgendem Statement in *SetupWindow* geschehen.

```
LoadLibrary( 'BWCC.DLL' );
```

In der Methode zur Anzeige der Dialogbox selbst sind diese Zeilen erforderlich, die den Namen des Template setzen und ein Flag für die Verwendung dieses Template setzen:

```
lpTemplateName:='OPENDIALOG';
Flags:=OFN_NoChangeDir+OFN_FileMustExist+
       OFN_EnableTemplate;
```

Leider hat die Sache noch einen Haken. Sobald die Listboxen nicht komplett gefüllt sind, wird ein Teil davon mit dem grauen Hintergrund der Gruppe ausgefüllt, die darunter liegt. Da die Windowsdialoge im Standarddesign immer einen weißen Hintergrund haben, kümmert sich hier die Listbox nicht darum, Ihre gesamte Fläche auszufüllen, sondern bleibt dort undurchsichtig, wo kein Text erscheint. Dies zu umschiffen ist nicht trivial und kann nur über das Anlegen eines Objektes als Nachkomme von *TDialog* geschehen, der sich in COMMDLG einklinkt. Dort müßte man über *InitResource* eigene Listboxen einfügen, die die Eigenschaft aufweisen, immer den kompletten Hintergrund auszumalen. Dies ist recht aufwendig und ist sicher nicht mehr im Sinne der Standarddialoge, die ja möglichst wenig dialogspezifischen Code benötigen sollen.

Um Ihnen lästige Suchaktionen mit dem Workshop zu ersparen, hier nun die Ressourcen–IDs der Standarddialoge aus COMMDLG.DLL:

Dialog	ID der Ressource
Datei öffnen...	1536
Datei speicher als...	1537
Drucken...	1538
Druckereinrichtung...	1539
Suchen...	1540
Ersetzen...	1541
Schriftarten...	1543
Farben...	CHOOSECOLOR

Tabelle 5.10 Ressourcen–IDs der Standarddialoge aus COMMDLG.DLL

Wenn Ihnen das auf diesem Wege erzielbare Outfit nicht reicht, so können Sie die von Borland mitgelieferten Dialoge einsetzen. TPW und BPW verfügen über Dialogboxen zum Laden und Speichern, die komplett mit BWCC realisiert sind. Diese sind in der Unit OSTDDLGS bzw. STDDLGS zu finden.

6 Applikationsdesign

Die Frage, ob man überhaupt Fenster für eine Applikation benötigt, sollte man sich gerade bei kleinen Applikationen noch vor der Eingabe der ersten Programmzeile stellen. Denn Ressourcen können die Programmentwicklung unter Windows extrem vereinfachen, wenn man sie effizient nutzt. Man kann ein ganzes Programm aus einer Dialogbox bestehen lassen und auf diese Weise viele Zeilen Programmcode sparen – wer's nicht glaubt, der sollte einmal SOUNDREC.EXE mit dem Ressource Workshop laden. SOUNDREC ist ein schönes Beispiel für ein Programm, dessen Fenster eine Dialogbox ist, und es verfügt über alle Features, die man von einem Fenster erwartet: Menüs, Hotkeys und grafische Darstellungen.

Die Maus wird nicht nur für das Aktivieren von Menüs und Buttons benötigt! Wie man innerhalb des Fensters damit arbeitet und z.B. Objekte manipuliert, das ist eines der Themen dieses Kapitels.

Das Speichern von Daten beschränkt sich nicht immer auf das Füllen einer Textdatei. Eine brauchbare Lösung bieten die letzten Abschnitte dieses Kapitels. Wie verhält sich ein Programm beim Start und dann, wenn es mehrmals gestartet wird?

6.1 Dialogbox als Programmfenster

Die Vorteile einer Dialogbox als Programmfenster liegen auf der Hand:

* Bequeme Nutzung der Dialogelemente und Buttons
* BorDlg–Stile ohne Zusatzaufwand
* Gesamtes Design mit Workshop
* Wenig Programmcode

Menüs aus Ressourcen in ein Programm einzubinden, das ist ein alter Hut. Man erstellt die Menüressource, bindet die Ressourcendatei in den Quellcode ein und lädt das Menü schließlich über ein einziges Kommando in der überschriebenen *Init*–Methode des Programmfensters:

```
constructor TAppWindow.Init;
 begin
  TWindow.Init(AFather,ATitel);
  Attr.Menu:=LoadMenu(HInstance,'MENU');
 end;
```

Auch die Hotkeys (der Begriff Menübeschleuniger gefällt mir persönlich überhaupt nicht) sind leicht installiert, diese gelten allerdings nicht nur für ein Fenster, sondern für die gesamte Instanz des Programms und werden daher in einer anderen Methode geladen:

```
Procedure TMyApp.InitInstance;
 begin
  TApplication.InitInstance;
  HAccTable:=LoadAccelerators(HInstance,'HOTKEYS');
 end;
```

Wie aber bekommt man ein Menü in eine Dialogbox, die komplett mit dem Resource Workshop erstellt wurde?

Dies kann direkt im Workshop erledigt werden. Dazu müssen Sie zunächst ein Menü in der Ressource erstellen und anschließend dieses Menü mit seinem Namen unter den Dialogeigenschaften bei *Menu:* eintragen. Im Testmodus erscheint allerdings nicht das richtige Menü, sondern nur ein Demo–Menü. Im Hauptprogramm wird nun das Fenster nicht als Nachkomme von *TWindow*, sondern als Sprößling von *TDlgWindow* deklariert und anschließend über folgende Codesequenz initialisiert:

```
MainWindow:=New(TDlgWindow,Init(nil,'DIALOG_1'));
```

Das war ja eine leichte Übung! Sie werden jedoch enttäuscht sein, wenn Sie bemerken, daß sämtliche Menübeschleuniger in einem solchen Programm nicht mehr funktionieren, obwohl selbige brav über *LoadAccelerators* geladen wurden. Dies liegt daran, daß das Programmfenster als modaler Dialog abläuft, in dem die normale Nachrichtenverarbeitung des Applikationsobjektes überhaupt nicht zur Ausführung kommt. Dort nämlich werden unter anderem die Hotkeys in entsprechende Kommandos und Aktionen übersetzt.

Der Ausweg aus diesem Dilemma ist recht einfach – wir klinken uns in die Nachrichtenverarbeitung der Dialogbox ein und erledigen die Übersetzung der Hotkeys dort. Die Methode *DefWindowProc* ist die richtige Stelle, denn dort kommen sämtliche Nachrichten an, die unsere Dialogbox betreffen. Die Applikationsmethode *ProcessAccelerators* übersetzt die Hotkeys entsprechend der angegebenen, aus der Ressource geladenen Tabelle. Ein Wermutstropfen: *DefWindowProc* erhält die Nachricht in einem

TMessage–Record, während Process*Accelerators* Nachrichten in *TMsg*–Strukturen verarbeitet. Beide unterscheiden sich nur wenig und die relevanten Informationen können wir bequem zwischen beiden Strukturen kopieren. Da wir ausschließlich Tastennachrichten über *ProcessAccels* umsetzen, brauchen wir die Felder *Pt* und *time* nicht zu besetzen. Diese spielen nur bei Mausereignissen eine Rolle. Dann rufen wir die Acceleratormethode des Applikationsobjekts auf und geben danach die Kontrolle an die Methode *DefWndProc* zurück.

```
Msg.HWnd:=HWindow;
Msg.message:=M.message;
Msg.lParam:=M.lParam;
Msg.wParam:=M.wParam;
MyApp.ProcessAccels(Msg);
TDlgWindow.DefWndProc(M);
```

Damit haben wir annähernd die gleiche Funktionalität erreicht wie bei einem *echten* Fenster. Nun müssen wir dem Fenster Leben einhauchen.

6.2 Startverhalten

Ein einfaches Windowsprogramm startet *einfach so*. Bei einer größeren Applikation hingegen sollte man verschiedene Dinge beim Start beachten, womit die Benutzerfreundlichkeit gesteigert werden kann.

Applikationen, die einen längeren Initialisierungsvorgang benötigen, bevor das Hauptfenster erzeugt werden kann, können diese Zeit für die Anzeige eines Bildes auf dem Desktop nutzen und sie so subjektiv verkürzen. TPW und BPW tun dies, und Ihre Applikation sollte dieses Feature auch aufweisen.

Aber wie kann man etwas zur Anzeige bringen, bevor ein Fenster existiert?

Man benötigt einen Kontext, ohne den ja bekanntlich keine Zeichenoperationen durchgeführt werden können. Damit wir von den zur Zeit angezeigten Fenstern völlig unabhängig sind und garantiert ganz obenauf zeichnen, erzeugen wir einen Kontext für den Bildschirm. Dieser entspricht dem gesamten Bildschirm.

```
DC:=CreateDC('Display',nil,nil,nil);
```

Nun kann die Grafik zur Anzeige gebracht werden. Für normale Bitmaps, die den Hintergrund auf einer rechteckigen Fläche komplett überdecken sollen, reicht ein einfaches *BitBlt* aus. Wollen Sie jedoch etwas besonderes anzeigen, so benötigen Sie wieder einen besonderen *ROP–Code*, der den Effekt ermöglicht. Ein möglicher, recht eindrucksvoller Effekt sei hier als Beispiel gezeigt.

Die Bitmap wird zunächst geladen und einem zum Zielkontext kompatiblen Kontext zugewiesen. Dann ermittelt man die Ausmaße der Bitmap und erzeugt daraus zusammen mit den Abmessungen des gesamten Bildschirms die Position der linken oberen Ecke. So erscheint die Abbildung immer zentriert auf dem Bildschirm.

```
BitMap:=LoadBitMap(HInstance, 'BITMAP_1');
BangDC:=CreateCompatibleDC(DC);
Old:=SelectObject(BangDC, BitMap);
GetObject(BitMap,SizeOf(BM),@BM);
X:=(GetSystemMetrics(SM_CXScreen)-BM.bmWidth) div 2;
Y:=(GetSystemMetrics(SM_CYScreen)-BM.bmHeight) div 2;
```

Zum Zeichnen benötigen wir natürlich eine Farbe, in der die gesetzten Pixel erscheinen sollen. Welche Pixel letztendlich gesetzt sind, das entscheiden Untergund, Bitmap und der *ROP–Code*, der hier dazu führt, daß überall dort, wo die Bitmap weiß ist, der Untergrund erhalten bleibt. Dort, wo die Bitmap schwarz ist, wird auch der Untergrund geschwärzt.

```
brush:=createSolidBrush(rgb(0,0,0));
brush:=selectObject(DC,brush);
BitBlt(DC,X,Y,BM.bmWidth,BM.bmHeight,BangDC,0,0,srcAnd);
DeleteObject(brush);
DeleteObject(SelectObject(BangDC,Old));
DeleteDC(BangDC);
DeleteDC(DC);
```

Nach der Anzeige des Bildes benötigen wir den Kontext nicht mehr und können ihn wieder freigeben. Der damit erzielte Effekt ist recht wirkungsvoll, wie Abbildung 6.1 zeigt.

Nach der Anzeige dieses *Lochs* starten Sie nun die länger dauernde Initialisierung, beispielsweise das Öffnen von Daten und Indexdateien oder das jedesmal beim Start zu erfolgende Neuindizieren einer Datei. Das Beispiel BANG.PAS auf der Diskette zum Buch kopiert als Initialisierung ein paar nutzlose Dateien. Damit die Bitmap wieder verschwindet, wenn der Startvorgang abgeschlossen ist, können Sie das Programmfenster initialisieren und anschließend Windows dazu veranlassen, den zuvor zerstörten Bereich wieder neu zu zeichnen.

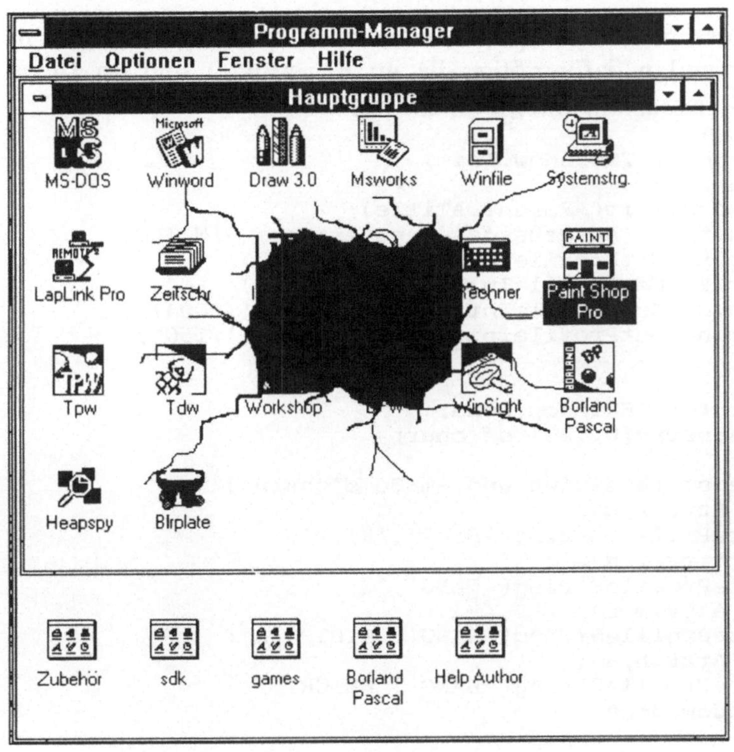

Abbildung 6.1 Loch im Bildschirm – Effekthascherei

Zugunsten der Geschwindigkeit erkärt man natürlich nur den Bereich als ungültig, der tatsächlich beschrieben wurde.

```
TApplication.Init(AName);
R.top:=Y;
R.bottom:=Y+BM.bmHeight;
R.left:=X;
R.right:=X+BM.bmwidth;
InvalidateRect(0,@R,true);
```

Ein immer wieder vergessenes Feature ist das Speichern der letzten Position des Applikationsfensters. So ärgere ich mich bei Word für Windows 2.0 immer wieder aufs Neue darüber, daß ich es erst auf die richtige Position und Größe ziehen muß. Denn man hat ja einen großen Bildschirm auch dafür, daß man Fenster mehrerer Applikationen nebeneinander oder nur teilweise überlappt darstellen kann. Manche Applikationen (z.B. TPW und BPW) speichern die Fensterposition und Größe beim Verlassen in WIN.INI oder einer eigenen INI–Datei und lesen diese bein nächsten Start wieder ein.

Dies können Sie Ihren Applikationen auch spendieren, es sind nur wenige Programmzeilen dafür nötig, die im Konstruktor und im Destruktor des Applikationsfensters untergebracht werden:

```pascal
constructor TBWindow.Init;
 begin
  TWindow.Init(AParent,ATitle);
  { Initiale Ausmaße des Fensters aus WIN.INI}
  Attr.x:=GetProfileInt('BANG','X',10);
  Attr.Y:=GetProfileInt('BANG','Y',10);
  Attr.w:=GetProfileInt('BANG','WIDTH',200);
  Attr.h:=GetProfileInt('BANG','HEIGHT',150);
 end;

destructor TBWindow.Done;
 var s:array[0..10] of char;
 begin
  { Fensterposition und -maße sichern }
  Str(Attr.x,s);
  WriteProfileString('BANG','X',s);
  Str(Attr.y,s);
  WriteProfileString('BANG','Y',s);
  Str(Attr.w,s);
  WriteProfileString('BANG','WIDTH',s);
  Str(Attr.h,s);
  WriteProfileString('BANG','HEIGHT',s);
  TWindow.done;
 end;
```

Hätte Microsoft nicht vergessen, ein Pendant zu *GetProfileInt* in das Windows–API aufzunehmen (z.B. *WriteProfileInt*), so könnte man sich das eigentlich unnötige Wandeln der Integer in Strings sparen, um diese in WIN.INI zu speichern. Das gesamte Beispiel liegt als BANG.PAS auf der Diskette zum Buch vor. Im folgenden finden Sie es noch einmal im Zusammenhang:

```pascal
{ -------------------------------------------
   Beispiel für ein Startbild bei Programmen
      mit langwieriger Initialisierung
     sowie Speichern der Fensterposition
                und -maße

   von Michael Schumann für Vieweg Verlag
  ------------------------------------------- }

program Bang;

{$R Bang}

{$IFDEF VER15}
uses WinTypes,WinProcs,Win31,WObjects,bwcc;
{$ELSE}
uses WinTypes,WinProcs,Win31,OWindows,ODialogs,bwcc;
```

```pascal
{$ENDIF}


type
  TBangApp = object(TApplication)
    constructor Init(AName: PChar);
    procedure InitMainWindow; virtual;
  end;

  PBWindow = ^TBWindow;
  TBWindow = Object(TWindow)
    constructor Init(AParent:PWindowsObject;ATitle: PChar);
    destructor done; virtual;
  end;


var
  i : Integer;

constructor TBangApp.Init(AName:PChar);
var
  DC,BangDC              : HDC;
  Old,BitMap             : HBitMap;
  BM                     : TBitMap;
  f,f1                   : file of byte;
  brush                  : hBrush;
  b                      : byte;
  X,Y                    : word;
  R                      : TRect;
begin
  { Devicecontext für gesamten Bildschirm erzeugen }
  DC:=CreateDC('Display',nil,nil,nil);
  { Bang-Bitmap aus der Ressource laden }
  BitMap:=LoadBitMap(HInstance, 'BITMAP_1');
  { Kompatiblen Kontext für Bitmap erzeugen }
  BangDC:=CreateCompatibleDC(DC);
  { Bitmap zuweisen }
  Old:=SelectObject(BangDC, BitMap);
  { Bitmapausmaße in TBitmap-Struktur kopieren }
  GetObject(BitMap,SizeOf(BM),@BM);
  { Bildschirmmitte ermitteln }
  X:=(GetSystemMetrics(SM_CXScreen)-BM.bmWidth) div 2;
  Y:=(GetSystemMetrics(SM_CYScreen)-BM.bmHeight) div 2;
  { Bitmap einkopieren }
  brush:=createSolidBrush(rgb(0,0,0));
  brush:=selectObject(DC,brush);
  BitBlt(DC,X,Y,BM.bmWidth,BM.bmHeight,BangDC,0,0,srcAnd);
  DeleteObject(brush);
  { Displaykontexte aufräumen }
  DeleteObject(SelectObject(BangDC,Old));
  DeleteDC(BangDC);
  DeleteDC(DC);
  { Hier sollte Ihre zeitintensive Initialisierung
    folgen - wir kopieren fünfmal autoexec.bat auf
    eine der langsamsten Methoden überhaupt...}
```

```pascal
    Assign(f,'c:\autoexec.bat');
    Assign(f1,'c:\autoexec.dup');
    for i:=1 to 5 do begin
      reset(f);
      rewrite(f1);
      while not eof(f) do begin
        read(f,b);
        write(f1,b);
        end;
      close(f);
      close(f1);
    end;
    { Jetzt erst Fenster anzeigen }
    TApplication.Init(AName);
    { Bereich nun wieder herstellen }
    R.top:=Y;
    R.bottom:=Y+BM.bmHeight;
    R.left:=X;
    R.right:=X+BM.bmwidth;
    InvalidateRect(0,@R,true);
end;

procedure TBangApp.InitMainWindow;
 begin
  MainWindow:=New(PBWindow,Init(Nil,'BangBang'));
 end;

constructor TBWindow.Init;
 begin
  TWindow.Init(AParent,ATitle);
  { Initiale Ausmaße des Fensters aus WIN.INI}
  Attr.x:=GetProfileInt('BANG','X',10);
  Attr.Y:=GetProfileInt('BANG','Y',10);
  Attr.w:=GetProfileInt('BANG','WIDTH',200);
  Attr.h:=GetProfileInt('BANG','HEIGHT',150);
 end;

destructor TBWindow.Done;
 var s:array[0..10] of char;
 begin
  { Fensterposition und -maße sichern }
  Str(Attr.x,s);
  WriteProfileString('BANG','X',s);
  Str(Attr.y,s);
  WriteProfileString('BANG','Y',s);
  Str(Attr.w,s);
  WriteProfileString('BANG','WIDTH',s);
  Str(Attr.h,s);
  WriteProfileString('BANG','HEIGHT',s);
  TWindow.done;
 end;
```

```
var
  BangBang: TBangApp;

begin
  BangBang.Init( 'BANG' );
  BangBang.Run;
  BangBang.Done;
end.
```

6.3 Bei mehrfachem Aufruf

Das Verhalten beim Aufrufen haben wir im Griff. Was passiert jedoch, wenn ein Programm mehrere Male aufgerufen wird?

Hier gibt es drei Möglichkeiten:

- Der Versuch wird mit einer Meldung quittiert, daß das Erzeugen einer weiteren Instanz dieses Programms nicht möglich ist.

- Es wird die zuerst gestartete Instanz aktiviert und in den Vordergrund gebracht.

- Es wird tatsächlich eine neue Instanz des Programms gestartet (Vorsicht!).

Die dritte Möglichkeit erfordert unter Umständen, daß SHARE geladen ist, da alle Instanzen des Programms auf die gleichen Dateien zugreifen können. Ist eine Datei ohne SHARE bereits geöffnet, so schlägt der Versuch der zweiten Instanz fehl, ebenfalls darauf zuzugreifen. Bei Datenbanken macht es zwar nicht unbedingt viel Sinn, wenn zwei Instanzen des Programms auf dem gleichen Rechner dieselben Daten bearbeiten – für die Simulation eines Netzwerkes ist dies jedoch eine durchaus gangbare Methode bei der Programmentwicklung, wenn kein Novell–Netzwerk zur Verfügung steht.

Bei Windowsprogrammen kommt im bezug auf die Ausführung mehrerer Instanzen noch eine zweite Komponente ins Spiel, nämlich die Ressourcen in der EXE–Datei, auf die das Programm zur Laufzeit ja auch zugreifen muß. Hier kann man große Schwierigkeiten bekommen, sollte SHARE dies nicht mehreren Instanzen erlauben. Man startet die zweite Instanz, und diese bleibt dann beim Laden einer bestimmten Ressource unter Umständen hängen!

Mit SHARE können Dateien von mehreren Programmen geöffnet, gelesen und beschrieben werden, die Netzwerkfähigkeit dieser Programme einmal vorausgesetzt. Damit ergibt sich eine vierte Möglichkeit, die nur dann eine neue Instanz des Programms zuläßt, wenn SHARE.EXE geladen ist.

Für diese vier möglichen Fälle finden Sie im folgenden Lösungen, die auf der Diskette zum Buch als START1.PAS bis START4.PAS vorliegen. Diese Programmbeispiele können nicht in der IDE von TPW oder BPW getestet werden, da diese generell einen zweiten Start verhindert. Sie müssen also Icons dafür in den Programm Manager einfügen.

Fall 1: Mehrfachen Aufruf verbieten (START1.PAS)

Die sicherste Methode, um Konflikte zwischen verschiedenen Instanzen des gleichen Programms zu vermeiden, besteht sicherlich darin, immer nur eine Instanz zuzulassen:

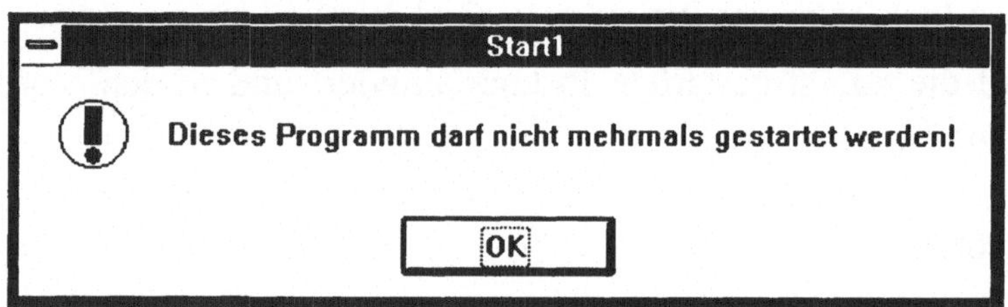

Abbildung 6.2 Mehrfacher Aufruf unterbunden

```
program Start1;

{ -------------------------------------------
   Erste der vier Methoden, auf mehrfachen
     Aufruf eines Programms zu reagieren

      1 - verbieten
      2 - alte Instanz aktivieren
      3 - neue Instanz erlauben,
          wenn Share installiert ist
      4 - neue Instanz erlauben

   von Michael Schumann für Vieweg Verlag
  ------------------------------------------- }

{$IFDEF VER15}
uses WObjects,WinTypes,WinProcs,Strings,WinDos;
{$ELSE}
uses OWindows,ODialogs,WinTypes,WinProcs,Strings,WinDos;
{$ENDIF}

type
```

```pascal
  TStartApp = object(TApplication)
    procedure InitMainWindow; virtual;
  end;

procedure TStartApp.InitMainWindow;
 begin
   MainWindow := New(PWindow,Init(nil,'Start1'));
 end;

var
  App       : TStartApp;
  FirstInst : HWnd;

begin
 if hPrevinst=0 then begin
   App.Init('2-Start');
   App.Run;
   App.Done;
 end
 else
  MessageBox(0,
  'Dieses Programm darf nicht mehrmals gestartet werden!',
  'Start1',mb_OK+Mb_IconExclamation);
end.
```

Über die Systemvariable *hPrevInst* kann man feststellen, ob es bereits eine
Instanz des zu startenden Programms gibt. In diesem Fall wird eine
Messagebox mit der entsprechenden Meldung angezeigt und das Programm
erst gar nicht gestartet. Die Abfrage ist im Hauptprogramm und nicht in
einer der Applikationsmethoden unterzubringen, damit ein *nicht Starten* der
Applikation problemlos möglich ist, ohne daß bereits initialisierte
Strukturen als Speicherleichen entstehen.

Fall 2: Bei mehrfachem Aufruf erste Instanz aktivieren (START2)

Eine benutzerfreundlichere Version dieses Programms aktiviert einfach die
bereits gestartete Instanz des Programms und verhindert so doppelte Starts.

```pascal
program Start2;

{ ---------------------------------------------
  Zweite der vier Methoden, auf mehrfachen
    Aufruf eines Programms zu reagieren

     1 - verbieten
     2 - alte Instanz aktivieren
     3 - neue Instanz erlauben,
         wenn Share installiert ist
     4 - neue Instanz erlauben

  von Michael Schumann für Vieweg Verlag
  ------------------------------------------- }
```

```
{$IFDEF VER15}
uses WObjects,WinTypes,WinProcs,Strings,WinDos;
{$ELSE}
uses OWindows,ODialogs,WinTypes,WinProcs,Strings,WinDos;
{$ENDIF}

type
  TStartApp = object(TApplication)
    procedure InitMainWindow; virtual;
  end;

procedure TStartApp.InitMainWindow;
 begin
  MainWindow := New(PWindow,Init(nil,'Start2'));
 end;

var
  App       : TStartApp;
  FirstInst : HWnd;

begin
  if hPrevinst=0 then
    begin
      App.Init('2-Start');
      App.Run;
      App.Done;
    end
  else
    begin
      FirstInst:=FindWindow(Nil,'Start2');
      if FirstInst <> 0 then
        if IsIconic(FirstInst) then
          ShowWindow(FirstInst,sw_ShowNormal)
        else
          BringWindowToTop(FirstInst);
    end;
end.
```

Dieses Programmbeispiel unterscheidet sich nur geringfügig vom ersten
Fall – auch hier wird geprüft, ob bereits eine Instanz des gestarteten
Programms vorhanden ist. Ist dies der Fall, so wird jedoch keine Dialogbox
angezeigt. Vielmehr sucht das Programm über *FindWindow* nach dem
Fenster dieser Instanz. *FindWindow* erwartet zwei *PChar*–Parameter, von
denen einer durchaus fehlen darf (=nil). Der erste gibt die Fensterklasse
und der zweite die Fensterüberschrift an, nach der gesucht werden soll. Wir
gehen hier davon aus, daß die Fensterüberschrift Ihrer Applikation im
System eindeutig ist und suchen über dieses Kriterium.

Es ist zwar 99.99% sicher, daß dieses Fenster auch gefunden wird, wenn es
wirklich bereits eine Instanz davon gibt. Um die Stabilität des Systems für
die restlichen 0.01% jedoch nicht zu gefährden, werden alle folgenden

Aktionen davon abhängig gemacht, ob *FindWindow* ein gültiges Fensterhandle zurückgeliefert hat:

```
FirstInst:=FindWindow(Nil,'Start2');
if FirstInst <> 0 then...
```

Das bereits vorhandene Fenster kann nun entweder irgendwo auf dem Desktop oder als Icon vorliegen. Diese Fälle sind zu unterscheiden:

```
if IsIconic(FirstInst) then
   ShowWindow(FirstInst,sw_ShowNormal)
else
   BringWindowToTop(FirstInst);
```

Ein ikonisiertes Fenster wird über *ShowWindow* wieder auf die Standardgröße gebracht. Bei einem bereits geöffneten Fenster wollen wir die Größe nicht verändern und machen es über *BringWindowToTop* zum obersten und damit aktiven Fenster.

Fall 3: Bei mehrfachem Aufruf auf SHARE prüfen (START3.PAS)

Programme, die gefahrlos in mehreren Instanzen ablaufen können, wenn gemeinsamer Dateizugriff möglich ist, sollten nur dann eine zweite Aktivierung zulassen, wenn das DOS–Programm SHARE.EXE geladen ist.

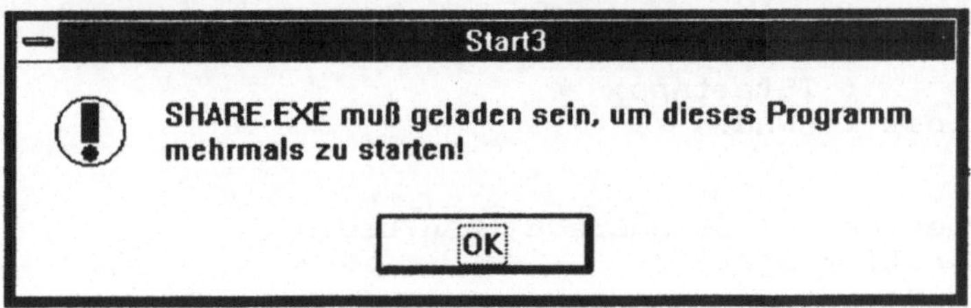

Abbildung 6.3 Kein zweiter Start ohne SHARE

```
program Start3;

{ --------------------------------------------
  Dritte der vier Methoden, auf mehrfachen
    Aufruf eines Programms zu reagieren

     1 - verbieten
     2 - alte Instanz aktivieren
     3 - neue Instanz erlauben,
         wenn Share installiert ist
     4 - neue Instanz erlauben

   von Michael Schumann für Vieweg Verlag
  ------------------------------------------- }
```

```
{$IFDEF VER15}
uses WObjects,WinTypes,WinProcs,WinDos;
{$ELSE}
uses OWindows,ODialogs,WinTypes,WinProcs,WinDos;
{$ENDIF}

type
  TStartApp = object(TApplication)
    procedure InitMainWindow; virtual;
  end;

 var R:TRegisters;

procedure TStartApp.InitMainWindow;
 begin
  MainWindow := New(PWindow,Init(nil,'Start3'));
 end;

function ShareDa:Boolean;
 begin
  R.AX:=$1000;
  intr($2F,R);
  If R.AL=$FF then
    ShareDa:=true
  else
    ShareDa:=false;
 end;


var
  App        : TStartApp;
  FirstInst  : HWnd;

begin
 if (hPrevinst=0) or ShareDa then begin
   App.Init('2-Start');
   App.Run;
   App.Done;
  end
 else
  MessageBox(0,
  'SHARE.EXE muß geladen sein, um dieses Programm mehrmals zu
starten!',
  'Start3',mb_OK+Mb_IconExclamation);
end.
```

In diesem Fall wird eine neue Instanz des Programms gestartet, wenn
entweder noch keine vorhanden ist (*hPrevInst*=0) oder wenn SHARE.EXE
geladen ist. Die Prüfung darauf, ob SHARE geladen ist, geschieht über
einen Aufruf des *Multiplexer–Interrupt* 2Fh, der die Prüfung auf die
Existenz von DOS TSR–Programmen wie ANSI.SYS, ASSIGN, PRINT,
DOSKEY und auch SHARE ermöglicht. Jedes der in diesen Interrupt
eingeklinkten Programme besitzt eine eindeutige Kennung, bei SHARE ist

es 10h. Die Funktion 0h des Interrupt 2Fh liefert bei installiertem Programm im Register AL den Wert FFh und sonst einen anderen zurück. Die Funktionsnummer wird hier (unüblicherweise) in AL übergeben, während die Programmkennung in AH abzulegen ist. Für SHARE ergibt sich so der Wert 1000h für das AX–Register.

Fall 4: Mehrfachen Aufruf zulassen (START4.PAS)

Was ist hier zu tun? Nichts! Ohne weitere Maßnahmen können Sie von Ihrer Applikation so lange neue Instanzen erzeugen, bis Windows der Speicher ausgeht. Der Vollständigkeit halber gibt es auch dazu ein Beispiel auf der Diskette zum Buch – es hier abzudrucken wäre allerdings ein Aprilscherz.

6.4 Mausaktionen einfangen

Bislang haben wir der Maus nur die Funktionen zuteil werden lassen, die tief im Inneren von Windows ausgeführt werden: Menüs, Buttons und andere Dialogelemente anklicken.

In der Regel will man aber mit diesem Eingabemedium außerdem etwas im Fenster oder sogar außerhalb des Fensters erreichen. Mit den dazu nötigen Techniken beschäftigt sich dieser Abschnitt. Erster Schritt ist das Arbeiten mit der Maus innerhalb des Programmfensters.

Drei Methoden müssen dafür eingerichtet werden:

* wm_LButtonDown

* wm_LButtonUp

* wm_MouseMove

```
type
  TMyApp = object(TApplication)
    procedure InitMainWindow; virtual;
  end;

  PMyWindow = ^TMyWindow;
  TMyWindow = object(TWindow)
    wTitle : array[0..40] of char;
    constructor Init(ATitle : PChar);
    procedure ShowXY(Point:longint);
    Procedure wmLButtonDown(var Msg:TMessage); virtual
              wm_First+wm_LButtonDown;
    Procedure wmLButtonUp(var Msg:TMessage); virtual
              wm_First+wm_LButtonUp;
```

```
    Procedure wmMouseMove(var Msg:TMessage); virtual
              wm_First+wm_MouseMove;
  end;
```

Innerhalb dieser Methoden stehen die aktuelle Mausposition und der Status der Maustasten zur Verfügung. Sie werden im *TMessage*–Record in *lParam* (Mausposition) und *wParam* (Status der Knöpfe) übergeben.

Methoden, die bei Betätigung des linken Mausknopfes ein beliebiges Objekt an die aktuelle Mausposition plazieren, sind trivial, da diese direkt in der Funktion *wm_LButtonDown* abgearbeitet werden können. Interessanter ist eine komplexere Aktion, zum Beispiel das *Ziehen eines Rahmens*, wie dies bei nahezu allen Grafikprogrammen zum Markieren eines bestimmten Bereichs möglich ist. Hier kommt es auf das richtige Zusammenspiel der drei oben genannten Fenstermethoden an.

Im ersten Schritt erstellen wir ein Programm, welches die aktuelle Mausposition als Fensterüberschrift darstellt, solange die linke Maustaste gedrückt ist, und auch bei Bewegungen aktualisiert. Wird die Maustaste losgelassen, soll die ursprüngliche Überschrift wieder erscheinen. Die Fensterüberschrift läßt sich leicht mit der Funktion *SetWindowText* setzen und die Umwandlung der Koordinaten in einen String macht die Funktion *wvsPrintf* recht einfach. Damit wir denselben Code nicht mehrfach schreiben müssen, wird für die Anzeige der Koordinaten eine Prozedur erstellt:

```
Procedure TMyWindow.ShowXY;
 var Pt: TPoint;
 begin
  Pt:=makePoint(Point);
  wvsPrintf(wTitle,'Position: %d / %d',pt);
  SetWindowText(HWindow,wTitle);
 end;
```

Die Reaktion auf die Betätigung der linken Maustaste ist dann auch ganz einfach:

```
Procedure TMyWindow.wmLButtonDown;
 begin
  ShowXY(msg.lParam);
 end;
```

Etwas aufwendiger ist die Anzeige der Position für Bewegung der Maus bei gedrückter linker Maustaste, hier müssen wir zusätzlich den Status der Mausknöpfe abfragen:

```
Procedure TMyWindow.wmMouseMove;
  begin
   If msg.wParam and mk_lButton>0 then
     ShowXY(msg.lParam);
  end;
```

Wird die Maustaste losgelassen, so setzen wir wieder den anfänglichen
Titel:

```
Procedure TMyWindow.wmLButtonUp;
  begin
    SetWindowText(HWindow,'MOUSE 1');
  end;
```

Das war eine recht einfache Übung, aber wir haben nun das Prinzip
realisiert, nach dem nahezu alle Mausaktionen wie Rahmenziehen und auch
die Verschiebung von Objekten ablaufen. Das eben besprochene Beispiel
können Sie als MOUSE1.PAS von der Diskette zum Buch laden. Zweimal
habe ich jetzt schon das Ziehen eines Rahmens angesprochen, jetzt wird das
eben gezeigte Beispiel einmal um diese Fähigkeiten erweitert.

Das GDI verfügt zwar über eine Funktion, die das Zeichnen eines
Rechtecks ermöglicht, dieses ist aber immer mit einer bestimmten Farbe
ausgefüllt, und daher setzen wir einfach ein Rechteck aus vier Linien
zusammen. Üblicherweise bestehen Rahmen zum Markieren eines
Bereichs aus einer ein Pixel dünnen, gestrichelten Linie. Diese Linienart
wird mit dem Attribut *ps_Dot* erzeugt.

Wichtig ist auch der Modus, in dem die Linien gezeichnet werden. Damit
es problemlos möglich ist, die Linien wieder zu beseitigen, ohne das
gesamte Fenster neu zeichnen zu müssen, arbeitet man mit der *Exklusiv
Oder*–Verknüpfung, die ein Pixel in die Komplementärfarbe verwandelt.
Macht man dies zweimal, so erscheint wieder der vorherige Farbwert. Für
die Linien bedeutet dies, daß man sie einfach ein zweites Mal zeichnet, um
sie zu löschen. Dieser Modus wird über *SetRop2* gesetzt und heißt
r2_xorPen.

```
   ...
   TMyWindow = object(TWindow)
     ...
     P1,P2      : TPoint;
     procedure DrawBox(DC:HDC; Pt1,Pt2:TPoint);
     ...
     Procedure wmMouseMove(var Msg:TMessage); virtual
             wm_First+wm_MouseMove;
   end;

   ...
```

```
procedure TMyWindow.DrawBox;
 var Pen, OldPen : HPen;
 begin
  SetRop2(DC,r2_XorPen);
  Pen:=CreatePen(ps_Dot,1,0);
  OldPen:=SelectObject(DC,Pen);
  MoveTo(DC,Pt1.X,Pt1.Y);
  LineTo(DC,Pt2.X,Pt1.Y);
  LineTo(DC,Pt2.X,Pt2.Y);
  LineTo(DC,Pt1.X,Pt2.Y);
  LineTo(DC,Pt1.X,Pt1.Y);
  SelectObject(DC,OldPen);
  DeleteObject(Pen);
  SetRop2(DC,r2_copyPen);
 end;
```

Um den Rest des Programms nicht zu verwirren, wird der Zeichenmodus zum Schluß dieser Prozedur wieder auf den Standardwert zurückgesetzt. Jetzt muß diese Prozedur natürlich auch aufgerufen werden, um wirklich etwas zu zeichnen. Startpunkt ist wieder die Methode *wmLButtonDown*, bei der die Koordinaten des ersten Eckpunktes festgelegt werden. Da die Maus zu diesem Zeitpunkt natürlich noch nicht relativ zu diesem Punkt bewegt wurde, steht so auch gleich der zweite Eckpunkt fest. Da das Rechteck noch keine Ausdehnung hat, brauchen wir es auch nicht zu zeichnen.

Ein wichtiger Punkt ist hier gleich zu beachten, nämlich das Verhalten des Rahmens, wenn der Mauszeiger aus dem Fenster heraus bewegt wird. Ohne weitere Maßnahmen würde der Rahmen sich nicht mehr verändern, wenn die Maus aus dem Fenster heraus bewegt wird. Dies hängt damit zusammen, daß vom Fenster keine Mausnachrichten mehr empfangen werden, wenn der Mauszeiger nicht mehr auf der Fensterfläche ist. Dies kann man jedoch ändern, indem man für den Zeitpunkt der Bewegung **alle** Mausnachrichten in das Fenster leitet. Schlüssel dazu ist *SetCapture*. Damit dies nur für das Rahmenziehen gilt, wird es beim Loslassen der Maustaste über *ReleaseCapture* wieder zurückgesetzt.

```
Procedure TMyWindow.wmLButtonDown;
 var Pt: TPoint;
 begin
  SetCapture(HWindow);
  ShowXY(msg.lParam);
  Pt:=MakePoint(msg.lParam);
  P1:=Pt; P2:=Pt;
 end;
```

Etwas komplizierter wieder die Methode *wmMouseMove*, in der zunächst das alte Rechteck durch erneutes Zeichnen gelöscht wird, bevor die neuen Koordinaten gelesen und ein neuer Rahmen gezeichnet wird.

```
Procedure TMyWindow.wmMouseMove;
 var Pt: TPoint;
     DC: HDC;
 begin
  If msg.wParam and mk_lButton>0 then begin
    ShowXY(msg.lParam);
    DC:=GetDC(HWindow);
    DrawBox(DC,P1,P2);
    Pt:=MakePoint(msg.lParam);
    P2:=Pt;
    DrawBox(DC,P1,P2);
    ReleaseDC(HWindow,DC);
   end;
 end;
```

Hier wird der zweite Punkt (P2) immer mitgeführt, denn dieser muß beim
Loslassen der Maustaste für das Löschen des letzten Rahmens zur
Verfügung stehen:

```
Procedure TMyWindow.wmLButtonUp;
var  DC: HDC;
 begin
   SetWindowText(HWindow,'MOUSE 1');
   { Kontext holen }
   DC:=GetDC(HWindow);
   { altes Rechteck löschen }
   DrawBox(DC,P1,P2);
   ReleaseDC(HWindow,DC);
   ReleaseCapture;
 end;
```

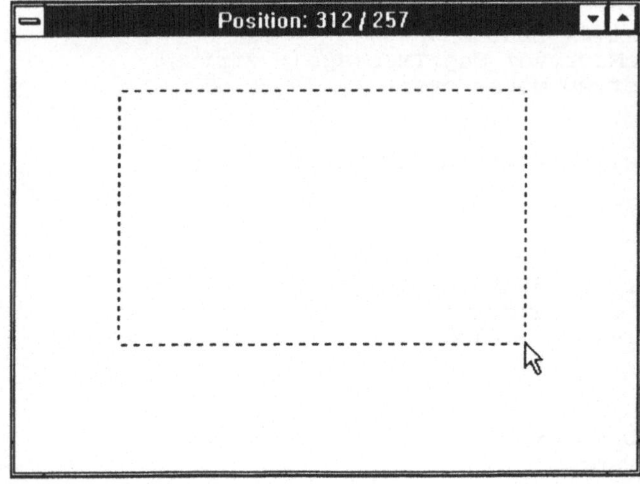

Abbildung 6.4
Aufziehen eines
Rahmens mit der Maus

Das Ergebnis kann sich nun bereits sehen lassen und man kann aus diesem
Beispiel recht gut Methoden zur Verschiebung oder Manipulation

grafischer Objekte ableiten. Sie finden es als MOUSE2.PAS auf der Diskette zum Buch.

```pascal
{ ---------------------------------------------
  Arbeiten mit der Maus innerhalb des Fensters

  von Michael Schumann für Vieweg Verlag
  --------------------------------------------- }

program mouse2;

{$IFDEF VER15}
uses WObjects,WinTypes,WinProcs,Strings,WinDos;
{$ELSE}
uses OWindows,ODialogs,WinTypes,WinProcs,Strings,WinDos;
{$ENDIF}

type
  TMyApp = object(TApplication)
    procedure InitMainWindow; virtual;
  end;

  PMyWindow = ^TMyWindow;
  TMyWindow = object(TWindow)
    wTitle : array[0..40] of char;
    P1,P2      : TPoint;
    constructor Init(ATitle : PChar);
    procedure ShowXY(Point:longint);
    procedure DrawBox(DC:HDC; Pt1,Pt2:TPoint);
    Procedure wmLButtonDown(var Msg:TMessage); virtual
              wm_First+wm_LButtonDown;
    Procedure wmLButtonUp(var Msg:TMessage); virtual
              wm_First+wm_LButtonUp;
    Procedure wmMouseMove(var Msg:TMessage); virtual
              wm_First+wm_MouseMove;
  end;

constructor TMyWindow.Init(ATitle : PChar);
 begin
  TWindow.Init(Nil, ATitle);
  with Attr do
    begin
      Style := ws_OverlappedWindow;
      { Startposition und -größe }
      X:=20; Y:=20; w:=400; h:=300;
    end;
 end;

procedure TMyWindow.DrawBox;
 var Pen, OldPen : HPen;
 begin
  SetRop2(DC,r2_XorPen);
  Pen:=CreatePen(ps_Dot,1,0);
  OldPen:=SelectObject(DC,Pen);
  MoveTo(DC,Pt1.X,Pt1.Y);
```

```pascal
      LineTo(DC,Pt2.X,Pt1.Y);
      LineTo(DC,Pt2.X,Pt2.Y);
      LineTo(DC,Pt1.X,Pt2.Y);
      LineTo(DC,Pt1.X,Pt1.Y);
      SelectObject(DC,OldPen);
      DeleteObject(Pen);
      SetRop2(DC,r2_copyPen);
    end;

Procedure TMyWindow.wmLButtonDown;
  var Pt: TPoint;
  begin
    SetCapture(HWindow);
    ShowXY(msg.lParam);
    Pt:=MakePoint(msg.lParam);
    { Neue Eckpunkte ermitteln }
    P1:=Pt; P2:=Pt;
  end;

Procedure TMyWindow.wmMouseMove;
  var Pt: TPoint;
      DC: HDC;
  begin
    If msg.wParam and mk_lButton>0 then begin
      ShowXY(msg.lParam);
      { Kontext holen }
      DC:=GetDC(HWindow);
      { altes Rechteck löschen }
      DrawBox(DC,P1,P2);
      { Neuen Eckpunkt ermitteln }
      Pt:=MakePoint(msg.lParam);
      P2:=Pt;
      { Neues Rechteck zeichnen }
      DrawBox(DC,P1,P2);
      ReleaseDC(HWindow,DC);
    end;
  end;

Procedure TMyWindow.wmLButtonUp;
var  DC: HDC;
  begin
    SetWindowText(HWindow,'MOUSE 1');
    { Kontext holen }
    DC:=GetDC(HWindow);
    { altes Rechteck löschen }
    DrawBox(DC,P1,P2);
    ReleaseDC(HWindow,DC);
    ReleaseCapture;
  end;

Procedure TMyWindow.ShowXY;
  var Pt: TPoint;
  begin
   { Mausposition in Punkt wandeln }
   Pt:=makePoint(Point);
   wvsPrintf(wTitle,'Position: %d / %d',pt);
```

```pascal
    SetWindowText(HWindow,wTitle);
  end;

procedure TMyApp.InitMainWindow;
  begin
    MainWindow := New(PMyWindow, Init('MOUSE 2'));
  end;

var
  App : TMyApp;
begin
  App.Init('MyWindow');
  App.Run;
  App.Done;
end.
```

Alles, was wir bisher getan haben, beschränkte sich auf den Bereich innerhalb des Fensters. Normalerweise hat man außerhalb des sogenannten *Client–Bereichs* auch nichts zu suchen, es gibt aber Anwendungen, wie z.B. ein sogenanntes *Snapshot*–Programm, welches beliebige Teile des **gesamten** Bildschirms einfangen und in die Zwischenablage kopieren kann.

Ein Ansatz dazu kann leicht aus unserem Programm MOUSE2.PAS abgeleitet werden, indem man nun einen Rahmen aufzieht, der sich auch außerhalb des Fensters befinden kann. Zwei Änderungen sind nötig:

- Als Zeichenkontext muß nun der gesamte Bildschirm benutzt werden.

- *SetCapture* muß **außerhalb** der *wmLButtonDown*–Methode abgesetzt werden, sonst muß sich eine Ecke des Rahmens immer innerhalb des Fensters befinden.

Die erste Forderung ist leicht zu erfüllen, indem wir nicht den Kontext des aktuellen Fensters anfordern, sondern einen für das gesamten Display erstellen:

```pascal
    DC:=CreateDC('Display',nil,nil,nil);
```

Demzufolge müssen wir diesen Kontext auch wieder löschen, statt ihn freizugeben:

```pascal
    DeleteDC(DC);
```

Für die zweite Anforderung müssen wir eine neue Fenstermethode einrichten, die unser Programm quasi *scharf macht*. Da wir hier die Maus besprechen, habe ich sie einmal auf die rechte Maustaste gelegt, die unter Windows ja sowieso ein recht dürftiges Dasein hat. Damit man sieht, daß das Programm nun scharfgemacht ist, ändern wir den Cursor auf den unter

Windows verfügbaren *Fadenkreuzcursor* ab, der über die Konstante *idc_Cross* angesprochen wird.

```
procedure TMyWindow.wmRButtonDown;
  begin
    SetCapture(HWindow);
    SetCursor(LoadCursor(0,idc_Cross));
  end;
```

Wir benötigen kein Handle für diesen neuen Cursor, um ihn später wieder zu beseitigen, da er zum System gehört und nicht gelöscht werden kann (und das auch nicht sollte!).

Das sind die einzigen Änderungen und schon können wir Rahmen über den gesamten Bildschirm aufziehen.

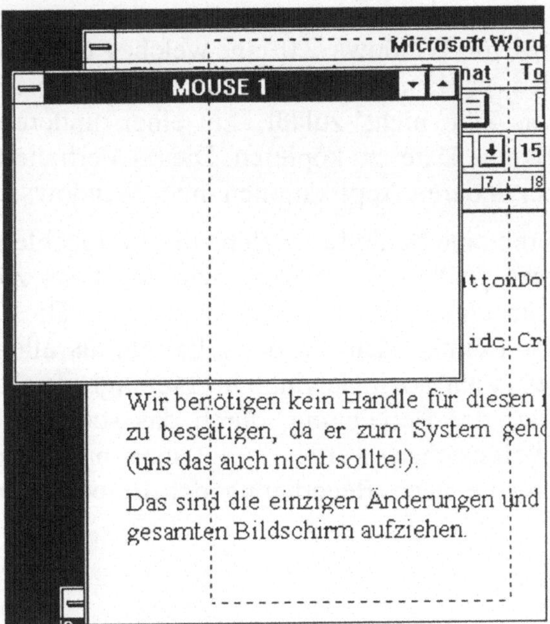

Abbildung 6.5
Rahmen außerhalb des
Fensters aufziehen

Mit den Eckpunktkoordinaten in den Variablen P1 und P2 können Sie nun mit dem markierten Bereich das anstellen, was Sie wollen, z.B. als Bitmap in die Zwischenablage kopieren. Dieses Beispiel kann ebenfalls von der Diskette zum Buch geladen werden, es hat den Namen MOUSE3.PAS.

6.5 Langwierige Berechnungen

Nicht immer kann man jede Programmfunktion so programmieren, daß sie für AnwenderInnen praktisch *unendlich schnell* ausgeführt wird. Bei vielen Funktionen müssen hingegen länger andauernde Prozesse ablaufen wie z.B. das Sortieren von Datensätzen oder einfach das Berechnen komplexerer grafischer Strukturen.

Sie sollten immer daran denken, daß es für AnwenderInnen durchaus wünschenswert ist, die Zeit, die solche Prozesse in Anspruch nehmen, durch die Arbeit in einer anderen Applikation zu überbrücken. Denn Windowsapplikationen können ja im Multitasking–Betrieb gleichzeitig ablaufen.

Auch hier fällt mir spontan Word für Windows 2.0 ein, welches für den Seitenumbruch eines 100 Seiten starken Dokuments durchaus einige Minuten braucht und in dieser Zeit nicht zuläßt, zu einer anderen Applikation zu wechseln, um z.B. eine Datei zu kopieren. Dieses Verhalten ist schlichtweg *unsozial* gegenüber anderen Applikationen unter Windows.

Nehmen wir an, Sie programmieren eine Schleife , welche die Lottozahlen der nächsten 250 Jahre berechnet (sollten Sie wissen, wie so etwas zu bewerkstelligen ist, wäre ich für einen Tip wirklich dankbar!). Diese Schleife benötigt selbstverständlich einige Zeit, da der Algorithmus alles andere als trivial ist, sonst gäbe es ja nur noch Gewinne im Pfennigbereich. Damit AnwenderInnen beim Start der Berechnung durch das scheinbar blockierte System nicht völlig verunsichert werden, zeigt man natürlich eine nicht modale Dialogbox an, die nach Beendigung der Berechnung wieder verschwindet.

```pascal
procedure TMyWindow.Unsozial;
  var Ticker : longint;
      D      : TDialog;
  begin
   { Dialogbox anzeigen }
   D.Init(@self,'DIALOG_1');
   D.Create;
   { Fünf Sekunden Zwangspause }
   Ticker:=GetTickCount;
    Repeat
      { Nichts }
    until GetTickCount-Ticker>5000;
   D.Done;
  end;
```

Da ich nicht weiß, wie man Lottozahlen berechnet, finden Sie hier eine Schleife, die über den Systemzeitgeber fünf Sekunden lang nichts tut. Das Verhalten dieser Methode ist sicherlich nicht anwenderfreundlich, da man dazu verdammt ist, die Zeit der Berechnung nichtstuend vor dem Bildschirm abzuwarten. Dies mag bei fünf Sekunden noch in Ordnung sein, aber bei fünf Minuten?

Abbildung 6.6
Berechnung läuft

Also bauen wir eine Verbesserung ein, die AnwenderInnen die Möglichkeit gibt, zu einer anderen Applikation zu wechseln. Dazu müssen wir nur das Windows–Nachrichtensystem am laufen halten, in dem Nachrichten aus der Warteschlange gelesen und an den Dispatcher weitergeleitet werden.

```
procedure TMyWindow.Sozial;
  var Ticker : longint;
      D      : TDialog;
      M      : TMsg;
  begin
  { Dialogbox anzeigen }
  D.Init(@self,'DIALOG_1');
  D.Create;
  { Fünf Sekunden Zwangspause }
  Ticker:=GetTickCount;
   Repeat
     { In der Schleife Nachrichten weiterleiten }
     If PeekMessage(M,0,0,0,pm_remove) then begin
       TranslateMessage(M);
       DispatchMessage(M);
     end;
   until GetTickCount-Ticker>5000;
  D.Done;
  end;
```

PeekMessage liest Nachrichten, die nach Übersetzen mit *TranslateMessage* über *DispatchMessage* dem Windows–Dispatcher übergeben werden. Jetzt kann während der Berechnung ganz normal mit einer anderen Applikation gearbeitet werden. Es ist allerdings zu bedenken, daß sich die Berechnungsdauer dadurch erheblich verlängern kann, vor allem dann, wenn Sie zu einer Applikation wechseln, die während ihrer Berechnungen keine Nachrichten weitergibt und ihrerseits nun das System blockiert.

Ganz toll wäre es doch, wenn man die Möglichkeit hätte, die versehentlich gestartete Berechnung auch wieder abzubrechen. Dazu benötigt die während des Prozesses angezeigte Dialogbox noch einen *Abbruch*–Button.

Abbildung 6.7
Dialog mit Abbruchmöglichkeit

Damit dieser Button auch etwas bewirken kann, müssen wir eine Dialogbox definieren, die über eine spezielle *Cancel*–Methode verfügt, in der eine globale boolesche Variable auf den Wert True gesetzt wird.

```pascal
    TIntDialog = object(TDialog)
      procedure Cancel(var Msg:TMessage); virtual
               id_first + id_Cancel;
    end;

 var Interrupted: Boolean;

 procedure TIntDialog.Cancel;
  begin
   Interrupted:=true;
  end;
```

Diese globale Variable kann nun in der Berechnungsschleife als Abbruchkriterium ausgewertet werden:

```pascal
   ...
  repeat
   { In der Schleife Nachrichten weiterleiten }
   If PeekMessage(M,0,0,0,pm_remove) then begin
     TranslateMessage(M);
     DispatchMessage(M);
   end;
  until Interrupted or (GetTickCount-Ticker>5000);
   ...
```

Das Beispielprogramm LANGLANG.PAS auf der Diskette zum Buch beinhaltet alle drei der geschilderten Methoden zum Ausprobieren.

```pascal
{ ---------------------------------------------
  Bei langwierigen Aktionen...

  von Michael Schumann für Vieweg Verlag
  --------------------------------------------- }

program langlang;

{$R langlang}

{$IFDEF VER15}
uses WObjects,WinTypes,WinProcs,Strings,WinDos,BWCC;
{$ELSE}
uses OWindows,ODialogs,WinTypes,WinProcs,Strings,WinDos,BWCC;
{$ENDIF}

type
  TMyApp = object(TApplication)
    procedure InitMainWindow; virtual;
  end;

  PMyWindow = ^TMyWindow;
  TMyWindow = object(TWindow)
    anyChanges : boolean;
    { Systemmethoden }
    constructor Init(ATitle : PChar);
    procedure Unsozial(var Msg:TMessage); virtual
            cm_first + 101;
    procedure Sozial(var Msg:TMessage); virtual
            cm_first + 102;
    procedure TotalSozial(var Msg:TMessage); virtual
            cm_first + 103;
  end;

  TIntDialog = object(TDialog)
    procedure Cancel(var Msg:TMessage); virtual
            id_first + id_Cancel;
  end;

var Interrupted: Boolean;

procedure TIntDialog.Cancel;
 begin
  Interrupted:=true;
 end;

constructor TMyWindow.Init(ATitle : PChar);
 begin
  TWindow.Init(Nil, ATitle);
  with Attr do
    begin
     Style := ws_OverlappedWindow;
     Menu := LoadMenu(hInstance,'MENU_1');
     { Startposition und -größe }
     X:=20; Y:=20; w:=400; h:=300;
    end;
```

```pascal
  end;

procedure TMyWindow.Unsozial;
 var Ticker : longint;
     D         : TDialog;
 begin
  { Dialogbox anzeigen }
  D.Init(@self,'DIALOG_1');
  D.Create;
  { Fünf Sekunden Zwangspause }
  Ticker:=GetTickCount;
   Repeat
    { Nichts }
   until GetTickCount-Ticker>5000;
  D.Done;
 end;

procedure TMyWindow.Sozial;
 var Ticker : longint;
     D       : TDialog;
     M       : TMsg;
 begin
  { Dialogbox anzeigen }
  D.Init(@self,'DIALOG_1');
  D.Create;
  { Fünf Sekunden Zwangspause }
  Ticker:=GetTickCount;
   Repeat
    { In der Schleife Nachrichten weiterleiten }
    If PeekMessage(M,0,0,0,pm_remove) then begin
      TranslateMessage(M);
      DispatchMessage(M);
     end;
   until GetTickCount-Ticker>5000;
  D.Done;
 end;

procedure TMyWindow.TotalSozial;
 var Ticker : longint;
     D       : TIntDialog;
     M       : TMsg;
 begin
  { Noch nicht unterbrochen }
  Interrupted:=false;
  { Dialogbox anzeigen }
  D.Init(@self,'DIALOG_2');
  D.Create;
  { Fünf Sekunden Zwangspause }
  Ticker:=GetTickCount;
   Repeat
    { In der Schleife Nachrichten weiterleiten }
    If PeekMessage(M,0,0,0,pm_remove) then begin
      TranslateMessage(M);
      DispatchMessage(M);
     end;
   until Interrupted or (GetTickCount-Ticker>5000);
```

```
    D.Done;
  end;

procedure TMyApp.InitMainWindow;
  begin
    MainWindow := New(PMyWindow, Init('Langwieriges'));
    LoadLibrary('BWCC.DLL');
  end;

var
  App : TMyApp;
begin
  App.Init('MyWindow');
  App.Run;
  App.Done;
end.
```

6.6 Daten indiziert speichern

Speziell für die Speicherung von Daten, die in nur einer Datei vorliegen und nur über ein Feld indiziert werden sollen, ist der Einsatz monströser Datenbanktools oft ungerechtfertigt und bläht den Quellcode wie auch das übersetzte Programm unnötig auf.

Ohne Indizierung werden viele Anwendungen bei Datenmengen über 50 Sätzen dann schon so langsam, daß man es AnwenderInnen nicht mehr zumuten kann. Wie immer ist auch hier die goldene Mitte der optimale Weg und dieser kann in TPW, dank *Kollektionen* und *Streams,* ohne fremde Hilfsmittel leicht eingeschlagen werden.

Streams ermöglichen einen sehr schnellen Zugriff auf sequentiell gespeicherte Daten, wobei das Objekt *TBufStream* noch die Angabe eines Puffers ermöglicht, der wie ein *Cache* bei der Festplatte Zugriffe noch weiter beschleunigen kann.

Um auf sequentiell gespeicherte Daten zuzugreifen, muß man die Position des gewünschten Datensatzes kennen, diese ist leicht über dessen Index multipliziert mit der Satzgröße zu errechnen. Es ist jedoch selten, daß man in einer Kundenkartei nach dem Kunden *mit dem Index 3542* sucht. Vielmehr wird man die Frau Müller oder einen Herrn Schmidt heraussuchen wollen und müßte eine normale Datei satzweise nach diesem Namen durchsuchen.

Um hier schneller zu sein, führt man die Indizierung ein. Dies bedeutet, daß man die Indizes der Datensätze zusammen mit dem Suchfeld (dem *Schlüssel*) in einer zweiten Datei parat hat, die schneller durchsucht werden kann. Datenbanksysteme bauen diese Indexdatei nach dem sogenannten *Binärbaum* auf, der von jedem Element Verweise zu einem in der Suchreihenfolge höheren und zu einem niedrigeren aufweist. Man hangelt sich so den Baum hinauf, bis man an einem Astende dann den Index des gesuchten Elements findet.

Dies ist für eine hohe Geschwindigkeit bei großen Indexdateien elementar, da diese selbst so groß sein können, daß eine sequentielle Suche darin nicht viel schneller wäre als in der Datendatei selbst. Das hier vorgestellte System geht jedoch für die hohe Geschwindigkeit einen anderen Weg.

Der Index wird komplett in einer alphabetisch sortierten Kollektion im Speicher gehalten, daraus ergibt sich natürlich eine Limitierung in der Größe. Da eine sequentielle Suche im Speicher sehr schnell geht, kann man dafür jedoch auf die (nicht triviale) Programmierung eines binären Baums verzichten und verwendet die validierten Suchroutinen des Kollektionsobjektes. Je mehr Standardobjekte und Methoden zum Einsatz kommen, desto weniger Fehlerquellen baut man in das Programm ein.

Das Ganze habe ich einmal in eine Unit gepackt, die folgende Funktionen zur Verfügung stellt:

```
procedure DBCreate(Name:String);
```

Erzeugt eine leere Daten- und Indexdatei mit dem angegebenen Pfad und Dateinamen, wobei **keine** Extension angegeben werden darf. Diese wird automatisch für die Datendatei mit .DAT und für die Indexdatei mit .IDX angehängt. Die Dateien werden von dieser Prozedur wieder geschlossen.

```
procedure DBOpen(Name:String; var Buf;
                 BufSize, CacheSize: Word;
                 KeyF:TKeyFunc);
```

Öffnet die angegebene Datendatei (wieder keine Extension angeben!). Anzugeben ist ein Record mit der passenden Datenstruktur, dessen Größe und auch die Größe des Puffers, über den Ein- und Ausgabe in die Datei abgewickelt werden.

Letzter Parameter dieser Funktion ist eine Schlüsselfunktion, die als Ergebnis den Schlüsselstring liefert. Dieser muß aus den Feldern des aktuellen Datensatzes erstellt werden.

```
function   DBLast:word;
```

Gibt den Index des letzten Satzes zurück.

```
function   DBCurrent:word;
```

Gibt den Index des aktuellen Satzes zurück.

```
procedure DBSkip(x:integer);
```

Überspringt die angegebene Anzahl an Sätzen und positioniert neu. Die Daten werden in den Record übertragen und *DBCurrent* liefert den aktuellen Wert. Positive und auch negative Werte sind für X erlaubt.

```
procedure DBGoTo(RecNum:Word);
```

Positioniert auf dem Datensatz mit dem angegebenen Index. Sonstiges siehe *DBSkip*.

```
procedure DBReplace;
```

Ersetzt den aktuellen Datensatz mit dem Inhalt des Datenrecord. Die Position in der Datei wird nicht verändert.

```
procedure DBReplace;
```

Hängt einen Satz an die Datei an, wobei zunächst nach gelöschten Sätzen gesucht wird und zuerst diese neu belegt werden. Die Datei wird also durch dieses Kommando nicht unbedingt größer. Der neue Satz wird zum aktuellen Satz und der Inhalt des Datenrecord wird in ihn übertragen.

```
procedure DBDelete;
```

Markiert den aktuellen Datensatz als gelöscht. Dieser kann nicht mehr angesprochen werden. Nachfolgende Sätze rücken nicht nach, vielmehr werden gelöschte Sätze beim Anhängen an die Datei wiederverwertet.

```
procedure DBClose;
```

Schließt Daten– und Indexdatei und schreibt dabei alle Puffer.

```
procedure DBFind(Key:String);
```

Sucht nach dem angegebenen Schlüsselstring und macht den gefundenen Satz zum aktuellen Satz. In diesem Fall hat die globale Variable *FOUND* den Wert *true*. War die Suche nicht erfolgreich, hat *FOUND* den Wert *false* und die Positionierung wird nicht verändert.

Sicherlich ist dieses System noch nicht optimal, man könnte mehrere Schlüssel unterstützen, eine Funktion zum Packen der Datei einbauen und vieles mehr. Dazu haben Sie nun Gelegenheit, denn der Quellcode steht auf der Buchdiskette zu Ihrer Verfügung. Das Listing hier komplett abzudrucken, nimmt zu viel Platz in Anspruch, bitte sehen Sie es mit einem Editor ein oder drucken Sie es selbst aus. Wir nutzen den Platz für einige Beispiele und Hinweise.

Der Status der letzten Operation kann jederzeit in der Variablen *DBResult* abgefragt werden und kann die im Quellcode unter *const* angegebenen Werte annehmen. War die letzte Operation fehlerfrei, so finden Sie dort den Wert *NoError*. Wie man konkret mit dieser Unit arbeitet, das zeigt das folgende kleine Programm, das eine Datei anlegt, Sätze schreibt, löscht und wieder welche schreibt und anschließend den Dateiinhalt anzeigt. Zusätzlich können Sie noch die Suche in der Datei über einen Schlüssel damit testen. Auch dieses Beispiel finden Sie auf der Diskette zum Buch.

```pascal
program DBTest;

{ ------------------------------------------------
   Testet MiniDB und zeigt, wie gelöschte
   Sätze wiederverwendet werden und über
   den Index gesucht werden kann

   von Michael Schumann für Vieweg Verlag
  ------------------------------------------------ }


uses miniDB,wincrt;

type TDataRec=record
     Name: String[40];
     RNum: longint;
     end;

var DLRec : TDataRec;
    s      : string;
    i      : integer;

 function IXKey:string; far;
 begin
  IXKey:=copy(DLRec.Name,1,10);
 end;

 begin
  DBCreate('Test');
  DBOpen('Test',DLRec,SizeOf(DLRec),16384,IXKey);
  Writeln('Schreibe 20 Sätze');
  For i:=1 to 20 do begin
    Str(i:3,s);
    DLRec.Name:=s+'ter Satz (alt)';
    DlRec.RNum:=i;
    DBAppend;
```

```pascal
      writeln('Hänge an: ',i);
      end;
  Writeln('Beliebige Taste um weiterzumachen...');
  Readln;
  DBGoTo(3);
  Writeln('Lösche:  Text: ',DlRec.Name);
  DBDelete;
  DBGoTo(7);
  Writeln('Lösche:  Text: ',DlRec.Name);
  DBDelete;
  DBGoTo(18);
  Writeln('Lösche:  Text: ',DlRec.Name);
  DBDelete;
  Writeln('Beliebige Taste um weiterzumachen...');
  Readln;
  Writeln('Schreibe nochmal 10 Sätze');
  For i:=1 to 10 do begin
    Str(i:3,s);
    DLRec.Name:=s+'-ter neuer Satz ';
    DlRec.RNum:=i;
    DBAppend;
    writeln('Hänge an: ',i);
    end;
  For i:=DBFirst to DBLast do begin
    DBGoTo(i);
    Writeln('Satz: ',i:5,' Nummer: ',
          DlRec.RNum:5,' Text: ',DlRec.Name);
    end;
  Writeln('Beliebige Taste um weiterzumachen...');
  Readln;
  Writeln('Nun kann gesucht werden - ',
          'für Ende bitte E eingeben');
  repeat
    readln(s);
    DBFind(s);
    if found then
      Writeln('gefunden: ' ,DlRec.RNum:5,
              ' Text: ',DlRec.Name)
    else
      Writeln('nicht da!');
    until s='E';
  Writeln('Lösche alle - Ende!');
  for i:=DBFirst to DBLast do
    begin
    DBGoTo(i);
    DBDelete;
    end;
  DBClose;
end.
```

Um die Praxistüchtigkeit dieses Kernels zu beweisen, finden Sie auf der Diskette ein Beispiel für eine damit realisierte Datenbank. Das Programm verwendet eine Dialogbox als Programmfenster und benutzt für die

Datenspeicherung das hier vorgestellte Mini–DBMS, welches für die Speicherung kleinerer Datenmengen (<65500 Sätze) durchaus gut zu gebrauchen ist. Für größere Datenmengen und Anwendungen, bei denen optimale Sicherheit und Performance verlangt sind, empfiehlt sich der Einsatz kommerzieller Produkte wie z.B. TOPAZ für Windows, B–Tree ISAM oder das Aufsetzen auf die in Novell Netzwerken vorhandene B–Tree Datenverwaltung im Server. Für 100 oder auch 1000 Adressen ist das hier vorgestellte System jedoch gut verwendbar.

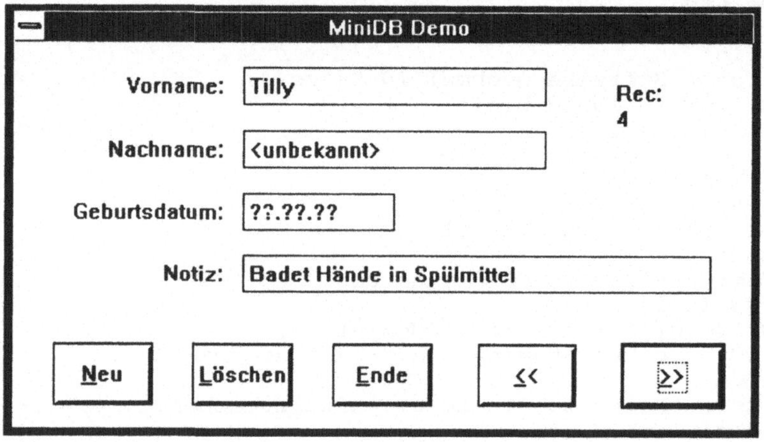

Abbildung 6.8 Eine Mini-Datenbank unter Windows

Hier der Quellcode, der auch gut als Beispiel für eine Applikation mit einer Dialogbox als Programmfenster dienen kann.

```
{ ---------------------------------------------
  Kleine Demodatenbank mit einer Relation

  von Michael Schumann für Vieweg Verlag
  --------------------------------------------- }

program demoDB;

{$IFDEF VER15}
uses WinProcs,WinTypes,WObjects,Strings,
     bwcc,minidb;
{$ELSE}
uses WinProcs,WinTypes,OWindows, ODIalogs,Strings,
     bwcc,minidb;
{$ENDIF}
{$R Databa}

const  id_del    = 107;
       id_new    = 106;
```

```pascal
          id_up      = 110;
          id_down    = 111;
          id_quit    = 109;

  type
    DemoRec = record
        surname:      array[0..25] of char;
        name:         array[0..25] of char;
        born:         array[0..8] of char;
        notes:        array[0..55] of char;
        picture:      String[70];
      end;

    PDBWindow = ^TDBWindow;
    TDBWindow = object(TDlgWindow)
      ESurname,
      Ename,
      EBorn,
      ENotes:    PEdit;
      constructor Init(AParent:PWindowsObject; ATitle:PChar);
      procedure Del(var M:TMessage); virtual
              id_first+id_del;
      procedure NewData(var M:TMessage); virtual
              id_first+id_new;
      procedure Up(var M:TMessage); virtual
              id_first+id_up;
      procedure Down(var M:TMessage); virtual
              id_first+id_down;
      procedure Quit(var M:TMessage); virtual
              id_first+id_quit;
      procedure GetWindowClass(var AwndClass:TwndClass);
              virtual;
      procedure SetupWindow; virtual;
      procedure SetMaskData;
      procedure GetmaskData;
     end;

    TMiniDBDemo = object(TApplication)
      procedure InitMainWindow; virtual;
    end;

var    DBuf: Demorec;
       Current: word;

function Key:String; far;
var s1,s2:string;
begin
 { Schlüssel ist Nachname + Initial des Vornamens }
 S1:=StrPas(DBuf.surname);
 S2:=StrPas(DBuf.name);
 Key:=S2+S1[1];
end;

procedure TDBWindow.SetMaskData;
var s:string;
begin
```

```
  SetDlgItemText(HWindow,101,DBuf.surname);
  SetDlgItemText(HWindow,102,DBuf.name);
  SetDlgItemText(HWindow,103,DBuf.born);
  SetDlgItemText(HWindow,104,DBuf.notes);
  { Recordnummer anzeigen }
  str(DBCurrent,s); s:=s+#0;
  SetDlgItemText(HWindow,108,@s[1]);
end;

procedure TDBWindow.GetMaskData;
begin
  GetDlgItemText(HWindow,101,DBuf.surname,
                    SizeOf(DBuf.surname));
  GetDlgItemText(HWindow,102,DBuf.name,
                    SizeOf(DBuf.name));
  GetDlgItemText(HWindow,103,DBuf.born,
                    SizeOf(DBuf.born));
  GetDlgItemText(HWindow,104,DBuf.notes,
                    SizeOf(DBuf.notes));
end;

procedure TDBWindow.SetupWindow;
  begin
    TDlgWindow.SetupWindow;
    { Wenn Daten da, Maske mit erstem Satz füllen }
    If DBLast > 0 then begin
      { Falls vorne gelöschte Sätze sind,
        diese überspringen }
      DBSkip(1);
      DBSkip(-1);
      SetMaskData;
      end;
  end;

procedure TDBWindow.GetWindowClass(var AwndClass:TwndClass);
begin
  TDlgWindow.GetWindowClass(AwndClass);
  AWndClass.hIcon := LoadIcon(Hinstance,'CAMERA');
end;

constructor TDBWindow.Init;
var AStat: PStatic;
begin
  { Fenster aus der Ressource laden }
  TDlgWindow.Init(nil,'MAINWIN');
  { Datendatei öffnen }
  DBOpen('DEMODB',DBuf,SizeOf(DBuf),4096,Key);
  { Wenn Datendatei nicht vorhanden, erzeugen }
  If DBResult=CouldNotOpen then begin
     DBCreate('DEMODB');
     DBOpen('DEMODB',DBuf,SizeOf(DBuf),4096,Key);
     end;
end;


procedure TDBWindow.Del;
```

```
begin
{ Satz Löschen }
DBDelete;
{ An vorhergehenden Satz springen }
DBSkip(-1);
SetMaskData;
end;

procedure TDBWindow.NewData;
begin
{ Record löschen }
StrCopy(DBuf.surname,'');
StrCopy(DBuf.name,'');
StrCopy(DBuf.born,'');
StrCopy(DBuf.notes,'');
{ Neuen Satz erzeugen }
DBAppend;
end;

procedure TDBWindow.Up;
begin
{ Maskeninhalt sichern }
GetMaskData;
If DBLast>1 then DBReplace else DBAppend;
{ Neue Position einnehmen }
DBSkip(-1);
SetMaskData;
end;

procedure TDBWindow.Down;
begin
{ Maskeninhalt sichern }
GetMaskData;
If DBLast>1 then DBReplace else DBAppend;
{ Neue Position einnehmen }
DBSkip(1);
SetMaskData;
end;

procedure TDBWindow.Quit;
begin
  If MessageBox(HWindow,
      'Wollen Sie dieses tolle Demoprogramm wirklich schon
beenden?',
      'MiniDB Demo',mb_YesNo+mb_IconStop)=id_Yes then begin
      { Maskeninhalt sichern }
      GetMaskData;
      If DBLast>1 then DBReplace else DBAppend;
      DBClose;
      TDBWindow.done;
      end;
end;

procedure TMiniDBDemo.InitMainWindow;
begin
```

```pascal
    MainWindow := New(PDBWindow,
      Init(nil, 'MiniDB Demo'));
end;

var App: TMiniDBDemo;

begin
  App.Init('MiniDB Demo');
  App.Run;
  App.Done;
end.
```

7 Textorientiertes

Dieses Kapitel beschäftigt sich mit der Darstellung von Text im Fenster, wobei das meiste auch für die Druckerausgabe übernommen werden kann, der allerdings ein eigenes Kapitel gewidmet ist. Fonts, die verschiedenen Typen und Familien, deren Einsatzgebiete und wie man letzlich damit arbeitet, das ist das erste Thema in diesem Kapitel.

Textausgaben formatieren und optimieren, um so auch mit ansprechenden Proportionalschriften optimal Tabellen und andere Listen darstellen zu können und auch, wie man lange Datenlisten in einem Fenster anzeigen kann, dazu finden Sie Lösungen auf den folgenden Seiten. Schließlich stellt sich hier ein ganz besonderes Objekt aus dem Windows–Repertoire vor: Ein Texteditor, der kinderleicht in eigene Applikationen eingebunden werden kann.

7.1 Fontarten und Größen

Truetype Fonts sind eine der bedeutendsten Verbesserungen in Windows 3.1 gegenüber den Vorgängerversionen. Hatte das GDI bereits vor Windows 3.1 geräteunabhängige Grafiken ermöglicht und so ProgrammiererInnen das Kopfzerbrechen über die vielen verschiedenen Druckertypen erspart, so kann man nun endlich auch bei Textausgaben sicher sein, daß diese wirklich auf jedem (grafikfähigen) Drucker nahezu identisch ausgedruckt werden können.

Die bei den meisten älteren Druckern eingebauten Schriften waren nicht unbedingt das Gelbe vom Ei und oft schon gar nicht das, was man für ein Dokument in ansprechendem Design benötigt. Drei Grundschriften reichen eigentlich für die meisten Fälle aus:

Schrift	Name in Windows	Anwendungsgebiet
Helvetica	Arial	Überschriften
Times Roman	Times New Roman	Fließtext
Courier	Courier New	Text, nicht mit TABs formatiert

Tabelle 7.1 Die drei wichtigsten skalierbaren Schriften

Da diese Schriften nun zum Lieferumfang von Windows 3.1 gehören und zudem noch frei skalierbar sind, können Sie sie in Ihren Programmen freizügig verwenden und sicher sein, daß jeder korrekte Ausdrucke erzeugen kann. Ein Bonus sind die zwei Symbolschriften *WingDings* und *Symbol*, die es erlauben, Dokumente mit den von Postscript her bekannten Symbolen auszustatten.

Für die Darstellung am Bildschirm gibt es weiterhin noch *Bitmap–Schriften*, die nur in bestimmten Größen vorhanden sind.

Schrift	Vorhandene Größen	Stil
System	10	Siehe Menüleiste etc.
Fixedsys	9	Wie System, jedoch nicht proportional
Terminal	5, 6, 7, 12, 14	Für DOS–Boxen
Courier	10, 12, 15	nicht proportional
MS Sans Serif	8, 10, 12, 14, 18, 24	wie Helvetica
MS Serif	8, 10, 12, 14, 18, 24	wie Times Roman
Symbol	8, 10, 12, 14, 18, 24	griechische Buchstaben
Small Fonts	2, 3, 4, 5, 6, 7	wie MS Sans Serif

Tabelle 7.2 Bitmap–Bildschirmschriften

Auf die (veralteten) Vektorschriften *Modern, Roman* und *Script* möchte ich hier nicht eingehen, da diese Schriften ein recht unprofessionelles Schriftbild erzeugen, und so ihr Einsatz allenfalls noch auf Plottern Sinn macht.

Die Bitmapschriften sind hingegen keinesfalls veraltet, da für ihre Darstellung erheblich weniger Rechenaufwand nötig ist, als dies bei Truetype Schriften der Fall ist. Daher sind diese Schriften einfach schneller und für die Darstellung auf dem Bildschirm zugeschnitten.

Für Anwendungen, bei denen es nicht darauf ankommt, auf dem Bildschirm exaktes WYSIWYG (What you see is what you get = was Du siehst ist das, was Du herausbekommst aus dem Drucker) zu bieten, sollten Sie immer mit den Bitmapschriften arbeiten. Sobald jedoch WYSIWYG gefordert ist, sollten Sie wirklich die Truetype Schriften benutzen, da eine 12 Punkt MS-Serif anders *läuft* als 12 Punkt Times New Roman.

Die wichtigsten der Systemschriften stehen permanent zur Verfügung, da die Zeit, sie bei Bedarf zu laden, zu nicht vertretbaren Verzögerungen im Systemablauf führen würde. Diese Schriften können direkt über das Kommando *GetStockObject* aus dem Windowsvorrat (engl. Stock=Vorrat) angesprochen werden und man erhält ein Handle dazu. Sechs Schrifttypen sind *permanent auf Lager*:

Lagernummer	Schrift	Verwendungsbeispiel
ANSI_FIXED_FONT	Ansi Schrift, nicht proportional	
ANSI_VAR_FONT	Ansi Schrift, proportional	Oft verwendet im Hilfesystem
DEVICE_DEFAULT_FONT	Vorgabeschrift des entsprechenden GDI–Device	
OEM_FIXED_FONT	OEM–Schrift, nicht proportional	DOS–Box
SYSTEM_FONT	Proportionale Systemschrift	Menüs, Messagebox
SYSTEM_FIXED_FONT	Nicht proportionale Systemschrift	Wurde von Windows 2.X als Systemschrift verwendet

Tabelle 7.3 GetStockObject–Schriften

Das Programmbeispiel GETSTOCK.PAS auf der Diskette zum Buch zeigt diese Schriften in einem kleinen Fenster an.

GetStockObject vermittelt noch andere Standardhilfsmittel wie Pens und Brushes, die permanent verfügbar sind und auch sein müssen. Hier beschränken wir uns zunächst auf die Schriftarten. Auf der folgenden Seite finden Sie das von *GETSTOCK.PAS* erzeugte Fenster und den Quellcode dazu. Das Programm tut nichts weltbewegendes, daher drucken wir hier nur die *Paint*-Methode ab, die für die Anzeige der Schriften zuständig ist.

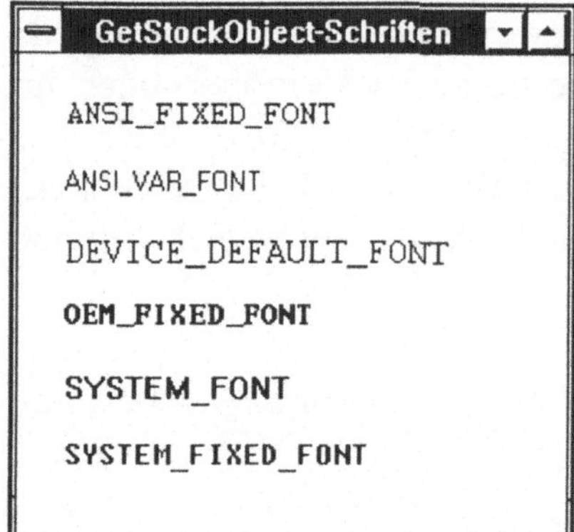

Abbildung 7.1
Schriften, die über GetStockObject
angesprochen werden können

```
procedure TMyWindow.Paint;
 var Font, OldFont: THandle;
 begin
  Font:=GetStockObject(ANSI_FIXED_FONT);
  OldFont:=SelectObject(DC,Font);
  TextOut(DC,20,20,'ANSI_FIXED_FONT',15);
  SelectObject(DC,GetStockObject(ANSI_VAR_FONT));
  TextOut(DC,20,50,'ANSI_VAR_FONT',13);
  SelectObject(DC,GetStockObject(DEVICE_DEFAULT_FONT));
  TextOut(DC,20,80,'DEVICE_DEFAULT_FONT',19);
  SelectObject(DC,GetStockObject(OEM_FIXED_FONT));
  TextOut(DC,20,110,'OEM_FIXED_FONT',14);
  SelectObject(DC,GetStockObject(SYSTEM_FONT));
  TextOut(DC,20,140,'SYSTEM_FONT',11);
  SelectObject(DC,GetStockObject(SYSTEM_FIXED_FONT));
  TextOut(DC,20,170,'SYSTEM_FIXED_FONT',17);
  SelectObject(DC,OldFont);
 end;
```

Diese hier genannten Schriften eignen sich allerdings ausschließlich für Ausgaben auf dem Bildschirm, dafür sind sie optimiert. Für Darstellungen, die auch ausgedruckt werden sollen, solte man sich anderer Schriften und auch anderer Methoden zur Aktivierung derselben bedienen.

Sie werden unter Windows in sogenannte Familien eingeteilt, die nach typischen Eigenschaften differenziert sind. Diese Einteilung macht es möglich, Text, der mit einem nicht verfügbaren Font formatiert wurde, in einem möglichst ähnlichen Stil anzuzeigen und dafür nicht eine meistens unpassende Standardschrift zu verwenden.

Windows definiert sechs Konstanten, die eine Schriftfamilie kennzeichnen.

Konstante	Stil	Beispiel
ff_DontCare	jeder	Alle Schriften
ff_modern	nicht proportional	Courier
ff_decorative	Zierschrift	WingDings
ff_swiss	proportional, serifenlos	Arial
ff_roman	proportional, mit Serifen	Times New Roman
ff_script	Schreibschrift	Brush–Script*

* Nicht im Lieferumfang von Windows

Tabelle 7.4 Schriftfamilien

Über diese Familien können Sie auch dann Text in etwa so anzeigen, wie er gedruckt wird, wenn Sie Druckerschriften verwenden, für die im System kein Äquivalent existiert. Da die Schrift Avantgarde als serifenlose Schrift auf einem Postscriptdrucker vorhanden ist, nicht aber zur Standardausstattung von Windows 3.1 gehört, könnte ein Text in dieser Schrift zwar ausgedruckt, aber nicht angezeigt werden.

Um wenigstens einen groben Eindruck von dem zu bekommen, was letztendlich ausgedruckt wird, können Sie nun eine Schrift Avantgarde anfordern und die Familie mit *ff_swiss* angeben. Windows versucht dann zunächst eine Schrift mit dem Namen *Avantgarde* zu finden und verwendet diese, wenn sie vorhanden ist:

```
procedure TMyWindow.Paint;
  var Font, OldFont: THandle;
  begin
  Font:=CreateFont(70,0,0,0,fw_normal,0,0,0,
                   Ansi_CharSet,
                   4,
                   Clip_default_precis,
                   proof_quality,
                   ff_dontCare,
                   'Avantgarde-Book');
  OldFont:=SelectObject(DC,Font);
  TextOut(DC,20,20,'Ist das Avantgarde?',19);
  SelectObject(DC,OldFont);
  DeleteObject(Font);
  end;
```

Abbildung 7.2 Ja! Ausgabe mit installierter Truetype Avantgarde

Ist diese Schrift hingegen nicht verfügbar, so versucht der Schriftmanager von Windows eine andere, passende Schrift zu finden. Wie genau und nach welchen Kriterien dies geschieht, das können Sie über verschiedene Parameter beim Abrufen der Schrift mit *CreateFont* oder *CreateLogFont* bestimmen.

Bei der heute üblichen Rechnerleistung sollte man auf jeden Fall Truetype–Niveau verlangen. Die Vergrößerung einer Bitmapschrift in Abbildung 7.3 erinnert stark an 1983 und den IBM XT mit der legendären CGA–Karte und ist heute AnwenderInnen wohl kaum mehr zumutbar:

Abbildung 7.3 Grausam: Vergrößerte Bitmapschrift

Wesentlich besser hingegen gelingt die Annäherung, wenn man nur Truetype Schriften als Ersatz zuläßt – schließlich gehört ja aus jeder Familie eine zum Lieferumfang von Windows und man kann so wenigstens die elementaren Eigenschaften des Textes vermitteln: Serifenlos, proportional, nicht fett, nicht kursiv usw.

Abblidung 7.4 Nein, aber ähnlich! Ohne Truetype Avantgarde bei ff_swiss

Die Angabe der Schriftfamilie ist sehr wichtig, da die Anzeige einer Schrift mit Serifen statt einer ohne, den Charakter des Textes sehr stark verfälschen kann. Mindestens genauso wichtig ist die Angabe des Zeichenabstandes: Proportional oder feste Zeichenbreiten? Im folgenden Bild fehlen diese Angaben und Windows hat die erste beste Schrift als Ersatz zu Avantgarde herausgesucht – immerhin eine Proportionalschrift: *Times New Roman*.

Abblidung 7.5 Wenig Ähnlichkeit! Ohne Truetype Avantgarde bei ff_dontCare

Sie können mit dem Programmbeispiel FAMILY.PAS auf der Diskette zum Buch gerne experimentieren. Dazu können Sie auch testweise über die Systemsteuerung verschiedene Schriften löschen und sehen dann, welche Fonts Windows als Ersatz anzeigt. Hier wieder der entscheidende Quellcodeausschnitt: Die Paint–Methode.

```pascal
procedure TMyWindow.Paint;
var Font, OldFont: THandle;
begin
  Font:=CreateFont(70,0,0,0,fw_normal,0,0,0,Ansi_CharSet,4,
    Clip_default_precis,proof_quality,ff_swiss,'Avantgarde');
  OldFont:=SelectObject(DC,Font);
  TextOut(DC,20,20,'Ist das Avantgarde?',19);
  SelectObject(DC,OldFont);
  DeleteObject(Font);
end;
```

Betrachten wir einmal die entscheidenden Parameter der Funktion *Create–Font*, die auch exakt den Feldern des Records *TLogFont* entsprechen. Sie erschreckt schon ein wenig mit ihren 14 Parametern!

Parameter	Bedeutung	In der Regel gut brauchbarer Wert
Height	Zeichenhöhe	–Punktgröße * Faktor
Width	Durchschnittliche Zeichenbreite	0 (= an Height angepaßt)
Escapement	Winkel der Textzeile	0
Orientation	Winkel der Buchstaben	0
Weigth	Schriftstärke	fw_normal
Italic	>0, wenn kursiv	0
Underline	>0, wenn unterstrichen	0
StrikeOut	>0, wenn durchgestrichen	0
Charset	Zeichensatz	Ansi_Charset
OutputPrecision	Genauigkeit, mit der nach passender Schrift gesucht wird	
ClipPrecision	Art, wie Zeichen am Fensterrand abgeschnitten werden	Clip_Default_Precis
Quality	Genauigkeit der Anpassung an geforderte Schrift	Proof_Quality
PitchAndFamily	Schriftfamilie und Zeichenabstand	je nach Anforderung
Facename	Name der gewünschten Schrift	je nach Anforderung

Tabelle 7.5 CreateFont Parameter für den Normalfall

Der vorletzte Parameter sollte immer mit einer Schriftfamilie und, wenn die Familie dies nicht eindeutig festlegt, dem Zeichenabstand besetzt werden, der entweder proportional *(VARIABLE_PITCH)* oder nicht proportional *(FIXED_PITCH)* sein kann. Wenn eine Anwendung (z.B. ein Editor für Quellcode) auf eine Schrift aufbaut, die nicht proportional ist, und Windows beschafft als Ersatz für die gewünschte und nicht vorhandene Schrift eine Proportionalschrift, so ist Arbeiten damit kaum mehr möglich!

Die Angabe der Zeichenhöhe erfordert ein wenig Mathematik. Sie erfolgt stets in logischen Einheiten, die je nach *Mapping Modus* verschiedenen physikalischen Maßen entsprechen. Der voreingestellte Mapping–Modus ist *MM_Text*, in dem jede Einheit genau einem Pixel auf dem Bildschirm entspricht. Diese Zuordnung erlaubt die saubersten Bildschirmdarstellungen, da keine Rundungsfehler beim Zeichnen und Positionieren in die Darstellung einfließen. Alle anderen Modi spielen bei maßstabsgetreuen Darstellungen auf dem Drucker eine Rolle – diese ist bei Bildschirmen nicht gewährleistet. Wenn Sie eine Ausgabe für den Drucker planen und daher einen der anderen *Mapping Modi* verwenden, so empfiehlt sich sowieso der Einsatz der skalierbaren Schriften, bei denen es jede gewünschte Schrifthöhe vorrätig gibt.

Bei der Arbeit mit den Bildschirmschriften, die nur in festen Skalierungen vorliegen, ist die Angabe der korrekten Größe unabdingbar, da Windows sonst eine Zwischengröße erzeugt, die natürlich ein häßliches, grobes Raster aufweist. *CreateFont* und *CreateLogFont* erwarten nämlich als Größenparameter für die Schrift nicht die Punktgröße, sondern entweder

- die Schriftgröße in Punkt minus dem internen Durchschuß (=internal leading) oder

- die Zeilenhöhe als negativer Wert.

Beides entspricht leider nicht dem Punktwert der Schrift. Die Zeilenhöhe kann aber über den Faktor 1.4 aus der Punktgröße ermittelt werden; für die Bildschirmschriften funktioniert das hervorragend und auch bei den skalierbaren Schriften gibt es damit kaum Probleme. Die Angabe der Zeilenhöhe über den negativen Wert ist üblich, denn auch bei der Auswahl einer Schrift über den Standarddialog zur Schriftwahl wird ein negativer Wert zurückgeliefert. Wichtig ist, daß man diesen Wert wirklich negativ angibt, sonst versteht man plötzlich die Welt nicht mehr: Trotz korrekter Werte immer seltsame Schriftgrößen.

Für alle Mapping–Modi außer *MM_Text* kommen dabei noch weitere Faktoren hinzu, die vom Pixelraster auf das jeweils eingestellte mm oder inch–Raster umformen. In diesen Modi werden Sie jedoch meist die Punktgrößen aus dem Schriftdialog ermitteln und sparen sich so jegliche Rechnerei.

Welche Möglichkeiten die Truetype–Schriften neben ihrer Skalierbarkeit bieten, dafür liefert Borland ein eindrucksvolles Beispiel mit TPW und BPW mit, in dem Text *im Halbkreis* und in verschiedenen Winkeln dargestellt wird. Das Programm heißt TTDEMO.PAS und findet sich in EXAMPLES\WIN31\TRUETYPE im TPW oder BP Verzeichnis.

7.2 Text auf dem Bildschirm

Für reine Bildschirmdarstellungen sollte man immer auf die Systemschriften zurückgreifen, die schnell über *GetStockObject* angefordert werden können und deren Darstellung keine relevante Verzögerung bewirkt. Die darüber hinaus in *MS SANS SERIF* und *MS SERIF* vorhandenen Schriftschnitte sind keineswegs zu verachten und erlauben auch ohne den Einsatz der Truetype Fonts die Gestaltung ansprechender Dialoge, Formulare und sonstiger Textausgaben. Für Darstellungen, die eine nicht proportionale Schrift benötigen, steht Courier in drei Größen zur Verfügung.

Diese Schriften gehören zum Lieferumfang von Windows 3.1, und Sie können sich darauf berufen, wenn Ihre Anwendung darauf aufbaut und AnwenderInnen die eine oder andere Schrift deinstalliert haben und daher etwas nicht korrekt angezeigt wird.

Wie diese Schriften wirken, das demonstriert das folgende kleine Programm, in dem es alle verfügbaren Schnitte der Bildschirmschriften MS Serif, MS Sans Serif und Courier in einem Fenster anzeigt.

```
{ ---------------------------------------------
   MS Serif, MS Sans Serif und Courier Demo

   von Michael Schumann für Vieweg Verlag
  --------------------------------------------- }

program MSFonts;


{$IFDEF VER15}
uses WObjects,WinTypes,WinProcs,Strings,WinDos,BWCC;
{$ELSE}
uses OWindows,ODialogs,WinTypes,WinProcs,Strings,WinDos,BWCC;
{$ENDIF}

type
  TMyApp = object(TApplication)
    procedure InitMainWindow; virtual;
  end;
```

```pascal
  PMyWindow = ^TMyWindow;
  TMyWindow = object(TWindow)
    constructor Init(ATitle : PChar);
    procedure Paint(DC:HDC;
                var PInfo: TPaintStruct);virtual;
  end;


constructor TMyWindow.Init(ATitle : PChar);
 begin
  TWindow.Init(Nil, ATitle);
 with Attr do
    begin
     Style := ws_OverlappedWindow;
     { Startposition und -größe }
     X:=20; Y:=20; w:=400; h:=400;
    end;
 end;

const size:array[1..9] of integer =
      (8,10,12,14,18,24,10,12,15);

procedure TMyWindow.Paint;
 var Font, OldFont: THandle;
     i,y              : integer;
     s                : array[0..30] of char;
 begin
  Y:=10;
  For i:= 1 to 6 do begin
   Font:=CreateFont(-size[i]*140 div 100,0,0,0,0,
                    0,0,0,0,0,0,0,0,
                    'MS Sans Serif');
   OldFont:=SelectObject(DC,Font);
   wvsPrintf(s,'AaBbZz MS Sans Serif %d ',Size[i]);
   TextOut(DC,10,Y,s,Strlen(s));
   Inc(Y,Size[i]*140 div 100);
   SelectObject(DC,OldFont);
   Deleteobject(Font);
  end;
  For i:= 1 to 6 do begin
   Font:=CreateFont(-size[i]*140 div 100,0,0,0,0,
                    0,0,0,0,0,0,0,0,
                    'MS Serif');
   OldFont:=SelectObject(DC,Font);
   wvsPrintf(s,'AaBbZz MS Serif %d ',Size[i]);
   TextOut(DC,10,Y,s,Strlen(s));
   Inc(Y,Size[i]*140 div 100);
   SelectObject(DC,OldFont);
   Deleteobject(Font);
  end;
  For i:= 7 to 9 do begin
   Font:=CreateFont(-size[i]*140 div 100,0,0,0,0,
                    0,0,0,0,0,0,0,0,
                    'Courier');
```

```pascal
  OldFont:=SelectObject(DC,Font);
  wvsPrintf(s,'AaBbZz Courier %d ',Size[i]);
  TextOut(DC,10,Y,s,Strlen(s));
  Inc(Y,Size[i]*140 div 100);
  SelectObject(DC,OldFont);
  Deleteobject(Font);
 end;
end;

procedure TMyApp.InitMainWindow;
 begin
  MainWindow := New(PMyWindow, Init('MS
Bildschirmschriften'));
 end;

var
  App : TMyApp;
begin
  App.Init('MyWindow');
  App.Run;
  App.Done;
end.
```

Das Beispielprogramm kann als MSFONTS.PAS geladen werden und
erzeugt folgende Ausgabe:

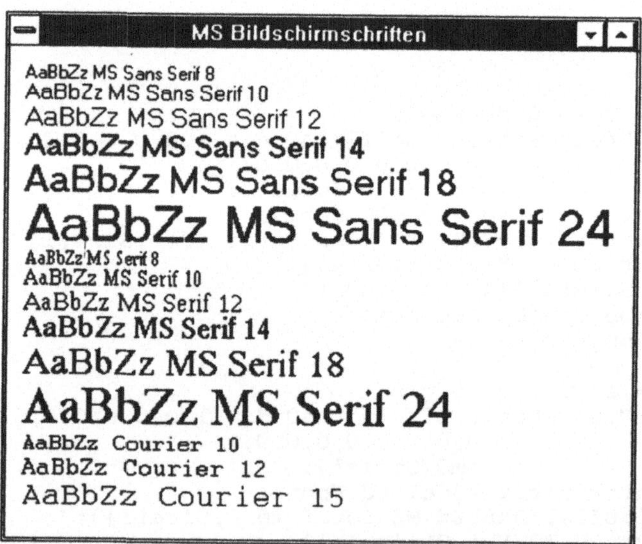

Abbildung 7.6 Schriften, die nicht im Angebot von GetStockObject sind

Die Positionierung der Textelemente geschieht über die Koordinaten eines
Punktes, der in den aktuell gültigen Einheiten angegeben werden muß. Das
Verhältnis dieses Punktes zur Lage des jeweiligen Textelements kann über
die Funktion *SetTextAlign* variiert werden. Als Parameter wird neben dem

Kontexthandle die Summe zweier Konstanten angegeben, die das Verhalten in horizontaler und vertikaler Richtung kennzeichnen.

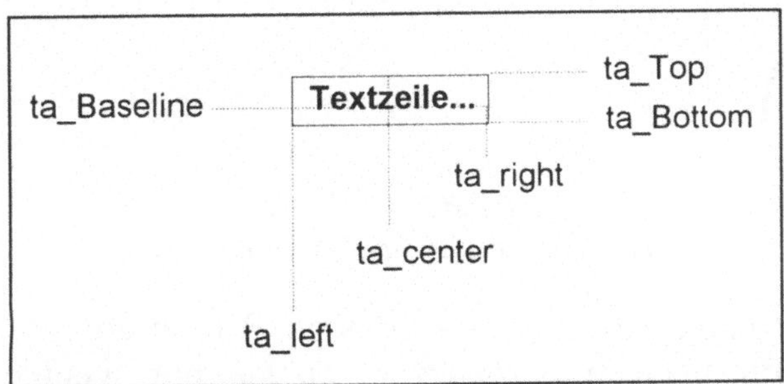

Abbildung 7.7
Textausrichtung mit
SetTextAlign()

Voreinstellung ist *ta_Top+ta_left*, also die linke obere Ecke des den Text umgebenden Rechtecks. Eine mit *SetTextAlign* eingestellte Zuordnung bleibt bis zum Ende der *Paint*-Methode oder innerhalb derselben bis zum nächsten derartigen Kommando gültig.

Die Textdarstellung selbst kann ebenfalls auf vielfältige Weise beeinflußt werden. Bei allen Schriften kann der Zeichenabstand variiert werden. Die Ausgabe kann negativ oder in einem Grauraster erscheinen, wie dies bei Menüs für selektierte bzw. derzeit nicht erreichbare Funktionen verwendet wird. Schließlich können Ausgaben auf einen bestimmten rechteckigen Bereich beschränkt werden, der sich wie ein Fenster innerhalb des Fensters verhält (Clipping). Für die Invertierung einer Textzeile, beispielsweise zum Hervorheben in einer Liste, können Vordergrund- und Hintergrundfarbe vertauscht werden:

```
SetBkColor(DC,0);
SetTextColor(DC,RGB(255,255,255));
```

Voraussetzung dafür, daß die anschließend ausgegebene Textzeile wirklich weiß auf schwarz erscheint, ist allerdings, daß für den Hintergrund der undurchsichtige Modus gewählt ist. Nur dann erfolgt überhaupt eine Ausgabe des Hintergrundes, der als ausgefülltes Rechteck betrachtet werden kann. Dieser Modus ist Standardeinstellung und kann jederzeit über

```
SetBkMode(DC,Opaque);
```

eingestellt werden. Umgekehrt kann es wünschenswert sein, daß das den Text umgebende Rechteck bei einer Beschriftung nicht einen Teil des zu beschriftenden Objekts überschreibt, wie dies in der folgenden Abbildung angedeutet ist. Dann ist der transparente Hintergrundmodus zu wählen.

```
SetBkMode(DC,Transparent);
```

Die Wirkung des Hintergrundmodus *Opaque* zeigt folgende Abbildung:

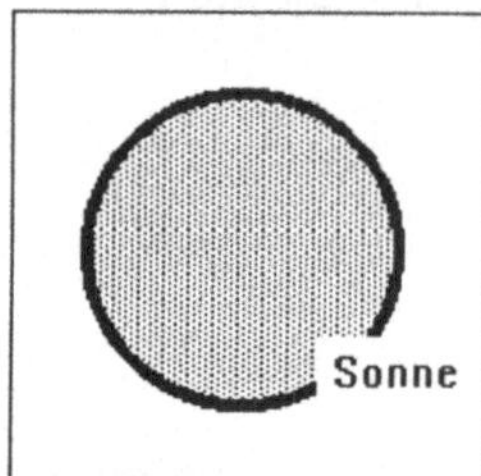

Abbildung 7.8
Hintergrundmodus Opaque

Die Funktion *TextOut* bietet nicht unbedingt das Gros an Formatierungsmöglichkeiten, ist aber dafür bequem einzusetzen, da sie nur wenige Parameter benötigt. Eine erheblich erweiterte Funktionalität bietet *ExtTextOut*, worüber folgende Ausgaben möglich werden:

- Unterschiedlicher Zeichenabstand, für jedes Zeichen des Ausgabetextes getrennt definierbar!

- Darstellung auf einem beliebig definierbaren Rechteck, welches mit der Hintergrundfarbe gefüllt ist

- Beschneiden des Textes mit einem beliebig definierbaren Rechteck.

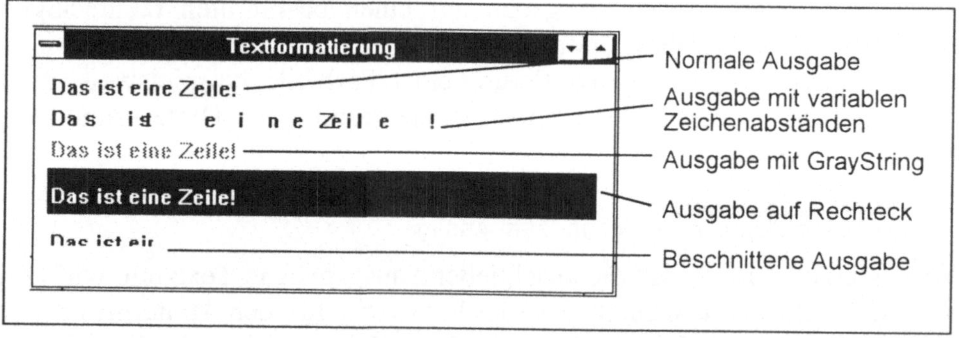

Abbildung 7.9 Formatierung mit ExtTextOut und GrayString

Hier die PaintMethode, die den Inhalt des Fensters in Abbildung 7.X erzeugt. Das komplette Beispiel kann als FORMATS.PAS von der Diskette zum Buch geladen werden.

```
const SpaceArray : array[0..20] of integer =
      (10,12,17,10,7,4,33,5,22,19,16,
       6,12,7,10,7,14,33,15,22,19);

procedure TMyWindow.Paint;
  var R : TRect;
```

```
      s : array[0..20] of char;
begin
 SetMapMode(DC,MM_Text);
 StrCopy(s,'Das ist eine Zeile!');
 { Textausgabe mit vorgegebenem Zeichenabstand }
 TextOut(DC,10,10,s,19);
 { Textausgabe mit variablem Zeichenabstand }
 ExtTextOut(DC,10,30,0,nil,s,19,@SpaceArray);
 { Textausgabe in grau }
 GrayString(DC,GetStockObject(Black_Brush),nil,
            longint(@s),19,10,50,0,0);
 { invertierten String zeichnen }
 SetBkColor(DC,0);
 SetTextColor(DC,RGB(255,255,255));
 R.Top:=70; R.Bottom:=100; R.left:=8; R.Right:=363;
 ExtTextOut(DC,10,80,ETO_Opaque,@R,s,19,nil);
 { Durch angegebenes Rechteck beschnitten }
 SetBkColor(DC,RGB(255,255,255));
 SetTextColor(DC,0);
 R.Top:=100; R.Bottom:=120; R.left:=8; R.Right:=76;
 ExtTextOut(DC,10,110,ETO_Clipped,@R,s,19,nil);
end;
```

GrayString ermöglicht die Darstellung von Text auf die Art und Weise, wie dies von Windows in Menüs für die zur Zeit deaktivierten Menüpunkte verwendet wird.

7.3 Fließtext und Tabellen

Möglichkeiten, um längere Texte angepaßt an die Ausmaße eines vorgegebenen Rechtecks an den Wortgrenzen umzubrechen, bieten sich über die Funktion *DrawText*. Diese Funktion wird von Windows dazu verwendet, Systemtext in Menüs und Dialogboxen anzuzeigen. Sie verfügt daher über die Möglichkeiten, die man aus dem Resource Workshop für die Formatierung von statischen Textelementen kennt.

Da *Drawtext* demzufolge eine Vielzahl an Optionen zuläßt, finden Sie auf der Diskette zum Buch ein kleines Programm, mit dem die Auswirkungen dieser Einstellungen ausgetestet werden können.

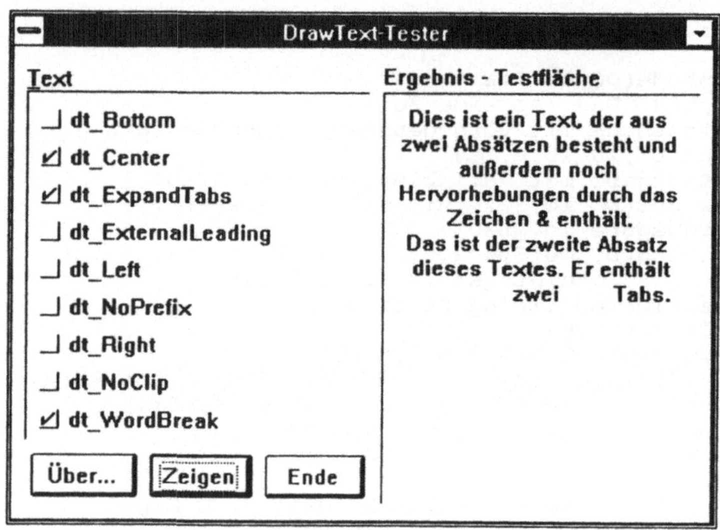

Abbildung 7.10 Drawtext-Versuchspanel

Das dazugehörige Programm finden Sie im folgenden:

```
program drawtxt;

{$R drawtext}

{ ------------------------------------------------
  Programm zum Experimentieren mit DrawText

  von Michael Schumann für Vieweg Verlag
  ------------------------------------------------ }
{$IFDEF VER15}
uses WinTypes,WinProcs,Win31,WObjects,bwcc,strings;
{$ELSE}
uses WinTypes,WinProcs,Win31,OWindows,ODialogs,bwcc,strings;
{$ENDIF}


type
  TDT = object(TApplication)
    procedure InitMainWindow; virtual;
  end;

  PDDT = ^TDDT;
  TDDT = object(TDlgWindow)
    dtbottom,dtcenter,dtexpand,dtexternall,
    dtleft,dtprefix,dtright,dtnoclip,
    dtwordbreak: pCheckBox;
    AText: array[0..400] of char;
    constructor Init(ATitle : PChar);
    procedure DrawTxt;
```

```pascal
    procedure SetupWindow ; virtual;
    procedure DrawPic(var M:TMessage); virtual WM_DRAWITEM;
    procedure GetWindowClass(var AWndClass : TWndClass);
virtual;
    procedure About(var m:TMessage); virtual id_first+101;
    procedure Ende(var m:TMessage); virtual id_first+102;
    procedure Show(var m:TMessage); virtual id_first+103;
    destructor Done; virtual;
  end;


constructor TDDT.Init(ATitle : PChar);
 begin
  TDlgWindow.Init(Nil,'DIALOG_1');
  New(dtBottom,InitResource(@self,105));
  New(dtCenter,InitResource(@self,106));
  New(dtexpand,InitResource(@self,107));
  New(dtexternall,InitResource(@self,108));
  New(dtleft,InitResource(@self,109));
  New(dtprefix,InitResource(@self,110));
  New(dtright,initResource(@self,111));
  New(dtnoclip,initresource(@self,112));
  New(dtwordbreak,initresource(@self,113));
  StrCopy(Atext,'Dies ist ein &Text, der aus zwei Absätzen
');
  StrCat(AText,'besteht und außerdem noch Hervorhebungen
durch ');
  StrCat(AText,'das Zeichen && enthält.');
  StrCat(Atext,#13);
  StrCat(AText,'Das ist der zweite Absatz dieses Textes. Er
enthält');
  StrCat(AText,#9);
  StrCat(AText,'zwei');
  StrCat(AText,#9);
  StrCat(AText,'Tabs.');

 end;


procedure TDDT.DrawPic;
var O     : word;
    PD    : ^TDrawItemStruct;
    r     : TRect;
    b,ob  : HBrush;
    p,op  : HPen;
begin
  { DrawText Parameter aus Checkboxen lesen }
  O:=0;
  If dtbottom^.GetCheck>0 then inc(O,dt_Bottom);
  If dtwordbreak^.GetCheck>0 then inc(O,dt_WordBreak);
  If dtcenter^.GetCheck>0 then inc(O,dt_Center);
  If dtexpand^.GetCheck>0 then inc(O,dt_ExpandTabs);
  If dtleft^.GetCheck>0 then inc(O,dt_Left);
  If dtright^.GetCheck>0 then inc(O,dt_Right);
  If dtprefix^.GetCheck>0 then inc(O,dt_NoPrefix);
  If dtnoclip^.GetCheck>0 then inc(O,dt_NoClip);
```

```pascal
   If dtexternall^.GetCheck>0 then inc(O,dt_ExternalLeading);

   { Zeiger auf TPaintStruct-Struktur }
   PD:=pointer(M.lparam);
   r:=PD^.rcItem;
   { Fenster freilöschen }
   b:=createSolidBrush(RGB(255,255,255));
   ob:=selectObject(PD^.HDC,b);
   p:=createPen(1,ps_solid,RGB(255,255,255));
   op:=selectObject(PD^.HDC,p);
   rectangle(PD^.HDC,r.left,r.bottom,r.right,r.top);
   selectObject(PD^.HDC,ob);
   deleteObject(b);
   selectObject(PD^.HDC,op);
   deleteObject(p);
   { Text ausgeben }
   DrawText(PD^.HDC,AText,StrLen(AText),
            PD^.rcItem,o);

   { Kontext freigeben }
   ReleaseDC(PD^.HWndItem,PD^.HDC);
end;

procedure TDDT.SetupWindow;
 begin
  TDlgWindow.SetupWindow;
 end;

procedure TDDT.GetWindowClass(var AWndClass : TWndClass);
 begin
  TDlgWindow.GetWindowClass(AWndClass);
  with AWndClass do
   begin
    hIcon := LoadIcon(hInstance, 'ICON_1');
   end;
 end;

procedure TDDT.DrawTxt;
 begin
 end;

procedure TDDT.Ende;
 begin
  Closewindow;
 end;

procedure TDDT.About;
 var d:TDialog;
 begin
  d.init(nil,'DIALOG_2');
  d.execute;
  d.done;
 end;

procedure TDDT.Show;
 var PicHWnd: HWnd;
```

```
      R        : TRect;
  begin
    PicHWnd:=GetItemHandle(104);
    GetClientRect(PicHWnd,R);
    InvalidateRect(PicHWnd,@R,false);
    UpdateWindow(HWindow);
  end;

destructor TDDT.Done;
  begin
    TDlgWindow.Done;
  end;

procedure TDT.InitMainWindow;
  begin
    MainWindow:= New(PDDT,Init('DrawText-Tester'));
  end;

var
  App : TDT;
begin
  App.Init('DTTester');
  App.Run;
  App.Done;
end.
```

Im Text, der über *DrawText* ausgegeben wird, können sich sowohl die bekannten Hervorhebungen eines Zeichens durch ein vorangestelltes & sowie Tabs (#9) im Raster von acht Zeichen befinden. Dies ist ein üblicher Wert, der jedoch nicht für alle Anwendungsgebiete ausreicht. Es kommen hier nicht alle Parameter von *ExtTextOut* zum Einsatz, da einige nur für einzeilige Ausgaben bzw. zum Ermitteln einer Clipping–Fläche relevant sind.

New York	Marburg	Paris	Rom
0	1026	6624	28156
8924	21963	5290	10421
12172	13919	15525	2681
2307	27495	9590	1952
29995	12030	10723	25331

Abbildung 7.11
Tabelle mit
TabbedTextOut

Neben der Darstellung von Fließtext spielt die Darstellung von Tabellen eine große Rolle. Diese ist über die Funktion *TabbedTextOut* sehr einfach und erlaubt die Definition beliebiger TAB-Positionen, auf die dann durch TAB getrennte Textteile linksbündig positioniert werden. Diese Tabs werden in Geräteeinheiten angegeben, bei einer Bildschirmdarstellung empfiehlt sich auch hier wieder der *MM_Text*-Modus, der eine pixelweise Positionierung erlaubt.

TabbedTextOut erwartet ein Array aus Integern mit den TAB-Positionen. Es müssen natürlich genügend Werte darin enthalten sein, um alle TABs zu expandieren. Wenn nur eine TAB-Position benötigt wird, so kann man einfach eine Integervariable angeben. Die direkte Angabe eines Wertes ist leider nicht möglich, da ein Zeiger verlangt ist. Der Quellcodeausschnitt im folgenden zeigt, wie die Tabelle aus Abildung 7.11 erzeugt wurde.

```pascal
constructor TMyWindow.Init(ATitle : PChar);
  begin
    TWindow.Init(Nil, ATitle);
    with Attr do
      begin
        Style := ws_OverlappedWindow;
        X:=20; Y:=20; w:=400; h:=200;
      end;
    StrCopy(Titel,'New York');
    StrCat(Titel,#9);
    StrCat(Titel,'Marburg');
    StrCat(Titel,#9);
    StrCat(Titel,'Paris');
    StrCat(Titel,#9);
    StrCat(Titel,'Rom');
    { Tabs setzen }
    TabArray[1]:=100;
    TabArray[2]:=200;
    TabArray[3]:=300;
  end;
...
Type TNumbers = record
      NewYork,Tab1,
      Marburg,Tab2,
      Paris,Tab3,Rom : integer;
      end;

var  Num : TNumbers;
...

procedure TMyWindow.Paint;
  var Font, OldFont: THandle;
      i,y              : integer;
      s                : array[0..50] of char;
  begin
    SetMapMode(DC,MM_Text);
    Y:=10;
    Font:=CreateFont(-17,0,0,0,0,
                     0,0,0,0,0,0,0,0,
                     'MS Sans Serif');
    OldFont:=SelectObject(DC,Font);
    { Titelzeile anzeigen }
```

```
    TabbedTextOut(DC,10,Y,Titel,StrLen(Titel),
                  3,TabArray,10);
    { fünf Zeilen Zufallszahlen }
    For i:=1 to 5 do begin
      with num do begin
        Tab1:=9; Tab2:=9; Tab3:=9;
        NewYork:=Random(32700);
        Marburg:=Random(32700);
        Rom:=Random(32700);
        Paris:=Random(32700);
        end;
      wvsPrintf(S,'%d %c%d %c%d %c%d',num);
      TabbedTextOut(DC,10,Y+20*i,S,StrLen(S),
                    3,TabArray,10);

      end;
    end;
  ...
```

7.4 Editorobjekte im Fenster

Ein Fenster zu einem vollwertigen Texteditor zu machen, das ist dank des Objeks *TEditWindow* überhaupt kein Problem. Das Borland Programmbeispiel EDITAPP.PAS aus dem Verzeichnis EXAMPLES\WIN\OWL zeigt, wie ein Editor mit wenigen Programmzeilen aus *TEditWindow* erstellt werden kann. Dieses Objekt baut auf das Objekt *TEdit* auf, welches ein mehr– oder einzeiliges Editierfeld zur Verfügung stellt.

TEdit ist quasi ein Universalgenie, da es Methoden für das systemweite *Cut&Paste* und auch eine Funktion zur Textsuche bereits eingebaut hat. Einen Wermutstropfen gibt es: Die Textlänge muß in einen Integer passen, daher liegt die Grenze bei etwas mehr als 32000 Zeichen. Das ist allerdings nicht alles, was mit *TEdit* angestellt werden kann.

Bei der Realisierung von Freitextfeldern in einer Datenbank ist *TEdit* der richtige Partner, der AnwenderInnen ein paar Textbearbeitungsfeatures bieten kann. Je nach dem, welche Art von Datenbankkern Sie verwenden, müssen Sie unter Umständen mit einer von vorneherein festgelegten Zeichenzahl arbeiten. Ein Limit von 32000 Zeichen dürfte jedoch für Freitextfelder immer genügen.

Ein paar Probleme müssen beim Einsatz eines solchen Editierfeldes beachtet werden, damit es nicht zu einem Fehlverhalten des Dialoges kommt.

- Die RETURN-Taste darf nicht den Vorgabebutton auslösen, sondern muß eine Zeilenschaltung bewirken.

- Als Ausgleich dafür müssen TAB und SHIFT-TAB das Feld verlassen. Auf die Verwendung von Tabulatoren muß daher in diesem Fenster verzichtet werden.

Diese zwei Forderungen lassen sich leicht erfüllen, wenn Sie das Objekt über *InitResource* aus einer Ressource laden und in ein Dialogfenster einsetzen. Vergibt man mit dem Workshop den nur ab Windows 3.1 verfügbaren Stil *Eingabetaste,* so können Sie die Eingabetaste frei innerhalb des *TEdit*-Objektes verwenden und mit TAB bzw. Shift-TAB in andere Dialogelemente wechseln.

Anders sieht es aus, wenn Sie *TEdit*-Objekte in ein *TWindow*-Fenster einfügen. Normale Dialogelemente wie einzeilige *TEdit*-Objekte und Buttons bereiten überhaupt keine Probleme, wenn man innerhalb der *Init*-Methode des Fensters den Keyboardhandler für Dialogelemente aktiviert:

```
EnableKbHandler;
```

Dieses Kommando ermöglicht das Wechseln des aktiven Dialogelementes mit der TAB-Taste. Den Stil *Eingabetaste* kann man über eine in der Unit WIN31 definierte Fensterstilkonstante vergeben, nachdem es mit den Standardwerten als mehrzeiliges *TEdit*-Objekt erzeugt wurde:

```
MF:=New(PEdit,
Init(@Self,104,nil,10,45,320,200,200,true));
MF^.attr.style:=MF^.attr.style or es_wantReturn;
```

Befindet sich ein solches mehrzeiliges *TEdit*-Objekt unter den eingefügten Elementen, kann mit TAB zwar in dieses Element, nicht aber wieder heraus gewechselt werden. Mit *WinSight* kann man prüfen, was hier vor sich geht. Im folgenden eine sinngemäße Kurzwiedergabe des Nachrichtenstroms:

1. TAB wird innerhalb dieses Elementes betätigt

2. Es erhält die Nachricht *TAB gedrückt*

3. Es generiert die Nachricht *wm_nextDlgCtl* und sendet sie an das übergeordnete Fenster

4. Dieses Fenster reagiert **nicht** darauf, quittiert jedoch die Nachricht als bearbeitet

Die Lösung kann man in die Fenstermethode *DefWndProc* einbauen, indem man dort korrekt auf die Nachricht reagiert:

```
procedure TDBWindow.DefWndProc;
  begin
   ...
  if msg.message=wm_nextdlgctl then begin
      if msg.wParam<>0 then SetFocus(M1^.HWindow) else
         SetFocus(M2^.HWindow);
      end else
  TWindow.DefWndProc(msg);
   ...
  end;
```

In *wParam* wird bei dieser Message die Richtung übergeben, in die
gewechelt werden soll. Ist *wParam* = 0, so soll zum folgenden, sonst zum
vorhergehenden Element gewechselt werden. Der Wechsel geschieht über
die Zuweisung des *Focus* unter Angabe des jeweiligen Fensterhandle.

Natürlich kann dieses Element auch mit einer Such–Funktion ausgestattet
werden. Es verfügt bereits über eine entsprechende *Search*–Methode. In
dem von Borland gelieferten Beispiel EDITAPP.PAS wird leider nicht der
Windows 3.1 Standarddialog dafür verwendet, der so lange auf dem
Bildschirm verweilt, bis die Suche beendet ist.

Dieser Standarddialog (vergl. Kapitel 5) kann aber recht einfach in dieses
Objekt eingebunden werden und bietet dadurch einen wesentlich größeren
Komfort und eine gewisse Vertrautheit bei AnwenderInnen. Das
Programmbeispiel MEMO.PAS auf der Diskette zum Buch zeigt den
Einsatz eines mehrzeiligen Editorobjektes in einem Fenster zusammen mit
zwei Eingabezeilen und implementierter Such–Funktion.

Das Einbinden dieser Suchfunktion erfordert neben den bereits im fünften
Kapitel geschilderten Vorgehensweisen ein paar Kniffe. *TEdit*–Objekte
zeigen normalerweise selektierte Bereiche nur dann an, wenn sie aktiv sind.
Während der Suche nach einem Zeichen oder Wort ist jedoch die in
Abbildung 7.12 erkennbare *Finden*–Dialogbox aktiv und man würde die
markierte Fundstelle nicht sehen.

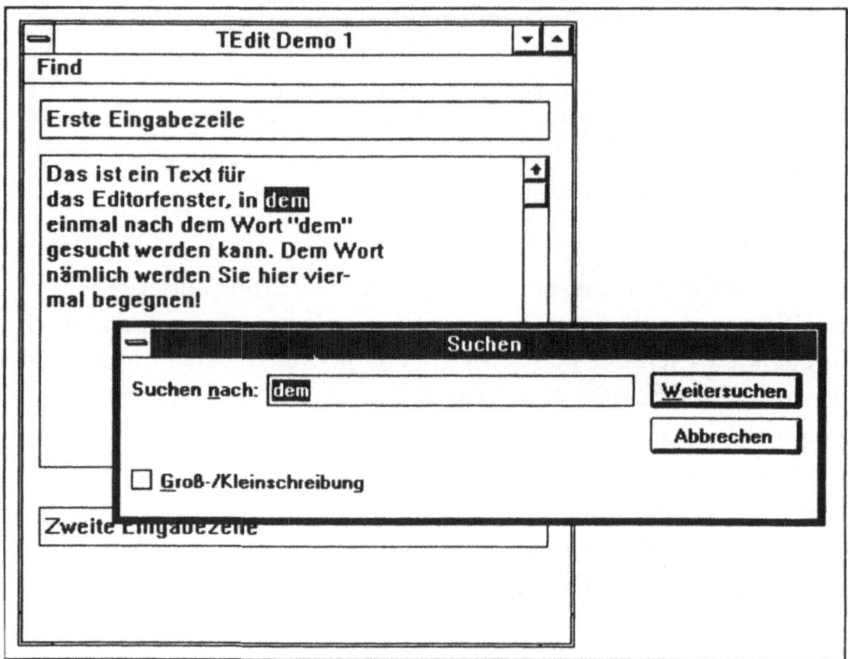

Abbildung 7.12 TEdit als Dialogelement im Fenster mit integrierter Suchfunktion

Mit dem Fensterstil *es_NoHideSel* kann dieser Effekt ausgeschaltet werden
und die Selektion bleibt immer sichtbar. Zusammen mit dem *Eingabetaste-*
Stil und einem ausgeblendeten horizontalen Rollbalken wird folgende
Modifikation des Feldes *attr.style* nötig:

```
MF^.attr.style:=MF^.attr.style and not ws_HScroll
             or es_wantReturn or es_NoHideSel;
```

Die Suche selbst geschieht über die Methode *Search* des *TEdit*-Objektes.
Der Menüpunkt *Find* erzeugt den *Suchen*-Dialog, welcher wiederum eine
Nachricht erzeugt, die in *DefWndProc* ausgewertet wird:

```
procedure TDBWindow.DefWndProc;
type  PFR = ^TFindReplace;
var   Dummy: integer;
 begin
 { Suchen }
 if msg.message = wm_find then begin
   If PFR(msg.lParam)^.Flags and FR_FindNext > 0 then begin
      { Wenn bereits eine Fundstelle }
      If SearchPos > 0 then
        MF^.GetSelection(dummy,SearchPos);
      { Suchen }
      SearchPos:=
```

```
         MF^.Search(searchPos,
            PFR(msg.lparam)^.lpstrFindWhat,
            PFR(msg.lparam)^.flags and fr_MatchCase>0);
         { Nichts gefunden, Meldung und Find-Dialog weg }
         If SearchPos=-1 then begin
           MessageBox(Hwindow,'Keine weiteren
                            Fundstellen!','TEdit',
                      mb_ok+mb_IconHand);
           destroyWindow(FindWnd);
           FindRec.Flags:=FR_DialogTerm;
          end else
          SetFocus(FindWnd);
          end;
      end;
   { Wechsel aus dem Multiline-TEdit ermöglichen }
   if msg.message=wm_nextdlgctl then begin
       if msg.wParam<>0 then SetFocus(M1^.HWindow) else
       SetFocus(M2^.HWindow);
       end else
   TWindow.DefWndProc(msg);
   end;
```

Damit die Suche am Anfang beginnt und dann jeweils hinter einer Fundstelle fortgesetzt wird, wird die Variable *SearchPos* beim Erzeugen des *Find*–Dialoges mit dem Wert 0 initialisiert. Diese Variable wird anschließend als Parameter für die *Search*–Methode verwendet und wieder mit dem Funktionsergebnis beschrieben. Ist der Wert −1, so bedeutet dies, daß keine weiteren Fundstellen ausgemacht werden konnten. Dies wird in einer Messagebox angezeigt, und der Find–Dialog wird zerstört.

Wird die Suche fortgesetzt, so muß die nächste Suche **hinter** der letzten Fundstelle beginnen, da sonst immer wieder die gleiche Position gefunden wird. Dazu dient die Abfrage des aktuell selektierten Bereichs mit *Get–Selection*. *SearchPos* wird mit dem letzten Zeichen dieses Bereichs initialisiert und so beginnt die nächste Suche dort.

Das Beispiel MEMO.PAS finden Sie im folgenden noch einmal im Zusammenhang (und natürlich auch auf der Diskette zum Buch):

```
{ -------------------------------------------
    Demonstration für den Einsatz von
         des Objektes TEdit

    von Michael Schumann für Vieweg Verlag
    ------------------------------------------- }

program Memo;

{$IFDEF VER15}
uses WinProcs,WinTypes,WObjects,Strings,
     bwcc,CommDlg,win31;
```

```pascal
{$ELSE}
uses WinProcs,WinTypes,OWindows, ODIalogs,Strings,
     bwcc,CommDlg,win31;
{$ENDIF}
{$R memo}

const  cm_find   = 110;
var
    FindRec   : TFindReplace;
    FindStr   : array[0..40] of char;
    wm_Find   : word;
    findWnd   : HWND;
    searchPos : integer;
type
   PDBWindow = ^TDBWindow;
   TDBWindow = object(TWindow)
     MF,M1,M2 : PEdit;
     constructor Init(AParent:PWindowsObject; ATitle:PChar);
     procedure SetupWindow; virtual;
     procedure DefWndProc(var msg:TMessage); virtual;
     procedure Find(var M:TMessage); virtual
              cm_first+cm_find;
   end;

   TMemoDemo = object(TApplication)
     procedure InitMainWindow; virtual;
     procedure MessageLoop; virtual;
   end;

constructor TDBWindow.Init;
 begin
  TWindow.Init(nil,'TEdit Demo 1');
  { Menü aus der Ressource laden }
  Attr.menu:=LoadMenu(HInstance,'MENU_1');
  { Ausmaße des Fensters }
  Attr.x := 30;
  Attr.y := 30;
  Attr.w := 350;
  Attr.h := 400;
  { Find-Strukturen vorbelegen }
  FindRec.Flags:=FR_DialogTerm;
  wm_Find:=RegisterWindowMessage('commdlg_FindReplace');
  FindWnd:=0;
  { PEdit-Objekte einfügen }
  M1:=New(PEdit,
  Init(@Self,105,nil,10,10,320,25,200,false));
  MF:=New(PEdit,
  Init(@Self,104,nil,10,45,320,200,200,true));
  { Keinen hor. Rollbalken, Returntaste und
    Markierungen nicht nur im aktiven Zustand }
  MF^.attr.style:=MF^.attr.style and not ws_HScroll
                 or es_wantReturn or es_NoHideSel;
  M2:=New(PEdit,
  Init(@Self,106,nil,10,270,320,25,200,false));
  EnableKbHandler;
 end;
```

```pascal
procedure TDBWindow.DefWndProc;
type  PFR = ^TFindReplace;
var   Dummy: integer;
      s: array[0..100] of char;
 begin
 { Suchen }
 if msg.message = wm_find then begin
   If PFR(msg.lParam)^.Flags and FR_FindNext > 0 then begin
       { Wenn bereits eine Fundstelle }
       If SearchPos > 0 then
         MF^.GetSelection(dummy,SearchPos);
       { Suchen }
       SearchPos:=
           MF^.Search(searchPos,
             PFR(msg.lparam)^.lpstrFindWhat,
             PFR(msg.lparam)^.flags and fr_MatchCase>0);
       { Nichts gefunden, Meldung und Find-Dialog weg }
       If SearchPos=-1 then begin
         MessageBox(Hwindow,'Keine weiteren
Fundstellen!','TEdit',
                     mb_ok+mb_IconHand);
         destroyWindow(FindWnd);
         FindRec.Flags:=FR_DialogTerm;
        end else
       SetFocus(FindWnd);
        end;
    end;
 { Wechsel aus dem Multiline-TEdit ermöglichen }
 if msg.message=wm_nextdlgctl then begin
     if msg.wParam<>0 then SetFocus(M1^.HWindow) else
       SetFocus(M2^.HWindow);
     end else
 TWindow.DefWndProc(msg);
end;

procedure TDBWIndow.SetupWindow;
 var s:array[0..200] of char;
 begin
  TWindow.SetupWindow;
  { Ein bischen Text einfügen }
  StrCopy(s,'Das ist ein Text für');
  StrCat(s,#13#10);
  StrCat(s,'das Editorfenster, in dem');
  StrCat(s,#13#10);
  StrCat(s,'einmal nach dem Wort "dem"');
  StrCat(s,#13#10);
  StrCat(s,'gesucht werden kann. Dem Wort');
  StrCat(s,#13#10);
  StrCat(s,'nämlich werden Sie hier vier-');
  StrCat(s,#13#10);
  StrCat(s,'mal begegnen!');
  MF^.Transfer(@s,tf_SetData);
  SetFocus(M1^.HWindow);
  end;
```

```pascal
  procedure TDBWindow.Find;
   begin
     { Nicht nochmal aufrufen ! }
     If FindRec.Flags and fr_DialogTerm=0 then exit;
     { Neuer Suchstart, "Beginne am Anfang" signalisieren }
     Searchpos:=0;
     { Edit-Fenster fokussieren }
     SetFocus(MF^.HWindow);
     with FindRec do begin
       { Struktur füllen }
       lStructSize:=sizeOf(FindRec);
       hWndOwner:=HWindow;
       hInstance:=hInstance;
       lpStrFindWhat:=FindStr;
       lpStrReplaceWith:=nil;
       wFindWhatLen:=SizeOf(FindStr);
       wReplaceWithLen:=0;
       flags:=fr_HideUpDown+fr_HideWholeWord;
       lpfnHook:=nil;
       { Fenster erzeugen }
       FindWnd:=FindText(FindRec);
     end;
   end;

  procedure TMemoDemo.MessageLoop;
  var msg: TMsg;
   begin
    repeat
     if PeekMessage(msg,0,0,0,pm_Remove) then begin
        if msg.Message = wm_Quit then begin
          Status := msg.WParam;
          Exit;
          end;
        if ((FindRec.Flags and fr_DialogTerm <>0 ) or
           not IsDialogMessage(FindWnd,msg)) and
           not ProcessAppMsg(msg) then begin
          TranslateMessage(msg);
          DispatchMessage(msg);
          end;
        end
    until 5=6;
   end;

  procedure TMemoDemo.InitMainWindow;
   begin
    MainWindow := New(PDBWindow,
      Init(nil, 'MemoDemo'));
   end;

  var App: TMemoDemo;

  begin
    App.Init('MemoDemo');
    App.Run;
    App.Done;
  end.
```

7.5 Datenbrowser

Die Anzeige von Daten, die in Tabellenform vorliegen, ist mit einer Listbox überhaupt kein Problem. Listboxen verlangen jedoch, daß alle Elemente im Speicher gehalten werden, und dies ist bei einer Tabelle mit 30.000 Zeilen mit je 100 Zeichen schon ein wenig problematisch. Rein rechnerisch verbraucht diese Listbox dann bereits drei MByte Speicher – da ist eindeutig eine Schallgrenze für ein einziges Dialogelement überschritten. Außerdem liegt die absolute Aufnahmegrenze von Listboxen auch dann noch bei 32768, wenn man das Speicherproblem vernachlässigt. Der Index wird nämlich in einer *Integer*–Variablen gezählt, die keine größeren Werte zuläßt.

Wozu soll der gesamte Tabelleninhalt im Speicher gehalten werden, wenn solche Datenmengen meist über indizierte Dateien bereits sortiert vorliegen und auf jedes Element bequem und auch schnell zugegriffen werden kann? Warum soll man eine zwar recht hohe, aber durchaus erreichbare Grenze in Kauf nehmen?

Man benötigt eine besondere Listbox, die das darzustellende Element über eine Art *CallBack*–Funktion anfordert, statt es in einer Kollektion oder ähnlichem zu speichern. Verwendet man eine *Ownerdraw*–Listbox, so wird zwar der Speicherbedarf geringer (4 Bytes pro Eintrag), die Grenze bei 32768 bleibt jedoch bestehen. Eine Listbox, wie wir sie uns wünschen, gehört leider nicht zum Standardangebot des Windows–API oder auch OWL. Do it yourself ist also angesagt.

Die *Init*–Methode benötigt die gleichen Parameter, wie die einer Listbox plus einem ganz besonderen, nämlich der Prozedur, die den Text des Elements für einen bestimmten Index ermittelt.

```
TBrowseLine=array[0..100] of char;
TStringProc=procedure(index:longint; var s:TBrowseLine);
...

    constructor Init(AParent:PWindowsObject;
                ID,x,y,w,h:integer;
                GetStringFunc:TStringProc);
...
```

Bei der Erstellung eines solchen Objektes kann man nur auf *TWindow* aufbauen, und daher sind bis zum fertigen *Produkt* einige Hürden zu überwinden. Zunächst benötigt der Browser einen vertikalen Rollbalken, den wir mit dem Windowsstil *ws_vScroll* erzeugen und anschließend das

Rollbalkenobjekt korrekt initialisieren. Für die Schrittweite in vertikaler
Richtung müssen wir die Daten der aktuell verwendeten Standardschrift
ermitteln, dies geschieht über *GetTextMetric*:

```pascal
constructor TBrowser.Init;
 var TM: TTextMetric;
     DC : HDC;
     r  : TRect;
 begin
  TWindow.Init(AParent,'');
  BrowserID:=ID;
  attr.Style:=ws_vScroll+ws_visible+
              ws_child+ws_border;
  attr.x:=x;
  attr.y:=y;
  attr.w:=w;
  attr.h:=h;
  SF:=GetStringFunc;
  { Texthöhe ermitteln }
  DC:=GetDC(HWindow);
  GetTextMetrics(DC,TM);
  CharHeight:=TM.tmHeight;
  ReleaseDC(HWindow,DC);
  { Anzahl der darzustellenden Zeilen }
  GetClientRect(HWindow,r);
  Lines:=(r.bottom-r.top) div CharHeight + 1;
  { Rollbalken }
  Scroller:=New(PScroller,Init(@Self,1,CharHeight,1,1));
  Scroller^.TrackMode:=false;
  Scroller^.AutoOrg:=false;
  Current:=0;
 end;
```

Nun kann man eine *Paint*–Methode aufbauen, die eine Liste abhängig von
der aktuellen Position des Rollbalkens anzeigt. Dabei wird der aktuelle
Eintrag (*Current*) invertiert, wenn er im Bild ist.

```pascal
procedure TBrowser.Paint;
 var r: TRect;
     i: longint;
     s: TBrowseLine;
     tc: Longint;
 begin
  SetBKMode(DC,opaque);
  GetClientRect(HWindow,r);
  { Beginne bei der obersten zeile }
  For i:=0 to lines do begin
    SF(Scroller^.YPos+i,s);
    if Strlen(s)>0 then begin
      { aktuellen invertieren }
      If Scroller^.YPos+i=Current then begin
        SetTextColor(DC,RGB(255,255,255));
        SetBKColor(DC,0);
        end;
```

```
       r.Top:=i*charHeight-1;
       r.Bottom:=(i+1)*CharHeight;
       ExtTextOut(DC,5,i*CharHeight,eto_Opaque,@r,
                  s,StrLen(s),nil);
       If Scroller^.YPos+i=Current then begin
          SetTextColor(DC,0);
          SetBKColor(DC,RGB(255,255,255));
          end;
     end;
   end;
end;
```

Bereits hier möchte ich auf zwei Knackpunkte kommen, die Stunden frustrierten Ausprobierens verursachen können, wenn man die Lösung nicht kennt. Um nämlich zu bewirken, daß unser Browserfenster Doppelklicks mit der Maus verarbeiten kann, muß der Klassenstil des Fensters um *cs_dblClks* erweitert werden. Dies allein reicht jedoch nicht aus, denn nun benötigt unser Browser außerdem eine Bezeichnung, unter der diese neue Fensterklasse registriert werden kann.

Zweiter Knackpunkt ist, daß das Browserfenster überhaupt keine Tastaturnachrichten erhält. Hierfür muß man auf die Nachricht *wm_GetDlgCode* in *DefWndProc* mit *DLGC_WantAllKeys* antworten und gleichzeitig verhindern, daß *DefWndProc* von *TWindow* diese Nachricht danach noch einmal bearbeitet. Dies und die im letzten Absatz erwähnten Einstellungen kann man so vornehmen:

```
function TBrowser.GetClassname;
 begin
  GetClassName:='MichiBrow';
 end;

procedure TBrowser.GetWindowClass;
 begin
  TWindow.GetWindowclass(AClass);
  { Maus-Doppelklicks empfangen }
  AClass.style:=Aclass.style + cs_DblClks;
 end;

procedure TBrowser.DefWndProc;
 begin
  if m.message=wm_GetDlgCode then
    m.result:=DLGC_WantAllKeys else
  TWindow.DefWndProc(M);
 end;
```

Nun kommen auch Tastaturnachrichten sowie Mausklicks an und man kann entsprechend darauf reagieren. In diesem Beispiel wurde nur das Senden einer Nachricht bei Selektieren eines Eintrags über RETURN oder mit einem Doppelklick implementiert. Um beispielsweise in einem anderen

Dialogelement den aktuellen Eintrag oder Daten dazu anzuzeigen, kann man auch dafür Nachrichten (*lbn_SelChange*) verschicken. Um garantiert das übergeordnete Fenster zu erreichen, sollte dies immer über *Def–NotificationProc* geschehen. Die Nachrichtencodes entsprechen denen einer Listbox, um den Einsatz des Browserobjektes auf bekannte Verfahren aufbauen zu können.

```pascal
procedure TBrowser.WMKeyDown;
 var r:TRect;
 begin
  case M.wParam of
   vk_Down :
    If Current<Scroller^.YRange+lines-1 then begin
        inc(Current);
        if Scroller^.Ypos <= (Current-lines) then
           Scroller^.Scrollto(0,Current-lines+1);
        end;
   vk_Up :
    If Current>0 then begin
        dec(Current);
        if Scroller^.Ypos > (Current) then
           Scroller^.Scrollto(0,Current);
        end;
   vk_Next :
    If Current<Scroller^.YRange+lines then begin
        inc(Current,lines);
        if Current>Scroller^.YRange+lines-1 then
           Current:=Scroller^.YRange+lines-1;
        if Scroller^.Ypos <= (Current-lines) then
           Scroller^.Scrollto(0,Current-lines+1);
        end;
   vk_Prior :
    If Current>0 then begin
        dec(Current,lines);
        if Current<0 then Current:=0;
        if Scroller^.Ypos > (Current) then
           Scroller^.Scrollto(0,Current);
        end;
   vk_Return: begin
       M.message:=wm_Command;
       M.wParam:=BrowserID;
       M.LParamHi:=lbn_DblClk;
       defNotificationProc(m);
       end;
     end;
  GetClientRect(HWindow,r);
  InvalidateRect(HWindow,@r,false);
  UpdateWindow(HWIndow);
  end;

procedure TBrowser.FocusNew;
 var pt: TPoint;
     n : integer;
```

```
     r : TRect;
  begin
   pt:=MakePoint(m.lParam);
   n:=pt.y div CharHeight;
   Current:=Scroller^.YPos+n;
   GetClientRect(HWindow,r);
   InvalidateRect(HWindow,@r,false);
   UpdateWindow(HWIndow);
  end;

procedure TBrowser.WMLButtonDown;
  begin
   FocusNew(m);
  end;

procedure TBrowser.WMLButtonDblClk;
  begin
   FocusNew(m);
   M.message:=wm_Command;
   M.wParam:=BrowserID;
   M.LParamHi:=lbn_DblClk;
   defNotificationProc(m);
  end;
```

Der Quellcode der Objektdefinition ist natürlich umfangreicher als die hier
aufgezeigten Stellen und kann in der Beispieldatei BROWSER.PAS auf der
Diskette zum Buch genau eingesehen werden. Diese Datei enthält neben
dieser Definition noch ein kleines Standardprogramm, in dem eine
Browsebox in ein Fenster eingefügt wird. Weiterhin definiert es eine
Prozedur, die für beliebige Indizes einen eindeutigen String liefert. Mit
diesem Beispiel können Sie das *Browse*-Objekt einmal über alle bislang
bekannten Grenzen hin ausprobieren und sogar Listen mit 5.000.000
Einträgen problemlos einsehen. In der folgenden Abbildung wurde eine
Liste mit 40.000 Einträgen definiert und ein *wenig* darin geblättert. Dies
beweist die durchbrochene 32768-Elemente-Schallmauer.

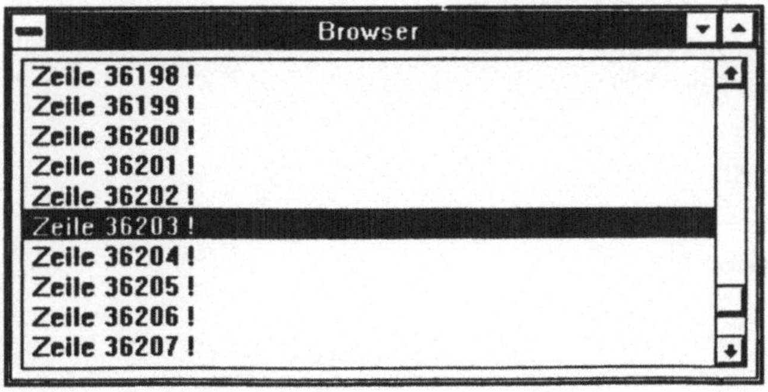

Abbildung 7.13
Der Browser in Aktion

Folgender Codeausschnitt aus BROWSER.PAS verdeutlicht, wie einfach
die Arbeit mit diesem Objekt ist:

```
...

procedure testString(Index:longint;var s:TBrowseLine); far;
 begin
  wvsPrintf(s,'Zeile %li !',index);
 end;

constructor TDBWindow.Init;
 begin
  TWindow.Init(APArent,'Browser');
  { Ausmaße des Fensters }
  Attr.x := 100;
  Attr.y := 100;
  Attr.w := 400;
  Attr.h := 200;
  LB:=New(PBrowser,Init(@self,123,0,0,0,0,testString));
 end;

procedure TDBWIndow.SetupWindow;
 var r:trect;
 begin
  TWindow.SetupWindow;
  GetClientRect(HWindow,r);
  MoveWindow(LB^.HWindow,5,5,r.right-10,r.bottom-10,true);
  LB^.setlimit(40000);
  end;

procedure TDBWindow.Selected;
 var s:array[0..40] of char;
     l:longint;
 begin
  l:=LB^.GetSelIndex;
  wvsPrintf(s,'Element %li wurde selektiert!',l);
  Messagebox(HWindow,s,'Browser',mb_ok);
 end;

procedure TbrowseDemo.InitMainWindow;
 begin
  MainWindow := New(PDBWindow,
    Init(nil, 'browseDemo'));
 end;

var App: TbrowseDemo;

begin
  App.Init('browseDemo');
  App.Run;
  App.Done;
end.
```

8 Grafikorientiertes

Abbildungen werden unter Windows fast ausschließlich als Bitmaps erstellt, auf der Platte liegen sie als Dateien im BMP–Format vor. Das Bitmap–Format erlaubt Farbtiefen von monochrom bis 24 Bit pro Pixel und ist (natürlich besonders unter Windows) extrem leicht zu verarbeiten.

Wie man mit Bitmaps umgeht, sie manipulieren kann und darstellt ist das zentrale Thema in den folgenden Abschnitten. Wie speichert man Bitmaps und wie lädt man sie? Auch diese Frage wird in diesem Kapitel beantwortet. Denn unter Windows dreht sich nahezu alles grafische letztendlich um Bitmaps. Dateien im Windows BMP–Format können inzwischen auch nahezu von jeder Applikation weiterverarbeitet werden.

Die ROP–Codes, mit deren Hilfe wir bereits an mehreren Stellen in diesem Buch erstaunliche Effekte erreicht haben, sind der Gegenstand des letzten Abschnitts in diesem Kapitel. Von insgesamt 256 möglichen Codes sind nur wenige dokumentiert. Ist der gewünschte Code nicht vorhanden, kann man ihn leicht selbst basteln.

8.1 In Bitmaps zeichnen

Bitmaps erstellt man üblicherweise mit einem Programm wie Paintbrush oder dem Workshop, speichert sie ab und verarbeitet sie in irgendeiner Form in einem anderen Programm weiter. Bitmaps können aber auch zur Laufzeit eines Programms erstellt und angezeigt werden.

Bei Animationen, bei denen eine Figur aus benutzerdefinierten Parametern erstellt, dann aber schnell bewegt werden soll, bietet sich z.B. der Weg über eine zur Laufzeit gezeichnete Bitmap an. Das dauernde Neuzeichnen der Figur mit GDI–Funktionen wie z.B. Ellipsen zwingt wegen des erheblichen Rechenaufwandes auch einen sehr schnellen Rechner in die Knie. Außerdem sollte man immer an AnwenderInnen denken, die mit einem 386SX PC arbeiten!

Also ist ein Weg gesucht, die Abbildung in eine Bitmap zu zeichnen und diese anschließend über die extrem schnelle Funktion *BitBlt* im Fenster darzustellen. Die Methode, dies zu erreichen, ist nahezu trivial und (wie vieles unter Windows) genial, denn man kann eine Bitmap so mit einem

Zeichenkontext verbinden, daß man direkt in dieser Bitmap zeichnet. Alle GDI–Funktionen, also auch *BitBlt* oder *StretchBlt*, können dazu eingesetzt werden!

Im ersten Schritt benötigt man einen Speicherkontext, der zum Kontext des Fensters kompatibel angelegt wird. Damit übernimmt dieser automatisch einige Eckdaten des Fensterkontextes, die für den Einsatz der GDI–Funktionen wichtig sind. Den Fensterkontext kann man gleich danach wieder freigeben:

```
var DC, MDC: HDC;
...
DC:=GetDC(HWindow);
MDC:=CreateCompatibleDC(DC);
ReleaseDC(HWindow,DC);
```

Die Bitmap wird ebenfalls passend zum Fensterkontext erzeugt, auch hier heißt es wieder *kompatibel* – lediglich die Ausdehnung kann frei bestimmt werden. Macht man die Bitmap zum Speicherkontext kompatibel, so wird sie automatisch monochrom angelegt. Diese Tatsache wirkt sich natürlich auf ihre Größe und damit auch auf die *BitBlt*–Geschwindigkeit aus. Wenn also nur monochrome Darstellungen benötigt werden, so kann man diesen Effekt ausnutzen.

```
const dx=50;
      dy=50;
   ...
   var    BMap: HBitMap;
   ...
   BMap:=CreateCompatibleBitmap(DC,dx,dy);
```

Zwei Schritte fehlen noch, bis die Bitmap als weißes Blatt darauf wartet, von uns bemalt zu werden. Sie muß in den Speicherkontext eingesetzt und anschließend *leer radiert* werden, da dies nicht automatisch erledigt wird.

```
SelectObject(MDC,BMap);
PatBlt(MDC,0,0,dx,dy,whiteness);
```

Die Funktion *PatBlt* eignet sich zum Füllen eines Bereichs ganz hervorragend, da die auf diese Arbeit optimiert wurde und diesen Job mit Hochgeschwindigkeit erledigt. Nun können Sie zeichnen, was das Zeug hält. Zwei diagonale Linien und ein Kreis, der die Linien zum Teil überdeckt – dies bereits erfordert einen nicht unerheblichen Rechenaufwand innerhalb des GDI.

```
MoveTo(MDC,0,0);
LineTo(MDC,dx,dy);
MoveTo(MDC,dx,0);
LineTo(MDC,0,dy);
Ellipse(MDC,0,0,dx,dy);
```

Die Bitmap enthält nun diese Zeichnung und kann irgendwo dort weiterverarbeitet werden, wo man mit einem Bitmaphandle etwas anfangen kann. Wie wäre es, wenn man die Bitmap an die Zwischenablage übergeben und anschließend in Paintbrush einfügen würde?

```
OpenClipboard(HWindow);
EmptyClipboard;
SetClipboardData(cf_bitMap,BMap);
CloseClipboard;
```

Und nun die Probe aufs Exempel – Was fügt *Einfügen* in Paintbrush ein?

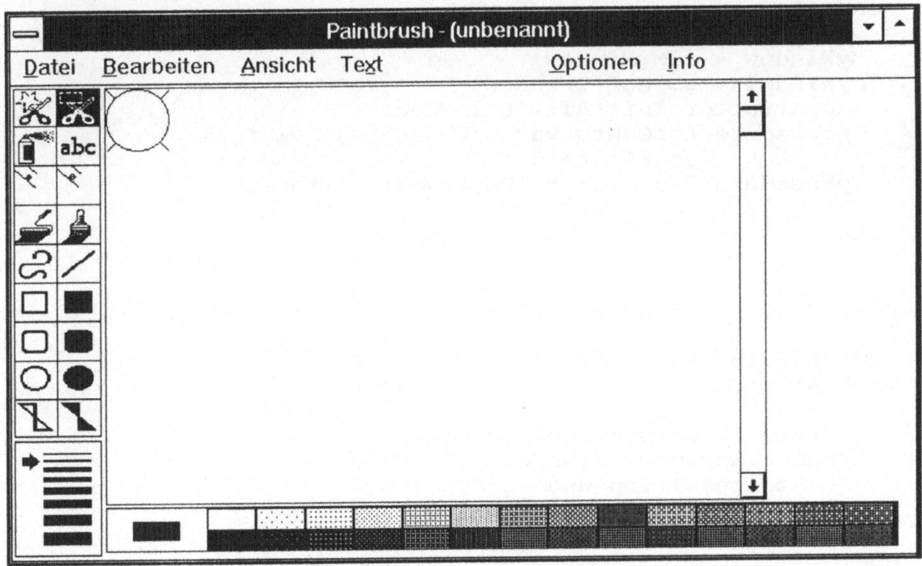

Abbildung 8.1 Selbstgezeichnete Bitmap über Zwischenablage in Paintbrush

Kleiner Trick – großer Effekt oder auch Geschwindigkeitsgewinn, der bei Windowsapplikationen nahezu unbezahlbar ist. Ich höre schon die Heerscharen dankbarer AnwenderInnen Ihrer Applikation...

Zurück zum Ernst des Programmierens: Auf den folgenden Seiten finden Sie den gesamten Quellcode des kleinen Programms BITMAP1.PAS von der Buchdiskette, welches die oben beschriebene Bitmap erstellt und an die Zwischenablage übergibt.

```pascal
{ -----------------------------------------------
    Bitmap 1  - Zeichnen einer Bitmap

  von Michael Schumann für Vieweg Verlag
  --------------------------------------------- }

program bitmap1;

{$R bitmap1}

{$IFDEF VER15}
uses WObjects,WinTypes,WinProcs,Strings,WinDos,BWCC;
{$ELSE}
uses OWindows,ODialogs,WinTypes,WinProcs,Strings,WinDos,BWCC;
{$ENDIF}

type
  TMyApp = object(TApplication)
    procedure InitMainWindow; virtual;
  end;

  PMyWindow = ^TMyWindow;
  TMyWindow = object(TWindow)
    constructor Init(ATitle : PChar);
    procedure LosGehts(var M:TMessage); virtual
            cm_first+101;
    procedure Ende(var M:TMessage); virtual
            cm_first+102;
  end;


constructor TMyWindow.Init(ATitle : PChar);
 begin
  TWindow.Init(Nil, ATitle);
  with Attr do
    begin
      Style := ws_OverlappedWindow;
      Menu:=LoadMenu(HInstance,'MENU_1');
      { Startposition und -größe }
      X:=20; Y:=20; w:=500; h:=400;
    end;
 end;

const dx=50;
      dy=50;

procedure TMyWindow.LosGehts;
 var BMap  : HBitMap;
     DC,MDC: HDC;
 begin
  { Kontext holen }
  DC:=GetDC(HWindow);
  { Kompatiblen Speicherkontext erstellen }
  MDC:=CreateCompatibleDC(DC);
  { Echter Kontext wird nicht mehr benötigt }
  ReleaseDC(HWindow,DC);
```

```pascal
    { Bitmap erstellen und einsetzen }
    BMap:=CreateCompatibleBitmap(DC,dx,dy);
    SelectObject(MDC,BMap);
    { Bitmapbereich zunächst freilöschen }
    PatBlt(MDC,0,0,dx,dy,whiteness);
    { Etwas zeichnen }
    MoveTo(MDC,0,0);
    LineTo(MDC,dx,dy);
    MoveTo(MDC,dx,0);
    LineTo(MDC,0,dy);
    Ellipse(MDC,0,0,dx,dy);
    { Bitmap an die Zwischenablage übergeben }
    OpenClipboard(HWindow);
    EmptyClipboard;
    SetClipboardData(cf_bitMap,BMap);
    CloseClipboard;
    { Speicherkontext freigeben }
    DeleteDC(MDC);
  end;

procedure TMyWindow.Ende;
 begin
   CloseWindow;
 end;

procedure TMyApp.InitMainWindow;
 begin
   MainWindow := New(PMyWindow, Init('BITMAP 1'));
 end;

var
   App : TMyApp;
begin
   App.Init('MyWindow');
   App.Run;
   App.Done;
end.
```

8.2 Foto vom Fenster als Bitmap

Wie kann man eigentlich schnell und effektiv Abbildungen von Fenstern bzw. Fensterinhalten erstellen? Für Handbücher und auch Bücher wie dieses benötigt man eine nicht unerhebliche Zahl an Fensterabbildungen, daher ist die dafür aufgewendete Zeit ebensowenig unerheblich.

Obwohl es eine Reihe kommerzieller Produkte gibt, die für ein paar Hundert Mark diesen Job verantwortungsvoll übernehmen, lohnt es sich, ein eigenes Programm zu schaffen, zumal dieses nur ein wenig Arbeit kostet. Eine Grundversion stelle ich Ihnen in diesem Abschnitt vor, sie wird dann im Verlauf dieses Kapitels um weitere wichtige Features erweitert.

Im letzten Abschnitt haben wir eine Bitmap mit GDI–Funktionen gezeichnet und ich hatte dort bereits erwähnt, daß man in diesem Zusammenhang auch mit *BitBlt* arbeiten kann. Also kann man auch etwas in die Bitmap einkopieren. Der Schnappschuß vom Fenster arbeitet folgendermaßen:

- Ermitteln des gerade aktiven Fensters.

- Ermitteln der Position und der Ausdehnung dieses Fensters.

- Kontext für den gesamten Bildschirm holen.

- Bitmap im Speicherkontext in der Größe des Fensters erstellen.

- Bereich des Fensters in den Speicherkontext kopieren.

- Bitmap an die Zwischenablage übergeben.

Obwohl ich wirklich viel Zeit für die Gliederung dieses Buchs aufgewendet habe, muß ich hier einmal vorweggreifen und Routinen verwenden, die erst im folgenden Kapitel erklärt werden. Ich bitte Sie daher, diesen Code zunächst zu *übersehen*. Im Kapitel *Hintergrundprogramme* kommen wir auf die dabei eingesetzten Methoden zurück. Dort ausgeborgt habe ich für das Schnappschußprogramm den *Hook*, der es ermöglicht, bei Betätigung einer bestimmten Taste zu reagieren, ohne daß das Schnappschußprogramm aktiv ist. Es bleibt vielmehr als Icon am unteren Bildrand stehen, da es überhaupt kein Fenster benötigt.

```
...
var BMap        : HBitMap;
    DC,MDC      : HDC;
    ActiveWin   : HWND;
    r           : TRect;
    dx,dy       : integer;
...
ActiveWin:=GetActiveWindow;
DC:=GetDC(ActiveWin);
GetWindowRect(ActiveWin,r);
MDC:=CreateCompatibleDC(DC);
dx:=abs(r.left-r.right);
dy:=abs(r.top-r.bottom);
BMap:=CreateCompatibleBitmap(DC,dx,dy);
SelectObject(MDC,BMap);
```

Über die Funktion *GetActiveWindow* können Sie ein Handle für das gerade aktuelle Fenster und so auch seine Position und Ausdehnung mit *GetWindowRect* ermitteln. Mit den Methoden aus dem letzten Abschnitt werden Speicherkontext und Bitmap erzeugt und die Bitmap in diesen Kontext eingesetzt. Der Fensterkontext wird nun überhaupt nicht mehr benötigt, vielmehr benötigen wir den Kontext des gesamten Bildschirms, da wir ja das Fenster samt Rahmen und nicht nur den Inhalt abfotografieren wollen.

```
ReleaseDC(ActiveWin,DC);
DC:=CreateDC('Display',nil,nil,nil);
```

Ein einziges *BitBlt* überträgt den gewünschten Ausschnitt in unseren Speicherkontext und damit in die Bitmap.

```
BitBlt(MDC,0,0,dx,dy,DC,r.left,r.top,srcCopy);
```

Hinreichend bekannt aus dem Beispiel des letzten Abschnitts ist auch die Übergabe an die Zwischenablage, die mit wenigen Statements zu bewerkstelligen ist.

```
OpenClipboard(HWindow);
EmptyClipboard;
SetClipboardData(cf_bitMap,BMap);
CloseClipboard;
```

Ordnung muß (unter Windows) sein, also müssen nicht benötigte Ressourcen wieder freigegeben werden.

```
DeleteDC(MDC);
DeleteDC(DC);
```

Das *Drumherum* macht aus diesen wenigen Statements ein wirklich brauchbares Programm, welches gerade bei der Erstellung von Dokumentationen eine Menge Zeit sparen kann. Hier ist es im Zusammenhang, wobei die dazugehörige DLL komplett aus dem nächsten Kapitel stammt und dort eingehend besprochen wird. Hier der Quellcode im Zusammenhang:

```
{ --------------------------------------------
     SNAP - Foto vom aktuellen Fenster

     verwendet die HOOK-DLL aus Kapitel 9

     von Michael Schumann für Vieweg Verlag
  -------------------------------------------- }

program snap;


{$IFDEF VER15}
uses WObjects,WinTypes,WinProcs,Strings,WinDos;
{$ELSE}
uses OWindows,WinTypes,WinProcs,Strings,WinDos;
{$ENDIF}

{$R snap}
```

```pascal
procedure InstallHook(App:HWnd; Msg:word); far;
          external 'SNAPDLL';
procedure UnInstallHook; far;
          external 'SNAPDLL';

const wm_snap = wm_User+101;

type
  PHMessage = ^THMessage;
  THMessage = record
    lParam  : longint;
    wParam  : word;
    msg     : integer;
    HWindow : HWnd;
    end;


  TMyApp = object(TApplication)
    procedure InitMainWindow; virtual;
  end;

  PMyWindow = ^TMyWindow;
  TMyWindow = object(TWindow)
    presses: word;
    constructor Init(ATitle : PChar);
    destructor done; virtual;
    procedure SetupWindow; virtual;
    procedure GetWindowClass(var Class:TWndClass); virtual;
    procedure QueryOpen(Var msg:TMessage);
              virtual wm_QueryOpen;
    procedure WMSnap(var M:TMessage); virtual
              wm_first+wm_snap;
  end;

procedure TMyWindow.GetWindowClass;
 begin
  TWindow.getWindowClass(class);
  class.hIcon:=LoadIcon(hInstance,'ICON_1');
 end;

constructor TMyWindow.Init(ATitle : PChar);
 begin
  TWindow.Init(Nil, ATitle);
  with Attr do
    begin
     Style := ws_OverlappedWindow;
     { Startposition und -größe }
     X:=20; Y:=20; w:=400; h:=90;
    end;
   presses:=0;
 end;
```

```pascal
destructor TMyWindow.done;
 begin
  TWindow.done;
  UninstallHook;
 end;

procedure TMyWindow.SetUpWindow;
 begin
  TWindow.SetupWindow;
  InstallHook(HWindow,wm_snap);
 end;

procedure TMyWindow.WMSnap;
 var BMap        : HBitMap;
     DC,MDC      : HDC;
     ActiveWin   : HWND;
     r           : TRect;
     dx,dy       : integer;
 begin
  { Aktuelles Fenster ermitteln }
  ActiveWin:=GetActiveWindow;
  { Kontext davon holen }
  DC:=GetDC(ActiveWin);
  { Größe ermitteln }
  GetWindowRect(ActiveWin,r);
  { Kompatiblen Speicherkontext erstellen }
  MDC:=CreateCompatibleDC(DC);
  { Bitmap in erforderlicher Größe erstellen und einsetzen }
  dx:=abs(r.left-r.right);
  dy:=abs(r.top-r.bottom);
  BMap:=CreateCompatibleBitmap(DC,dx,dy);
  SelectObject(MDC,BMap);
  { Kontext des Fensters wird nicht mehr benötigt }
  ReleaseDC(ActiveWin,DC);
  { Ganzen Bildschirm als Quellkontext holen }
  DC:=CreateDC('Display',nil,nil,nil);
  { Fenster kopieren }
  BitBlt(MDC,0,0,dx,dy,DC,r.left,r.top,srcCopy);
  { Bitmap an die Zwischenablage übergeben }
  OpenClipboard(HWindow);
  EmptyClipboard;
  SetClipboardData(cf_bitMap,BMap);
  CloseClipboard;
  { Kontexte freigeben }
  DeleteDC(MDC);
  DeleteDC(DC);
 end;


procedure TMyWindow.QueryOpen;
 begin
  msg.result:=0;
 end;
```

```
procedure TMyApp.InitMainWindow;
 begin
  MainWindow := New(PMyWindow, Init('SNAP'));
 end;

var
  App : TMyApp;
begin
  CmdShow:=sw_ShowMinNoActive;
  App.Init('MyWindow');
  App.Run;
  App.Done;
end.
```

SNAP läuft nahezu unmerklich im Hintergrund und erstellt bei Druck auf
F12 die gewünschten Abbildungen mit extremer Geschwindigkeit in der
Zwischenablage. Ich selbst habe damit fast alle Abbildungen in diesem
Buch erstellt, wobei ich allerdings eine modifizierte Version verwende, die
reine Schwarzweiß–Abbildungen erzeugt.

8.3 Farbtiefe manipulieren

Es gibt eine ganze Reihe Methoden, mit denen man Dokumentationen
erstellen kann. In der Regel wird man ein Textverarbeitungsprogramm wie
AMI oder Word für Windows einsetzen und die mit SNAP geschossenen
Abbildungen aus der Zwischenablage in die Dokumente einfügen. Für die
meisten Fälle reicht ein guter A4 Laserausdruck aus, der dann noch auf ca.
80% verkleinert wird (so ist auch dieses Buch entstanden).

Windows lebt von Farben und Graustufen – stellen Sie sich das
Windowsdesktop einmal auf einem PC mit Monochrom–Adapter vor! Der
Ausdruck von Graustufen bereitet jedoch einige Probleme, da selbst mit
den 300 *dpi* eines herkömmlichen Laserdruckers die Rasterung der Farben
viel zu grob ist, wenn man das Farbbild direkt ausdruckt und dem GDI die
Umsetzung überläßt. Auf einer Fotosatzanlage mit 1200 und mehr *dpi* ist
dies kein Problem und führt zu äußerst ansprechenden Abbildungen.

Ein Kompromiß zwischen den erheblichen Kosten des Ausbelichtens auf
einem Laserbelichter und den *verrasterten* Abbildungen bei Rasterung
durch das GDI besteht in der Umwandlung auf ein reines Schwarzweißbild.
Die folgenden zwei Abbildungen zeigen einen Schnappschuß aus SNAP.
Beide wurden aus der Zwischenablage in Word für Windows eingefügt und
auf einem 300 dpi Laserdrucker ausgegeben. Das zweite Bild wurde jedoch

in der Farbtiefe von 16 auf zwei Farben, nämlich Schwarz und Weiß, reduziert.

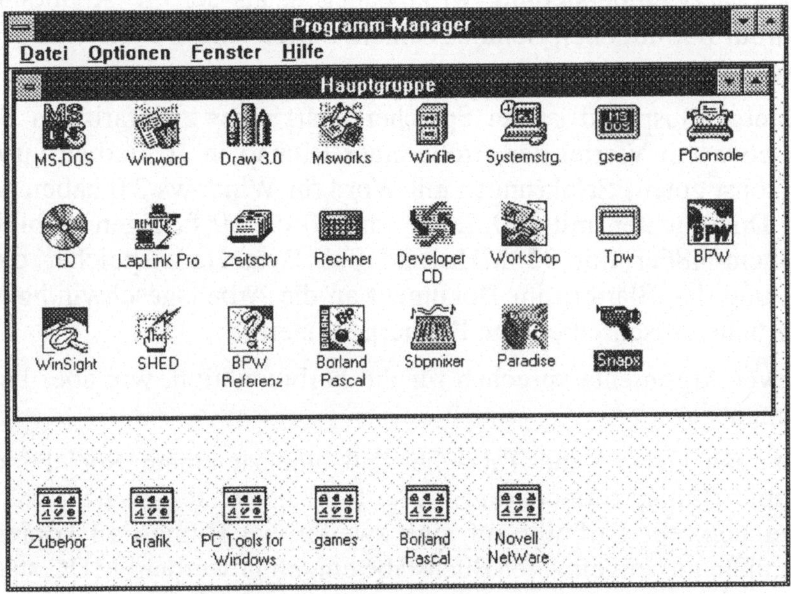

Abbildung 8.2 Farbbild durch GDI gerastert

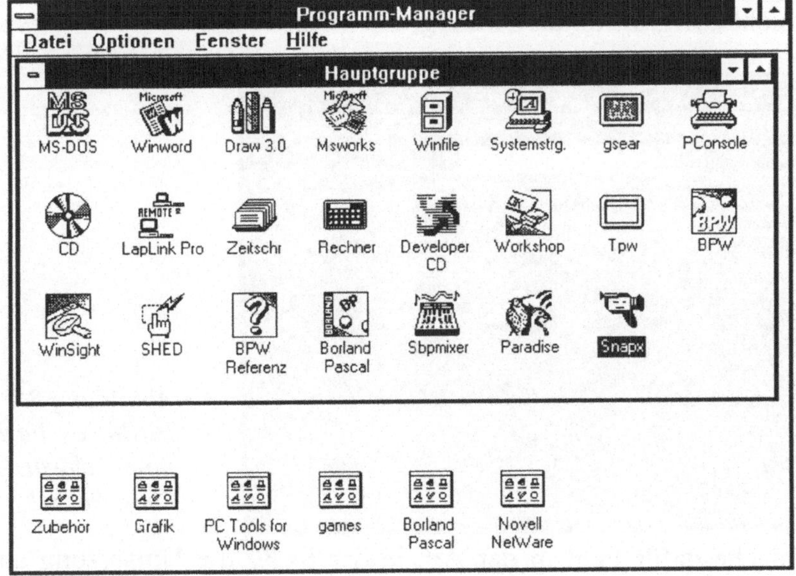

Abbildung 8.3 Farbbild vor dem Druck auf zwei Farben reduziert

Schrift auf farbigen Flächen wird oft durch das Raster völlig unleserlich, und besonders professionell wirken diese Abbildungen nicht gerade. Eine reine Schwarzweißdarstellung wirkt dagegen, als sei die Abbildung von einer darauf befindlichen Schmutzschicht befreit und Details sind wesentlich besser erkennbar.

Ein weiterer Pluspunkt ist der Speicherbedarf einer zweifarbigen Bitmap, der nur etwa ein Viertel der Größe einer Bitmap in 16 Farben ausmacht. Meine (sonst guten) Erfahrungen mit Word für Windows 2.0 haben gezeigt, daß bei Dokumenten mit 100 Seiten und 20 bis 30 farbigen Abbildungen auch einem 486er mit 33 MHz und 8 MByte Hauptspeicher die Luft ausgeht und das Blättern im Dokument an die Arbeitsgeschwindigkeit der Mönche beim Abschreiben von Büchern erinnert.

Diese zwei Argumente sprechen für die Farbreduktion, wie aber bewerkstelligt man sie?

Erinnert man sich an die Tatsache, daß eine zu einem Speicherkontext kompatible Bitmap monochrom ist, so führt der erste Ansatz zunächst zu dem Versuch, ein Farbbild auf eine zweifarbige Bitmap zu kopieren. In SNAP müßte nur ein einziger Buchstabe eingefügt werden: MDC statt DC.

```
BMap:=CreateCompatibleBitmap(MDC,dx,dy);
```

Das Ergebnis ist tatsächlich zweifarbig, viel vom Bildinhalt bleibt jedoch leider nicht übrig, wenn der Hintergrund nicht weiß ist:

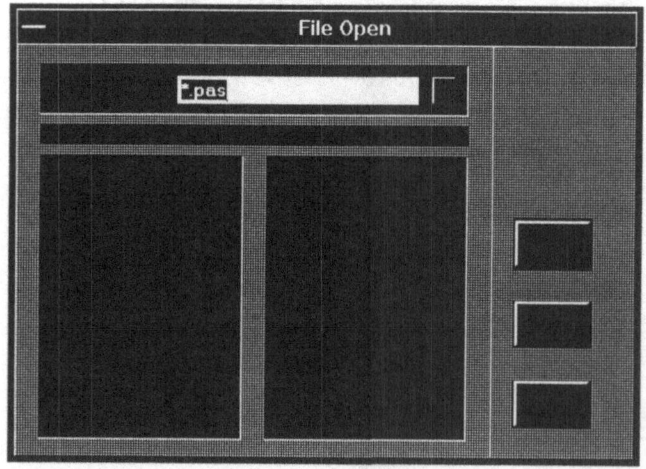

Abbildung 8.4
BitBlt von Farbe
nach Schwarzweiß
Gute Nacht!

Die Ursache dafür liegt in der Art, in der *BitBlt* die Umsetzung auf zwei Farben durchführt. Sobald ein Pixel im Farbbild nicht die Farbe des

Hintergrundes (weiß) aufweist, wird das entsprechende Pixel im Zielbild schwarz gefärbt. Dadurch werden also alle Farben außer Weiß in Schwarz umgesetzt. Das Ergebnis sahen Sie in Abbildung 8.4.

Wenn Windows die Umsetzung nicht befriedigend durchführen kann, so müssen wir selbst Hand anlegen und pixelweise entscheiden, ob das Zielbild an dieser Stelle schwarz oder weiß sein soll. *GetPixel* und *SetPixel* scheinen dafür genau das richtige zu sein.

Die Helligkeit eines Bildpunktes kann man aus der Intensität von Rot, Grün und Blau errechnen, dafür gibt es eine spezielle Formel, in der jede Farbe einen verschiedenen Faktor hat. Das menschliche Auge nimmt nämlich grünes Licht mit der gleichen physikalischen Helligkeit wie ein gleiches Licht in Blau, verschieden hell wahr.

Für die Umwandlung eines Fensters in Schwarzweiß spielt dieser Effekt jedoch eine untergeordnete Rolle, zudem es hier weniger um einen korrekten Helligkeitswert als um eine möglichst ausgeglichene Darstellung geht, bei der durch die Reduktion der Farbtiefe so wenig Details verlorengehen wie nur möglich. Ich habe daher den Schwellwert experimentell ermittelt, er liegt etwa bei Farbe 7 (hellgrau).

Im folgenden finden Sie die Implementierung der SNAP–Kernroutine mit Farbreduktion. Da hier mit den Funktionen *GetPixel* und *SetPixel* gearbeitet wird, die nicht besonders schnell sind, dauert die Umwandlung des Bildes hier bereits auf einem 486er **mehrere** Minuten! Sie liefert allerdings bei jeder Farbtiefe (4, 8, 16 und 24 Bit) das gewünschte Ergebnis.

```pascal
procedure TMyWindow.WMBWSnap;
  var BMap        : HBitMap;
      DC,MDC      : HDC;
      ActiveWin   : HWND;
      r           : TRect;
      dx,dy       : integer;
      x,y         : integer;
      Color,intensity      : longint;
      oldCursor   : hCursor;
  begin
    { Fenster pixelweise kopieren,
      das dauert! Daher Sanduhr anzeigen }
    oldCursor:=SetCursor(LoadCursor(0,idc_wait));
    { Aktuelles Fenster ermitteln }
    ActiveWin:=GetActiveWindow;
    { Kontext davon holen }
    DC:=GetDC(ActiveWin);
    { Größe ermitteln }
    GetWindowRect(ActiveWin,r);
    { Kompatiblen Speicherkontext erstellen }
```

```
MDC:=CreateCompatibleDC(DC);
{ Bitmap in erforderlicher Größe erstellen und einsetzen }
dx:=abs(r.left-r.right);
dy:=abs(r.top-r.bottom);
{ Schwarz-Weiß Bitmap erzeugen }
BMap:=CreateCompatibleBitmap(MDC,dx,dy);
SelectObject(MDC,BMap);
{ Kontext des Fensters wird nicht mehr benötigt }
ReleaseDC(ActiveWin,DC);
{ Ganzen Bildschirm als Quellkontext holen }
DC:=CreateDC('Display',nil,nil,nil);
for x:=0 to dx do
   for y:=0 to dy do begin
      color:=getPixel(DC,x+r.left,y+r.top);
      intensity:=color and $FF +
               (color and $FF00) div $100 +
               (color and $FF0000) div $10000;
      if intensity>400 then
          SetPixel(MDC,x,y,RGB(255,255,255)) else
          SetPixel(MDC,x,y,RGB(0,0,0));
      end;
{ Bitmap an die Zwischenablage übergeben }
OpenClipboard(HWindow);
EmptyClipboard;
SetClipboardData(cf_bitMap,BMap);
CloseClipboard;
{ Kontexte freigeben }
DeleteDC(MDC);
DeleteDC(DC);
SetCursor(OldCursor);
end;
```

Diese Routine können Sie einfach in das Programm SNAP einbauen, sie liegt auf der Diskette zum Buch als BWSNAP.INC vor.

Die mangelnde Geschwindigkeit der *SetPixel* und der *GetPixel* Funktion ist auf die Adapterunabhängigkeit des Ergebnisses zurückzuführen. Je nach Farbtiefe werden Bitmaps verschieden gespeichert, und darauf müssen sich beide Funktionen bei **jedem** Aufruf einstellen. Programmcode, der eigentlich für die gesamte Bitmap nur einmal ausgeführt werden müßte, wird daher pro Pixel aufgerufen.

Beschränkt man sich bei den Anforderungen auf 16 Farben, so kann man diesen Vorgang erheblich beschleunigen, indem man das Bild zeilenweise in einen Puffer liest und dort mit einem erheblich schnelleren Algorithmus arbeitet. Dazu muß man zunächst einiges über die Struktur von Bitmaps wissen.

8.4 Bitmaps intern

Normalerweise bekommt man von den Innereien einer Bitmap selbst bei der Programmierung unter Windows nahezu überhaupt nichts mit. Man lädt das Bild aus der Ressource und arbeitet von da an mit einem Handle. Wo und wie die Bits der Bitmap gespeichert sind, das braucht man für die Anzeige der Bitmap mittels *BitBlt* oder *StrtchBlt* nicht zu wissen.

In den letzten Abschnitten haben wir Bilder erzeugt und als Bitmaps in die Zwischenablage gebracht und dafür lediglich wieder das Handle benötigt. Alles weitere wurde über GDI–Funktionen erledigt. Beim Kopieren der farbigen Bitmap war dies auch recht unkritisch. Die Verwandlung eines farbigen Bildschirmausschnitts in eine schwarz–weiß Bitmap stellt jedoch die Nerven von AnwenderInnen auf eine harte Probe, setzt man dafür *GetPixel* und *SetPixel* ein. Aber auch hier hatten wir bislang nichts mit dem internen Aufbau einer Bitmap zu tun. Hat man Zugriff auf die einzelnen Bits, kann man sicherlich schnellere Algorithmen entwickeln, die Farben anhand eines Schwellwertes in Schwarz oder Weiß verwandeln.

Betrachten wir zunächst die Art, wie die Pixel innerhalb der Bitmap abgelegt werden. Diese ist natürlich von der Farbtiefe abhängig. Die Pixel werden dabei nicht unbedingt in ihrer realen Farbe, sondern nur als Index in einer Farbpalette abgelegt, die ebenfalls zu den Strukturen einer Bitmap gehört.

So ist es möglich, mit nur 256 Farbtönen manche Abbildungen fast in Echtfarbqualität darzustellen, da in einer Abbildung selten das gesamte Farbspektrum benötigt wird. Bei einem Bild vom Meer werden vor allem Blautöne benötigt, so daß man die Farbe Blau in beispielsweise 200 Stufen aufteilt und für die restlichen Farben die noch zur Verfügung stehenden 55 Farbtöne verwendet. Dies bezeichnet man als eine optimierte Palette.

Den Unterschied zwischen direkter Farbdarstellung und Palette verdeutlicht die Abbildung auf der folgenden Seite.

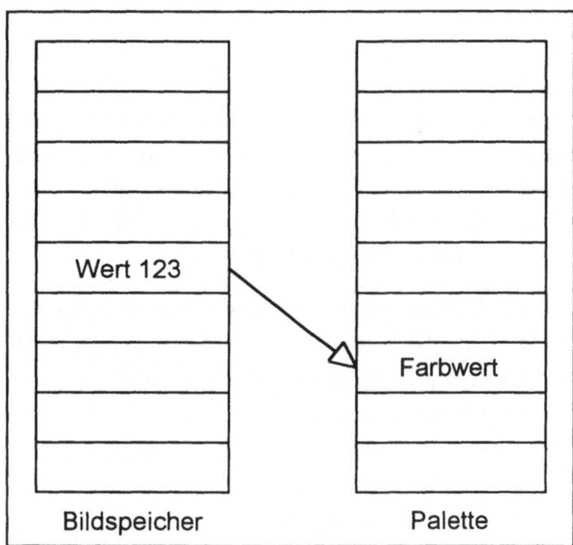

Abbildung 8.5
Bildspeicherwerte als
Index in der
Farbpalette

Die Größe der Farbpalette ist daher abhängig von der Anzahl der verwendeten Farben und kann folgende Werte annehmen.

Farbtiefe	Palettengröße	Bemerkung
1 Bit	2 Byte	zwei beliebige (!) Farben
4 Bit	16 Byte	–
8 Bit	256 Byte	–
24 Bit	0 Byte	Farben werden als RGB Werte (je 8 Bit) gespeichert

Tabelle 8.1 Farbtiefen und Palettengröße

Die Pixeldaten werden immer in Zeilen abgelegt, deren Länge ganzzahlige Vielfache von einem Wort sind. So kann das GDI intern generell mit 16 Bit Operationen arbeiten und dies bedeutet gegenüber 8 Bit Operationen einen erheblichen Geschwindigkeitsgewinn. Die wenigen dadurch verschenkten Bytes ist das allemal wert!

Vor dem Speicherblock mit den Pixeldaten befindet sich sowohl in BMP–Dateien als auch im Speicher eine Struktur, die Informationen über die Bitmap und auch die Farbpalette enthält. Der Record *TBitMapInfo* besteht aus zwei weiteren Records:

```
TBitmapInfo = record
   bmiHeader: TBitmapInfoHeader;
   bmiColors: array[0..0] of TRGBQuad;
end;
```

Das Feld *bmiColors* bezeichnet ein Array aus Farbwerten, dessen Größe variabel ist. Farbwerte werden als Rot–Grün–Blau–Quadrupel abgespeichert, wobei eigentlich Tripel gereicht hätten. Das vierte Feld ist reserviert und muß immer den Wert 0 aufweisen (war hier vielleicht einmal die vierte Dimension geplant?).

```
TRGBQuad = record
    rgbBlue: Byte;
    rgbGreen: Byte;
    rgbRed: Byte;
    rgbReserved: Byte;
end;
```

An dem Aufbau dieses Records erkennt man gleich, warum 24 Bit Farbbilder keine Palette benötigen. Die drei Byte Pixelwerte können ebensoviele Farbwerte darstellen, wie es über einen Paletteneintrag möglich wäre. Außerdem müßte die Palette eine sagenhafte Größe haben (2 hoch 24 * 4 Bit!). In Ausnahmefällen darf trotzdem eine Palette angegeben werden, dies ist jedoch sehr selten und dient nur speziellen Optimierungszwecken.

Um die Bytes des Bildes nicht nur farbmäßig richtig zu interpretieren, sondern sie auch korrekt Zeilen und Spalten zuzuordnen, werden noch weitere Informationen benötigt. Diese stecken in folgender Struktur:

```
TBitmapInfoHeader = record
   biSize: Longint;
   biWidth: Longint;
   biHeight: Longint;
   biPlanes: Word;
   biBitCount: Word;
   biCompression: Longint;
   biSizeImage: Longint;
   biXPelsPerMeter: Longint;
   biYPelsPerMeter: Longint;
   biClrUsed: Longint;
   biClrImportant: Longint;
end;
```

Die Felder *biClrUsed* und *biClrImportant* sowie *biYPelsPerMeter* und *biXPelsPerMeter* werden nur in speziellen Fällen verwendet und können bei Normalanwendungen auf 0 gesetzt werden. Ebenso steht es mit der Kompression, die für Bitmaps im Speicher nicht eingesetzt werden sollte.

Auch bei der Speicherung auf der Platte kann man getrost darauf verzichten (es sei denn, man arbeitet mit 24 Bit Farbtiefe).

Feld	Bedeutung
biSize	Größe dieses Records + Palettengröße
biWidth	Breite des Bildes in Pixeln
biHeight	Höhe des Bildes in Pixeln
biPlanes	Farbebenen, immer = 1
biBitCount	Anzahl Bits pro Pixel
biCompression	Kompressionstyp
biSizeImage	Größe der reinen Bilddaten in Bytes
biXPelsPerMeter	Pixel pro meter horizontal
biYPelsPerMeter	Pixel pro meter vertikal
biClrUsed	Anzahl benutzte Farben
biClrImportant	Anzahl wichtige Farben

Tabelle 8.2 Felder der TBitMapInfoHeader-Struktur

Windows und die meisten Applikationen speichern monochrome Bitmaps und solche in 16 Farben unkomprimiert ab – das Laden unkomprimierter Bitmaps ist in jedem Fall möglich. Wegen der Komplexität der RLE8 und RLE4 Kompression beschäftigen wir uns hier nur mit unkomprimierten Bilddaten.

Die folgenden Beispiele setzen alle auf eine Farbtiefe von 4 Bit auf, die im Umfeld von ProgrammiererInnen *normaler* Anwendungen der Standard sein dürfte. Die Umsetzung auf andere Farbtiefen ist außerdem kein Problem.

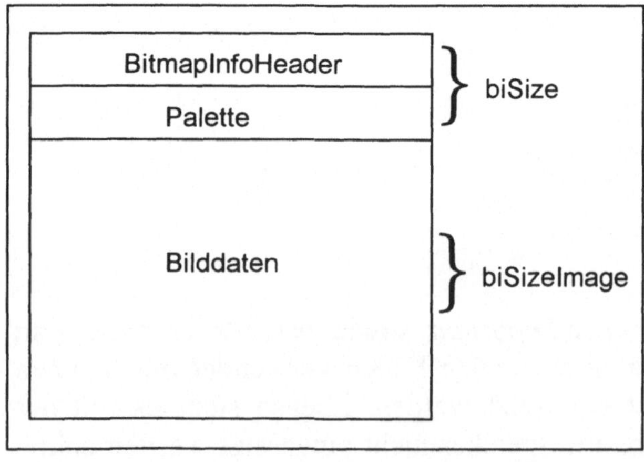

Abbildung 8.6
Aufbau einer Bitmap

Die Teilstrukturen einer Bitmap sind nun bekannt, Abbildung 8.6 zeigt, wie diese sich zusammenfügen.

Kommen wir nun zu dem Problem der Farbreduktion aus dem letzten Abschnitt zurück. Wenn das Bild zu Pixeln à 4 Bit gespeichert wird, so kann man die Daten wortweise abarbeiten und damit beträchtliche Geschwindigkeiten erreichen. So kann ein Wort mit vier Pixeln auf zwei Farben reduziert werden:

```
If Hi(PixelLine[i]) div 16 > 7 then Result:=Result or $F000;
If Hi(PixelLine[i]) mod 16 > 7 then Result:=Result or $F00;
If Lo(PixelLine[i]) div 16 > 7 then Result:=Result or $F0;
If Lo(PixelLine[i]) mod 16 > 7 then Result:=Result or $F;
PixelLine[i]:=Result;
```

Ein Problem steht dieser Technik noch im Weg: Man kann die Bilddaten nicht ohne weiteres an einem Stück bearbeiten, da sie durchaus größer als 64 KBytes sein können und dann beim Zugriff Segmentgrenzen überschritten werden, die zu Problemen bei der Adressierung führen können. Außerdem kommt man nicht direkt an die Pixeldaten heran, man kann diese vielmehr über eine spezielle Funktion in einen eigenen Speicherbereich kopieren und auch von dort wieder in diese (oder eine andere) Bitmap hineinbringen. Würde man die gesamten Bilddaten auf einen Schlag bearbeiten, müßte man sie komplett zweimal im Speicher unterbringen.

Bevor jedoch die Bilddaten abgerufen werden können, muß ein Speicherbereich für Palette und Inforecord bereitgestellt werden, dessen Größe zunächst errechnet werden muß. Dafür können wir einen anderen Inforecord abrufen, der immer eine konstante Größe aufweist und die geforderten Daten enthält:

```
var
  BitMapRec  : TBitMap;
  BitMapInfo : PBitMapInfo;
  BitMapSize,
  BitsPerPixel,
  BitMapLineSize : longint;
  Palettesize    : integer;
  ...
GetObject(BMap,SizeOf(BitMapRec),@BitMapRec);
With BitMapRec do begin
 BitsPerPixel:=bmPlanes*bmBitsPixel;
 BitmapLineSize:=(bmWidth*BitsPerPixel+31) * 32 div 4;
 BitmapSize:=BitMapLineSize*bmHeight;
end;
If BitsPerPixel=24 then
  PaletteSize:=0 { Echtfarbbild ohne Palette }
```

```
    else
      Palettesize:=(1 shl BitsPerPixel-1)*SizeOf(TRGBQuad);
```

Bei der Berechnung der Zeilenlänge (*BitMapLineSize*) wird über einen Trick eine Aufrundung auf ein Vielfaches von zwei Bytes erreicht (Sie erinnern sich an die Forderung, daß Bitmapzeilen immer ganze Worte enthalten, damit diese mit 16 Bit Zugriffen und damit schnell bearbeitet werden können). Die Palettengröße wird aus der Farbtiefe errechnet und bei 24 Bit Bildern auf 0 gesetzt.

Mit diesen Daten kann der Speicherplatz für den Bitmapheader allokiert werden, und alle Felder werden zunächst auf 0 gesetzt.

```
    GetMem(BitMapInfo,SizeOf(TBitMapInfoHeader)+PaletteSize);
    FillChar(BitMapInfo^,SizeOf(TBitMapInfoHeader),#0);
```

Die entscheidenden Felder werden nun mit Daten gefüllt, und wir können das Bild zeilenweise abarbeiten:

```
    with BitMapInfo^.bmiHeader do begin
      biSize:=sizeOf(TBitMapInfoHeader);
      biWidth:=BitMapRec.bmWidth;
      biHeight:=BitMapRec.bmHeight;
      biBitCount:=BitsPerPixel;
      biSizeImage:=BitMapSize;
      biPlanes:=1;
    end;
```

Mit den oben bereits erwähnten Methoden werden Farbwerte in Schwarz oder Weiß umgewandelt und die Pixelzeile anschließend wieder zurückgeschrieben:

```
    For Zeile:=0 to BitMapRec.bmHeight-1 do begin
      { Bitmapbits in Puffer übertragen }
      GetDIBits(DC,BMap,Zeile,1,@PixelLine,
                BitMapInfo^,dib_RGB_Colors);
    For i:=0 to BitMapRec.bmWidth
          * BitsPerPixel div 16 - 1 do begin
      { 16 Farben vorausgesetzt, 1 Wort = 4 Pixel }
      Result:=0;
    If Hi(PixelLine[i]) div 16 > 7 then Result:=Result or $F000;
    If Hi(PixelLine[i]) mod 16 > 7 then Result:=Result or $F00;
    If Lo(PixelLine[i]) div 16 > 7 then Result:=Result or $F0;
    If Lo(PixelLine[i]) mod 16 > 7 then Result:=Result or $F;
    PixelLine[i]:=Result;
    end;
    SetDIBits(DC,BMap,Zeile,1,@PixelLine,
              BitMapInfo^,dib_RGB_Colors);
    end;
```

Die Abarbeitung der Bitmap in Zeilen erfordert zwar gegenüber der Behandlung der Bitmap als zusammenhängender Speicherblock mehr Rechenzeit, erspart ProgrammiererInnen jedoch Speicherplatzprobleme und umständliche Zeiger- bzw. Selektorarithmetik mit der undokumentierten Konstanten _AHINCR_ im Modul KERNEL.

Das Programm BITMAP2.PAS von der Diskette zum Buch schneidet einen rechteckigen Bereich aus dem Bildschirm aus, reduziert seine Farbtiefe nach der beschriebenen Methode und übergibt ihn dann an die Zwischenablage. Die Größe der übergebenen Bitmap entspricht allerdings immer noch der einer farbigen Bitmap, da wir nur die Farbeinträge verändert haben. Dieses Programm drucken wir hier aus ökonomischen Gründen nicht ab, sondern entwickeln die Farbreduktion zunächst noch ein wenig weiter.

Um auch den Platzbedarf zu verringern, können wir Windows dazu veranlassen, die Bitmap in eine echte Monochrombitmap zu verwandeln, indem wir eine weitere Bitmap erzeugen, die zu einem Speicherkontext kompatibel ist. Dies hatten wir im letzten Abschnitt als ersten Ansatz für die Farbreduktion versucht und festgestellt, daß so alle Farben außer Weiß in Schwarz gewandelt werden. Bei einer farbigen Bitmap ist dieser Effekt unbrauchbar – unsere reduzierte Bitmap wird davon jedoch nicht verändert, da sie bereits ausschließlich aus den Farben Schwarz und Weiß besteht.

Das Ganze habe ich als neue Methode in das Programm SNAP eingebaut, das nun unter dem Namen SNAPX astreine Schwarzweiß–Bilder schießt. Natürlich liegt auch dieses Programm im Quellcode auf der Diskette zum Buch vor. Es unterscheidet sich lediglich in der Methode *WMSNAP* von seinem Vorgänger, daher drucken wir hier nur diese Methode ab:

```pascal
procedure TMyWindow.WMSnap;
  var BMap,BMap1  : HBitMap;
      DC,MDC,MDC1 : HDC;
      BitMapRec   : TBitMap;
      BitMapInfo  : PBitMapInfo;
      BitMapSize,
      BitsPerPixel,
      BitMapLineSize          : longint;
      Palettesize,i,Zeile,
      dx,dy                   : integer;
      Result                  : word;
      ActiveWin   : HWND;
      r           : TRect;
      OldCursor   : HCursor;
```

```pascal
begin
  { Da der Schwarezweiß-Schnappschuß etwas Rechenzeit
    benötigt, Sanduhrcursor setzen }
  OldCursor:=SetCursor(LoadCursor(0,idc_Wait));
  { Aktuelles Fenster ermitteln }
  ActiveWin:=GetActiveWindow;
  { Kontext davon holen }
  DC:=GetDC(ActiveWin);
  { Größe ermitteln }
  GetWindowRect(ActiveWin,r);
  { Kompatible Speicherkontexte erstellen }
  MDC:=CreateCompatibleDC(DC);
  MDC1:=CreateCompatibleDC(DC);
  { Farbige Bitmap in erforderlicher Größe erstellen und ein-
setzen }
  dx:=abs(r.left-r.right);
  dy:=abs(r.top-r.bottom);
  BMap:=CreateCompatibleBitmap(DC,dx,dy);
  SelectObject(MDC,BMap);
  BMap1:=CreateCompatibleBitmap(MDC1,dx,dy);
  SelectObject(MDC1,BMap1);
  { Kontext des Fensters wird nicht mehr benötigt }
  ReleaseDC(ActiveWin,DC);
  { Ganzen Bildschirm als Quellkontext holen }
  DC:=CreateDC('Display',nil,nil,nil);
  { Fenster kopieren }
  BitBlt(MDC,0,0,dx,dy,DC,r.left,r.top,srcCopy);
  { Informationen über die Bitmap holen }
  GetObject(BMap,SizeOf(BitMapRec),@BitMapRec);
  { Anzahl Bytes pro Zeile und Gesamtgröße errechnen }
  With BitMapRec do begin
    BitsPerPixel:=bmPlanes*bmBitsPixel;
    { Zeilenlängen auf Vielfaches von 2 Byte ausrichten }
    BitmapLineSize:=(bmWidth*BitsPerPixel+31) div 32 * 4;
    BitmapSize:=BitMapLineSize*bmHeight;
  end;
  { Größe des Palettenpuffers ermitteln }
  If BitsPerPixel=24 then
    PaletteSize:=0 { Echtfarbbild ohne Palette }
  else
    Palettesize:=(1 shl BitsPerPixel)*SizeOf(TRGBQuad);
  { Speicherplatz für BitMapInfo dynamisch reservieren, da
    die Palettengröße nicht konstant ist  }
  GetMem(BitMapInfo,SizeOf(TBitMapInfoHeader)+PaletteSize);
  { Felder dieses Records vorbesetzen, zunächst alles 0 }
  FillChar(BitMapInfo^,SizeOf(TBitMapInfoHeader),#0);
  with BitMapInfo^.bmiHeader do begin
    biSize:=sizeOf(TBitMapInfoHeader);
    biWidth:=BitMapRec.bmWidth;
    biHeight:=BitMapRec.bmHeight;
    biBitCount:=BitsPerPixel;
    biSizeImage:=BitMapSize;
    biPlanes:=1;
  end;
  { Zeilenweise in Schwarzweiß wandeln }
  For Zeile:=0 to BitMapRec.bmHeight-1 do begin
```

```
   { Bitmapbits in Puffer übertragen }
   GetDIBits(DC,BMap,Zeile,1,@PixelLine,
           BitMapInfo^,dib_RGB_Colors);
   For i:=0 to BitMapLineSize div 2 do begin
     { 16 Farben vorausgesetzt, 1 Wort = 4 Pixel }
     Result:=0;
     If Hi(PixelLine[i]) div 16 > 7 then
              Result:=Result or $F000;
     If Hi(PixelLine[i]) mod 16 > 7 then
              Result:=Result or $F00;
     If Lo(PixelLine[i]) div 16 > 7 then
              Result:=Result or $F0;
     If Lo(PixelLine[i]) mod 16 > 7 then
              Result:=Result or $F;
     PixelLine[i]:=Result;
    end;
   SetDIBits(DC,BMap,Zeile,1,@PixelLine,
           BitMapInfo^,dib_RGB_Colors);
  end;
 BitBlt(MDC1,0,0,dx,dy,mDC,0,0,srcCopy);
 { Bitmap an die Zwischenablage übergeben }
 OpenClipboard(HWindow);
 EmptyClipboard;
 SetClipboardData(cf_bitMap,BMap1);
 CloseClipboard;
 { Speicher freigeben }
 FreeMem(BitMapInfo,SizeOf(TBitMapInfoHeader)+PaletteSize);
 { Kontexte freigeben }
 DeleteDC(MDC);
 DeleteDC(MDC1);
 DeleteDC(DC);
 { Fertig: Alten Cursor wieder setzen }
 SetCursor(OldCursor);
end;
```

Diese Methode erreicht mehr als die dreißigfache Geschwindigkeit gegenüber der pixelweisen Methode mit *SetPixel* und *GetPixel*. Die Kenntnis der
Interna hilft aber nicht nur in diesem Fall, sondern auch beim Speichern
und Laden von Bitmaps, was pixelweise auch zu einer Geduldsprobe
werden würde.

8.5 Bitmaps speichern und laden

Wenn Sie es bevorzugen, Bitmaps nicht aus der Zwischenablage einzufügen, sondern lieber eine *handfeste* Datei haben wollen, so müssen wir das
SNAP-Programm um die Möglichkeit erweitern, das erzeugte Bild als
BMP-Datei abzulegen.

Die recht einfache Struktur einer BMP-Datei macht diesen Job nicht
unnötig schwer. Im Prinzip wird in der Datei genau die Struktur abgelegt,
die wir im letzten Abschnitt besprochen haben. Da jedoch der
TBitMapInfo-Header eine variable Größe hat, wird vorne noch ein speziel-
ler Dateiheader angehängt, der nur aus wenigen Feldern besteht, und der
die Berechnungsgrundlage für die Größe der Einzelstrukturen liefert:

```
TBitmapFileHeader = record
   bfType: Word;
   bfSize: Longint;
   bfReserved1: Word;
   bfReserved2: Word;
   bfOffBits: Longint;
end;
```

Entscheidend bei diesem Record, der am Anfang jeder Bitmapdatei steht,
ist zunächst das Feld *bfType*, welches den Wert 4D42h enthalten muß,
wenn es sich um eine echte Bitmapdatei handelt. Dieser Wert steht für die
Buchstaben M und B, die aufgrund der Intel-Speicherung eines Word als
Lo-Hi-Byte die Kennung BM ergibt.

Das Feld *bfOffBits* gibt Aufschluß über die Länge des gesamten
Headerblocks inklusive dieser Struktur und gibt so den Start der reinen
Bilddaten an. In *bfSize* findet sich die gesamte Dateilänge. Die reservierten
Felder werden wohl erst in folgenden Versionen dieses Dateiformats zu
Ehren kommen.

Modifizieren wir also die *SNAP*-Methode aus den letzten Abschnitten nun
dahingehend, daß die Bitmap nicht an die Zwischenablage übergeben wird,
sondern als Datei *SNAP.BMP* im Hauptverzeichnis von C: erstellt. Hier
zunächst noch einmal der Code, der die Bitmap erstellt.

```
var PixelLine: Array[0..1024] of word;

procedure TMyWindow.WMSnap;
  var BMap              : HBitMap;
      DC,MDC            : HDC;
      BitMapRec         : TBitMap;
      BitMapInfo        : PBitMapInfo;
      BitMapSize,
      BitsPerPixel,
      BitMapLineSize            : longint;
      FileHeader                : TBitMapFileHeader;
      Palettesize,i,Zeile,
      dx,dy                     : integer;
      ActiveWin                 : HWND;
      r                         : TRect;
      OldCursor                 : HCursor;
      Stream                    : TBufStream;
```

```
begin
  { Da der Schwarzweiß-Schnappschuß etwas Rechenzeit
    benötigt, Sanduhrcursor setzen }
  OldCursor:=SetCursor(LoadCursor(0,idc_Wait));
  { Aktuelles Fenster ermitteln }
  ActiveWin:=GetActiveWindow;
  { Kontext davon holen }
  DC:=GetDC(ActiveWin);
  { Größe ermitteln }
  GetWindowRect(ActiveWin,r);
  { Kompatible Speicherkontexte erstellen }
  MDC:=CreateCompatibleDC(DC);
  { Farbige Bitmap in erforderlicher Größe erstellen und ein-
setzen }
  dx:=abs(r.left-r.right);
  dy:=abs(r.top-r.bottom);
  BMap:=CreateCompatibleBitmap(DC,dx,dy);
  SelectObject(MDC,BMap);
  { Kontext des Fensters wird nicht mehr benötigt }
  ReleaseDC(ActiveWin,DC);
  { Ganzen Bildschirm als Quellkontext holen }
  DC:=CreateDC('Display',nil,nil,nil);
  { Fenster kopieren }
  BitBlt(MDC,0,0,dx,dy,DC,r.left,r.top,srcCopy);
  { Informationen über die Bitmap holen }
  GetObject(BMap,SizeOf(BitMapRec),@BitMapRec);
  { Anzahl Bytes pro Zeile und Gesamtgröße errechnen }
  With BitMapRec do begin
    BitsPerPixel:=bmPlanes*bmBitsPixel;
    { Zeilenlängen auf Vielfaches von 2 Byte ausrichten }
    BitmapLineSize:=(bmWidth*BitsPerPixel+31) div 32 * 4;
    BitmapSize:=BitMapLineSize*bmHeight;
  end;
  { Größe des Palettenpuffers ermitteln }
  If BitsPerPixel=24 then
    PaletteSize:=0 { Echtfarbbild ohne Palette }
  else
    Palettesize:=(1 shl BitsPerPixel)*SizeOf(TRGBQuad);
  { Speicherplatz für BitMapInfo dynamisch reservieren, da
    die Palettengröße nicht konstant ist }
  GetMem(BitMapInfo,SizeOf(TBitMapInfoHeader)+PaletteSize);
  { Felder dieses Records vorbesetzen, zunächst alles 0 }
  FillChar(BitMapInfo^,SizeOf(TBitMapInfoHeader),#0);
  with BitMapInfo^.bmiHeader do begin
    biSize:=sizeOf(TBitMapInfoHeader);
    biWidth:=BitMapRec.bmWidth;
    biHeight:=BitMapRec.bmHeight;
    biBitCount:=BitsPerPixel;
    biSizeImage:=BitMapSize;
    biPlanes:=1;
    biCompression:=0;
  end;
```

Nun füllen wir den Dateiheader mit den aus den anderen Strukturen
bekannten Daten:

```
With FileHeader do begin
  bfOffBits:=SizeOf(FileHeader)+
             SizeOf(TBitMapInfoHeader)+PaletteSize;
  bfType:=$4d42; { ="BM" }
  bfSize:=bfOffBits+BitMapSize;
  bfReserved1:=0;
  bfReserved2:=0;
end;
```

Bislang hatten wir immer innerhalb einer Bitmap gearbeitet, und daher war
es nicht relevant, daß die Palette überhaupt nicht in unsere Struktur
übertragen wurde. Natürlich wollen wir diese aber speichern, und da deren
Position vor den Bilddaten liegt, müssen wir einen Dummyaufruf von
GetDIBits einfügen, der nur die Headerstruktur und Palette füllt:

```
GetDIBits(DC,BMap,0,1,nil,BitMapInfo^,dib_RGB_Colors);
```

Jetzt sind die Daten komplett und wir können die Datei für den
Schreibzugriff vorbereiten. Aus Performancegründen bietet sich hier ein
gepufferter Stream *TBufStream* an, der nicht bei jeder Zeile einen
Plattenzugriff druchführt. Mit 8 KBytes Puffer sind wir hier gut bedient.

```
Stream.Init('C:\SNAP.BMP',stOpenWrite,8192);
If Stream.Status<>0 then begin { Datei existiert nicht }
  Stream.Init('C:\SNAP.BMP',stCreate,8192);
  Stream.done;
  Stream.Init('C:\SNAP.BMP',stOpenWrite,8192);
end;
```

Streams sind eine der Highlights des OOP–Pascal, da sie recht
unbürokratisch das schnelle Speichern verschieden großer Objekte bzw.
Strukturen erlauben. Schreiben wir also zunächst den Dateiheader und dann
den Bitmapheader inklusive Farbpalette.

```
Stream.Write(FileHeader,SizeOf(FileHeader));
Stream.Write(BitMapInfo^,
        SizeOf(TBitMapInfoHeader)+PaletteSize);
```

Die Bilddaten werden wieder zeilenweise in den Stream geschrieben, da so
nur ein kleiner Puffer zum Auslesen der Bitmap benötigt wird und
Selektorakrobatik keinesfalls nötig wird. Dann kann die Datei geschlossen
und in einer anderen Anwendung wieder eingelesen werden,

```
For Zeile:=0 to BitMapRec.bmHeight-1 do begin
  GetDIBits(DC,BMap,Zeile,1,@PixelLine,
          BitMapInfo^,dib_RGB_Colors);
  Stream.Write(PixelLine,BitmapLineSize);
 end;
Stream.done;
```

Auch diese Erweiterung wurde in das Programm SNAP eingebaut, die derart modifizierte Version trägt konsequenterweise den Namen SNAPY, nachdem die letzte erweiterte Version von SNAP den Namen SNAPX bekam. Da gegenüber SNAP wieder nur die Methode *WMSNAP* geändert wurde, kann auf ein komplettes Listing verzichtet werden.

```pascal
procedure TMyWindow.WMSnap;
  var BMap            : HBitMap;
      DC,MDC          : HDC;
      BitMapRec       : TBitMap;
      BitMapInfo      : PBitMapInfo;
      BitMapSize,
      BitsPerPixel,
      BitMapLineSize            : longint;
      FileHeader                : TBitMapFileHeader;
      Palettesize,i,Zeile,
      dx,dy                     : integer;
      ActiveWin                 : HWND;
      r                         : TRect;
      OldCursor                 : HCursor;
      Stream                    : TBufStream;

  begin
    { Da der Schwarezweiß-Schnappschuß etwas Rechenzeit
      benötigt, Sanduhrcursor setzen }
    OldCursor:=SetCursor(LoadCursor(0,idc_Wait));
    { Aktuelles Fenster ermitteln }
    ActiveWin:=GetActiveWindow;
    { Kontext davon holen }
    DC:=GetDC(ActiveWin);
    { Größe ermitteln }
    GetWindowRect(ActiveWin,r);
    { Kompatible Speicherkontexte erstellen }
    MDC:=CreateCompatibleDC(DC);
    { Farbige Bitmap in erforderlicher Größe erstellen und ein-
setzen }
    dx:=abs(r.left-r.right);
    dy:=abs(r.top-r.bottom);
    BMap:=CreateCompatibleBitmap(DC,dx,dy);
    SelectObject(MDC,BMap);
    { Kontext des Fensters wird nicht mehr benötigt }
    ReleaseDC(ActiveWin,DC);
    { Ganzen Bildschirm als Quellkontext holen }
    DC:=CreateDC('Display',nil,nil,nil);

    { Fenster kopieren }
    BitBlt(MDC,0,0,dx,dy,DC,r.left,r.top,srcCopy);
    { Informationen über die Bitmap holen }
    GetObject(BMap,SizeOf(BitMapRec),@BitMapRec);
    { Anzahl Bytes pro Zeile und Gesamtgröße errechnen }
    With BitMapRec do begin
      BitsPerPixel:=bmPlanes*bmBitsPixel;
      { Zeilenlängen auf Vielfaches von 2 Byte ausrichten }
      BitmapLineSize:=(bmWidth*BitsPerPixel+31) div 32 * 4;
```

```pascal
    BitmapSize:=BitMapLineSize*bmHeight;
   end;
 { Größe des Palettenpuffers ermitteln }
 If BitsPerPixel=24 then
   PaletteSize:=0 { Echtfarbbild ohne Palette }
 else
   Palettesize:=(1 shl BitsPerPixel)*SizeOf(TRGBQuad);
 { Speicherplatz für BitMapInfo dynamisch reservieren, da
   die Palettengröße nicht konstant ist   }
 GetMem(BitMapInfo,SizeOf(TBitMapInfoHeader)+PaletteSize);
 { Felder dieses Records vorbesetzen, zunächst alles 0 }
 FillChar(BitMapInfo^,SizeOf(TBitMapInfoHeader),#0);
 with BitMapInfo^.bmiHeader do begin
   biSize:=sizeOf(TBitMapInfoHeader);
   biWidth:=BitMapRec.bmWidth;
   biHeight:=BitMapRec.bmHeight;
   biBitCount:=BitsPerPixel;
   biSizeImage:=BitMapSize;
   biPlanes:=1;
   biCompression:=0;
  end;
 { Dateiheader mit Daten füllen }
 With FileHeader do begin

bfOffBits:=SizeOf(FileHeader)+SizeOf(TBitMapInfoHeader)+Palet
teSize;
   bfType:=$4d42; { ="BM" }
   bfSize:=bfOffBits+BitMapSize;
   bfReserved1:=0;
   bfReserved2:=0;
  end;
 { Eine Zeile lesen, damit Farbpalette eingelesen wird }
 GetDIBits(DC,BMap,0,1,nil,BitMapInfo^,dib_RGB_Colors);
 { Datei öffnen }
 Stream.Init('C:\SNAP.BMP',stOpenWrite,8192);
 If Stream.Status<>0 then begin { Datei existiert nicht }
    Stream.Init('C:\SNAP.BMP',stCreate,8192);
    Stream.done;
    Stream.Init('C:\SNAP.BMP',stOpenWrite,8192);
   end;
 { Dateiheader schreiben }
 Stream.Write(FileHeader,SizeOf(FileHeader));
 { Bitmapheader samt Palette schreiben }
 Stream.Write(BitMapInfo^,
         SizeOf(TBitMapInfoHeader)+PaletteSize);
 { Zeilenweise, da Operationen über 64K Selektor-
   Arithmetik erfordern }
 For Zeile:=0 to BitMapRec.bmHeight-1 do begin
   GetDIBits(DC,BMap,Zeile,1,@PixelLine,
             BitMapInfo^,dib_RGB_Colors);
   Stream.Write(PixelLine,BitmapLineSize);
  end;
 { Datei schließen }
 Stream.done;
 { Allokierten Speicher freigeben }
 FreeMem(BitMapInfo,SizeOf(TBitMapInfoHeader)+PaletteSize);
```

```
    { Kontexte freigeben }
    DeleteDC(MDC);
    DeleteDC(DC);
    { Fertig: Alten Cursor wieder setzen }
    SetCursor(OldCursor);
  end;
```

Beim Laden einer Bitmap müssen wir einen etwas anderen Weg gehen. Die
Datei wird wieder als gepufferter Stream geöffnet. Um die elementaren
Daten über die Bitmap zu erhalten, lesen wir sofort den Dateiheader aus:

```
function ReadBitmapFile(Path:fNameStr):HBitMap;
  var
          DC                     : HDC;
          BMap                   : HBitMap;
          ImagedataPtr           : Pointer;
          BitMapInfo             : PBitMapInfo;
          FileHeader             : TBitMapFileHeader;
          BitMapLineSize,
          Palettesize,i,Zeile,
          dx,dy,BytesProZeile    : integer;
          Stream                 : TBufStream;
          HPixel                 : THandle;

  begin
    Stream.Init(Path,stOpenRead,8192);
    If Stream.Status<>stOK then begin
      ReadBitmapFile:=0;
      exit;
    end;
    Stream.Read(FileHeader,SizeOf(FileHeader));
```

Aus den Daten des Dateiheaders können wir die Größe des Bitmapheaders
inklusive der Farbpalette errechnen und so entsprechenden Speicher dafür
anfordern. Ist dieser Header gelesen, kann die Zeilengröße in Bytes auf die
vom Speicher einer Bitmap bekannte Art berechnet werden.

```
Palettesize:=FileHeader.bfOffBits-
          SizeOf(FileHeader)-SizeOf(TBitMapInfoHeader);
{ Bitmap-Info und Palette lesen }
GetMem(BitMapInfo,SizeOf(TBitMapInfoHeader)+Palettesize);
Stream.Read(BitMapInfo^,SizeOf(TBitMapInfoHeader)+
          Palettesize);
{ Zeilenlänge auf Vielfaches von 2 Byte ausrichten }
with BitMapInfo^.bmiHeader do
  BitmapLineSize:=(biWidth*biPlanes*biBitCount+31)
          div 32 * 4;
```

Zum Erzeugen einer Bitmap im Speicher übergeben wir einen
Speicherbereich für die Pixeldaten, der zunächst vom globalen Heap
angefordert werden muß. Dieser wird für die Zeit der Übergabe gesperrt,
damit der Zeiger darauf gültig bleibt.

```
HPixel:=GlobalAlloc(gmem_moveable,
           BitmapInfo^.bmiHeader.biSizeImage);
ImagedataPtr:=GlobalLock(HPixel);
DC:=GetDC(0);
BMap:=CreateDIBitMap(DC,BitMapInfo^.bmiHeader,cbm_Init,
           ImageDataPtr,BitMapInfo^,dib_RGB_Colors);
```

Nun steht alles dafür bereit, auch die eigentlichen Bilddaten aus der Datei
auszulesen. Zeilenweise vorzugehen erspart auch hier den Einsatz des nur
halb dokumentierten Selektor–Inkrements *AHINCR* aus dem Modul
KERNEL (vergl. Kapitel 15).

```
For Zeile:=0 to BitMapInfo^.bmiHeader.biHeight-1 do begin
  Stream.Read(PixelLine,BitMapLineSize);
  SetDIBits(DC,BMap,Zeile,1,@PixelLine,
           BitMapInfo^,dib_RGB_Colors);
  end;
```

Der für die Initialisierung der Bitmap allokierte Speicher kann nun, ebenso
wie der Speicher für den Bitmapheader freigegeben werden. Als Funktionsergebnis übergeben wir das Bitmaphandle.

```
ReleaseDC(0,DC);
FreeMem(BitMapInfo,SizeOf(TBitMapInfoHeader)+Palettesize);
GlobalUnlock(HPixel);
GlobalFree(HPixel);
ReadBitMapFile:=BMap;
end;
```

Ein praktischer Einsatz für diese Funktion ist ein Programm, welches eine
in der Kommandozeile angegebene Bitmapdatei in einem Fenster anzeigt.
Ideal ist dieses Tool, wenn man es im Dateimanager mit Bitmapdateien
assoziiert und dann schnell Bitmapdateien anschauen kann.

Hier der knappe Quellcode, der nur wenig *Drumherum* zu der eben entwik-
kelten Ladefunktion enthält.

```
{ ---------------------------------------------
            Bitmap-Viewer

  von Michael Schumann für Vieweg Verlag
  --------------------------------------------- }

program ViewBMP;


{$IFDEF VER15}
uses WObjects,WinTypes,WinProcs,Strings,WinDos;
{$ELSE}
uses
OWindows,ODialogs,Objects,WinTypes,WinProcs,Strings,WinDos;
{$ENDIF}
```

```pascal
type
  TMyApp = object(TApplication)
    procedure InitMainWindow; virtual;
  end;

  PMyWindow = ^TMyWindow;
  TMyWindow = object(TWindow)
    BMap : HBitMap;
    constructor Init(ATitle : PChar);
    destructor done; virtual;
    procedure SetupWindow; virtual;
    procedure wmKeyDown(var M:TMessage); virtual
        wm_first+wm_keydown;
    procedure wmLButtonDown(var M:TMessage); virtual
        wm_first+wm_LButtonDown;
    procedure Paint(PaintDC : HDC; var PaintInfo:
TPaintStruct); virtual;
  end;

var PixelLine: array[0..2048] of byte;

function ReadBitmapFile(Path:fNameStr):HBitMap;
 var
      DC                      : HDC;
      BMap                    : HBitMap;
      ImagedataPtr            : Pointer;
      BitMapInfo              : PBitMapInfo;
      FileHeader              : TBitMapFileHeader;
      BitMapLineSize,
      Palettesize,i,Zeile,
      dx,dy,BytesProZeile     : integer;
      Stream                  : TBufStream;
      HPixel                  : THandle;

 begin
  { Datei öffnen }
  Stream.Init(Path,stOpenRead,8192);
  If Stream.Status<>stOK then begin
    ReadBitmapFile:=0;
    exit;
   end;
  { Header lesen }
  Stream.Read(FileHeader,SizeOf(FileHeader));
  Palettesize:=FileHeader.bfOffBits-
              SizeOf(FileHeader)-SizeOf(TBitMapInfoHeader);
  { Bitmap-Info und Palette lesen }
  GetMem(BitMapInfo,SizeOf(TBitMapInfoHeader)+Palettesize);

Stream.Read(BitMapInfo^,SizeOf(TBitMapInfoHeader)+Palettesize
);
  { Zeilenlänge auf Vielfaches von 2 Byte ausrichten }
  with BitMapInfo^.bmiHeader do
    BitmapLineSize:=(biWidth*biPlanes*biBitCount+31) div 32 *
4;
  { Speicher für Pixel allokieren }
```

```pascal
HPixel:=GlobalAlloc(gmem_moveable,BitmapInfo^.bmiHeader.biSiz
eImage);
  ImagedataPtr:=GlobalLock(HPixel);
  { Die (noch leere) Bitmap erstellen }
  DC:=GetDC(0);
  BMap:=CreateDIBitMap(DC,BitMapInfo^.bmiHeader,cbm_Init,
             ImageDataPtr,BitMapInfo^,dib_RGB_Colors);
  { Bitmap Zeilenweise lesen }
  For Zeile:=0 to BitMapInfo^.bmiHeader.biHeight-1 do begin
    Stream.Read(PixelLine,BitMapLineSize);
    SetDIBits(DC,BMap,Zeile,1,@PixelLine,
             BitMapInfo^,dib_RGB_Colors);
  end;
  { Speicher mit Pixeldaten wird nicht mehr benötigt }
  ReleaseDC(0,DC);
  FreeMem(BitMapInfo,SizeOf(TBitMapInfoHeader)+Palettesize);
  GlobalUnlock(HPixel);
  GlobalFree(HPixel);
  ReadBitMapFile:=BMap;
  end;

constructor TMyWindow.Init(ATitle : PChar);
 begin
  TWindow.Init(Nil, ATitle);
  with Attr do
    begin
     Style := ws_OverlappedWindow;
     Menu := LoadMenu(hInstance,'MENU_1');
     { Startposition und -größe }
     X:=100; Y:=100; w:=300; h:=300;
    end;
 end;

procedure TMyWindow.SetupWindow;
 var fn: array[0..150] of char;
 begin
  TWindow.SetupWindow;
  strPCopy(fn,Paramstr(1));
  BMap:=ReadBitmapFile(fn);
  if BMap=0 then begin
    MessageBox(HWindow,'Kann angegebene Bitmap nicht öff-
nen','ViewBMP',
                 mb_OK+mb_IconExclamation);
    PostMessage(HWindow,wm_Close,0,0)
  end;
 end;

procedure TMyWindow.WMKeyDown;
 begin
  CloseWindow;
 end;

procedure TMyWindow.WMLButtonDown;
 begin
  CloseWindow;
 end;
```

```
procedure TMyWindow.Paint;
 var
      b   : TBitMap;
     MDC : HDC;
     Old : THandle;
 begin
  GetObject(BMap,SizeOf(b),@b);
  MDC:=CreateCompatibleDC(PaintDC);
  Old:=SelectObject(MDC,BMap);
  BitBlt(PaintDC,0,0,b.bmwidth,b.bmHeight,
            MDC,0,0,SrcCopy);
  SelectObject(MDC,Old);
  DeleteDC(MDC);
 end;

destructor TMyWindow.done;
 begin
  DeleteObject(BMap);
  TWindow.done;
 end;

procedure TMyApp.InitMainWindow;
 begin
  MainWindow := New(PMyWindow, Init(''));
 end;

var
  App : TMyApp;
begin
  App.Init('MyWindow');
  App.Run;
  App.Done;
end.
```

8.6 ROP-Codes

Die Darstellung von Bitmaps ist mit den Funktionen *BitBlt* und *StretchBlt* kein Problem, und dank der ROP–Codes können vielfältige Effekte erzielt werden. Damit die Auswahl des passenden ROP–Codes leicht fällt, habe ich auf der Diskette zum Buch ein kleines Programm beigelegt, das den Effekt jedes ROP–Codes für zwei verschiedene Abbildungen auf verschiedenen Hintergründen direkt anzeigt. Das Programm liegt natürlich auch im Quellcode vor, so daß Sie es leicht auf weitere der insgesamt 256 möglichen Codes erweitern können.

Es heißt ROPTEST und sieht so aus:

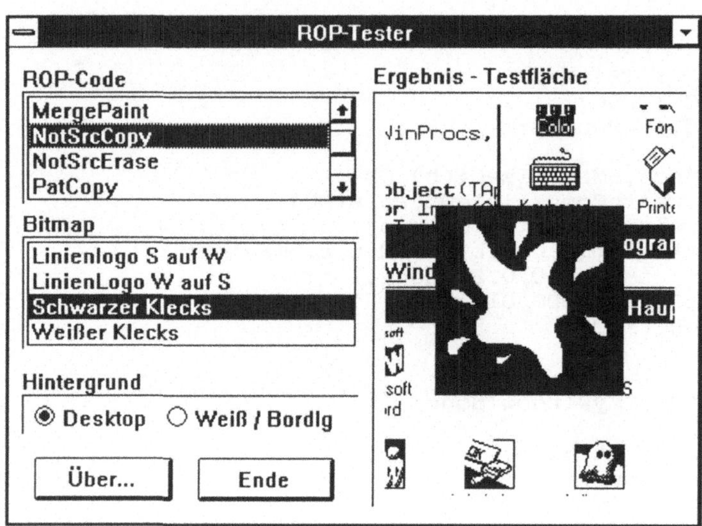

Abbildung 8.7 Das Programm ROPTEST

Für ganz spezielle Anforderungen kann es durchaus vorkommen, daß nicht der richtige ROP–Code zur Verfügung steht. Einem solchen Fall sind wir bereits im fünften Kapitel begegnet, wo ein eingestanztes Logo über dreimaliges versetztes Übereinanderkopieren mit einem speziellen ROP–Code erzeugt wurde.

Wie ermittelt man den benötigten ROP–Code?

Gehen wir zunächst der Frage auf den Grund, was der ROP–Code überhaupt steuert. Der Zustand eines Pixel im Zielkontext hängt von drei Faktoren ab:

1. Entsprechendes Pixel im Quellkontext

2. Der vorherige Wert des Pixel im Zielkontext

3. Dem Zeichenbrush

Kombinationsmöglichkeit	1	2	3	4	5	6	7	8
Vorheriger Wert	1	0	1	0	1	0	1	0
Quellkontext	1	1	0	0	1	1	0	0
Brush	1	1	1	1	0	0	0	0
Zielkontext	?	?	?	?	?	?	?	?

Tabelle 8.3 Zusammensetzen eines ROP-Code

So ergibt sich die Wahrheitstabelle 8.3 für die Zusammensetzung des Zielpixel, die fast schon den ROP–Code erzeugt.

Die Ergebnisbits dieser Wahrheitstabelle in der untersten Zeile ergeben das erste Byte des ROP–Codes, dessen restliche Bytes aus einer anderen Tabelle entnommen werden müssen. Hier nun ein praktisches Beispiel dazu:

Kombinationsmöglichkeit	1	2	3	4	5	6	7	8
Vorheriger Wert	1	0	1	0	1	0	1	0
Quellkontext	1	1	0	0	1	1	0	0
Brush	1	1	1	1	0	0	0	0
Zielkontext	1	0	1	1	1	0	0	0

Tabelle 8.4 Entstehung des ROP-Codes aus dem fünften Kapitel

Die Entstehung des ROP–Codes aus dem fünften Kapitel kann in Tabelle 8.3 nachvollzogen werden. Verlangt war, daß schwarze Stellen des Quellkontextes in der Farbe des Brush erscheinen. Weiße Stellen sollten durchsichtig sein, also den ursprünglichen Wert des Zielkontextes beibehalten. Trägt man diese Bedingungen (Weiß = 1, Schwarz = 0) in die Wahrheitstabelle ein, so entsteht die Binärzahl 0B8h, die anhand der Tabelle 8.5 zum kompletten Code ergänzt werden kann.

Warum reicht nicht ein *Ein–Byte*-Wert aus, wenn sowieso nur 256 Codes möglich sind?

Hier wurde wieder einmal Performance vor Programmierkomfort gestellt. Der Code im ersten Wort dient als Grundlage für den Verknüpfungsalgorithmus, der zur Laufzeit für die Kopieraktion auf dem Stack aus dem ROP–Code kompiliert wird. Es kann also davon ausgegangen werden, daß die anderen zwei Bytes den Algorithmus enthalten – in welcher Form auch immer.

Auf der folgenden Seite finden Sie alle möglichen ROP–Codes für *BitBlt* und *StretchBlt* Operationen. Um an den gewünschten Code zu gelangen, müssen Sie zunächst die Wahrheitstabelle ausfüllen, dem Ergebniswert in hexadezimaler Darstellung zwei Nullen voranstellen und in der Tabelle den Eintrag suchen, dessen erste zwei Bytes mit diesem Wert übereinstimmen.

00000042	002B1D58	005601A9	00810975	00AC0744	00D70349
00010289	002C0784	00570389	00820C49	00AD06E9	00D80745
00020C89	002D060A	00580785	00831E04	00AE0B06	00D906E8
000300AA	002E064A	00590609	00840C48	00AF0229	00DA1CE9
00040C88	002F0E2A	005A0049	00851E05	00B00E05	00DB0D75
000500A9	0030032A	005B18A9	008617A6	00B10665	00DC0B04
00060865	00310B28	005C0649	008701C5	00B21974	00DD0228
000702C5	00320688	005D0E29	008800C6	00B30CE8	00DE0268
00080F08	00330008	005E1B29	00891B08	00B4070A	00DF08C8
00090245	003406C4	005F00E9	008A0E06	00B507A9	00E003A5
000A0329	00351864	00600365	008B0666	00B616E9	00E10185
000B0B2A	003601A8	006116C6	008C0E08	00B70348	00E20746
000C0324	00370388	00620786	008D0668	00B8074A	00E306EA
000D0B25	0038078A	00630608	008E1D7C	00B906E6	00E40748
000E08A5	00390604	00640788	008F0CE5	00BA0B09	00E506E5
000F0001	003A0644	00650606	00900C45	00BB0226	00E61CE8
00100C85	003B0E24	00660046	00911E08	00BC1CE4	00E70D79
001100A6	003C004A	006718A8	009217A9	00BD0D7D	00E81D74
00120868	003D18A4	006858A6	009301C4	00BE0269	00E95CE6
001302C8	003E1B24	00690145	009417AA	00BF08C9	00EA02E9
00140869	003F00EA	006A01E9	009501C9	00C000CA	00EB0849
001502C9	00400F0A	006B178A	00960169	00C11B04	00EC02E8
00165CCA	00410249	006C01E8	0097588A	00C21884	00ED0848
00171D54	00420D5D	006D1785	00981888	00C3006A	00EE0086
00180D59	00431CC4	006E1E28	00990066	00C40E04	00EF0A08
00191CC8	00440328	006F0C65	009A0709	00C50664	00F00021
001A06C5	00450B29	00700CC5	009B07A8	00C60708	00F10885
001B0768	004606C6	00711D5C	009C0704	00C707AA	00F20B05
001C06CA	0047076A	00720648	009D07A6	00C803A8	00F3022A
001D0766	00480368	00730E28	009E16E6	00C90184	00F40B0A
001E01A5	004916C5	00740646	009F0345	00CA0749	00F50225
001F0385	004A0789	00750E26	00A000C9	00CB06E4	00F60265
00200F09	004B0605	00761B28	00A11B05	00CC0020	00F708C5
00210248	004C0CC8	007700E6	00A20E09	00CD0888	00F802E5
00220326	004D1954	007801E5	00A30669	00CE0B08	00F90845
00230B24	004E0645	00791786	00A41885	00CF0224	00FA0089
00240D55	004F0E25	007A1E29	00A50065	00D00E0A	00FB0A09
00251CC5	00500325	007B0C68	00A60706	00D1066A	00FC008A
002606C8	00510B26	007C1E24	00A707A5	00D20705	00FD0A0A
00271868	005206C9	007D0C69	00A803A9	00D307A4	00FE02A9
00280369	00530764	007E0955	00A90189	00D41D78	00FF0062
002916CA	005408A9	007F03C9	00AA0029	00D50CE9	
002A0CC9	00550009	008003E9	00AB0889	00D616EA	

Tabelle 8.5 Alle ROP–Codes von 000h bis 0FFh

9 Hintergrundprogramme

Hintergrundprogramme unter Windows? Das ist doch eigentlich Quatsch! Schließlich ist Windows doch ein System, bei dem nahezu beliebig viele Applikationen quasi gleichzeitig ablaufen können. Das also, was man unter DOS mühselig mit TSR-Programmen zu erreichen versucht, ist unter Windows automatisch mit jedem beliebigen Programm möglich!

Dieser Sachverhalt trifft allerdings nur für das zu, was man von "normalen" Applikationen verlangt. Es gibt auch unter Windows spezielle Hintergrundprogramme, die ihr Vorhandensein im normalen Betrieb überhaupt nicht preisgeben und erst in Aktion treten, wenn es verlangt wird. Ein Beispiel dafür ist das Programm NWPOPUP.EXE, welches unter Windows Meldungen aus dem Novell-Netzwerk in einem Fenster anzeigen kann und ansonsten für AnwenderInnen unsichtbar ist. Auch die Windows-Uhr ist kein ganz normales Windows-Programm, denn sie zeigt die richtige Uhrzeit auch dann, wenn Sie auf ein Icon verkleinert wurde. In diesem Kapitel möchte ich Ihnen die Techniken aufzeigen, die man benötigt, um solche Programme zu erstellen.

9.1 Timer

Damit ein Programm auch dann bestimmte Aktionen durchführen kann, wenn es nicht im Vordergrund ist, kann man einen der zwölf unter Windows verfügbaren Zeitgeber dazu veranlassen, regelmäßig eine bestimmte Funktion des Programms aufzurufen, wobei dies mit mehreren verschiedenen Methoden geschehen kann.

*   Das Programm, welches den Timer angefordert hat, erhält in regelmäßigen Abständen eine Nachricht.

*   Eine bestimmte Funktion des Programms wird regelmäßig aufgerufen.

Die Windows-Timer haben jedoch einige Einschränkungen, die Sie bei deren Einsatz unbedingt beachten müssen, denn sie sind alles andere als optimale Zeitgeber!

- Es kann vorkommen, daß kein Timer zur Verfügung steht.

- Die minimale Auflösung beträgt ca. 50 ms, kleinere Werte werden von Windows zu 50 ms aufgerundet.

- Timer sind nicht sehr genau, da die Zeitangaben auf das hardwaremäßig verfügbare Teilerraster aufgerundet werden.

- Man kann sich **nicht** darauf verlassen, daß innerhalb einer bestimmten Zeit eine Aktivierung durch den Timer erfolgt, da eine modale Applikation das gesamte Nachrichtensystem blockieren kann.

Sie können diese Einschränkungen mit der Windows Uhr überprüfen. Starten Sie die Uhr mit der Digitalanzeige und stellen Sie sie über die Option im Systemmenü immer in den Vordergrund. Nun sollten Sie einmal eine Applikation wie BPW, TPW, Word für Windows oder Excel starten, die einige Zeit für ihre Initialisierung benötigt. Sie werden feststellen, daß die Uhr zunächst für einige Sekunden stehenbleibt, um dann plötzlich wieder auf die richtige Zeit zu springen. Die Ladephase dieser Applikationen hat das Nachrichtensystem blockiert und so auch keine Timer–Meldungen weitergereicht – die Uhr blieb stehen. Dann kamen wieder Nachrichten (wohl mehrere auf einmal, dies ist jedoch irrelevant), und die Uhr stellte sich wieder auf die aktuelle Zeit ein.

Sie werden sich wundern, warum man unter diesen Umständen trotzdem Prozeßsteuerungen unter Windows entwickeln kann – dies ist wieder einmal den virtuellen Gerätetreibern zu verdanken, die exaktes Timing ermöglichen, da sie Zugriff auf die unteren Ebenen des Systems haben. Wir als TPW oder BPW–ProgrammiererInnen können dies nicht so ohne weiteres und sollten daher die genannten Einschränkungen bei jeder Entwicklung unbedingt berücksichtigen.

Weiterhin sollten Sie beim Einsatz der Timer in eigenen Programmen immer bedenken, daß Sie bei jeder Timeraktion andere laufende Programme, die so fair sind Nachrichten weiterzugeben, regelmäßig unterbrechen und so unter Umständen die Systemleistung erheblich mindern können.

Ein Beispiel dafür ist der Druckmanager, der beim Drucken größerer gerasterter Grafiken und bei entsprechender Priorität den Rechner scheinbar völlig in die Knie zwingen kann und in einem die Erinnerung an den guten alten IBM–XT wieder wachruft.

Wie setzt man Timer ein?

Beginnen wir mit der ersten Methode, bei der die Applikation regelmäßig eine Nachricht bekommt. Der Timer wird innerhalb der Methode *SetupWindow* initialisiert und man bekommt einen Wert ungleich Null, wenn dies erfolgreich durchgeführt werden konnte:

```
procedure TMyWindow.SetUpWindow;
  begin
   TWindow.SetupWindow;
   if SetTimer(HWindow,1,Interval,nil)=0 then begin
    messageBox(HWindow,'Kein Zeitgeber verfügbar!',
               'timerl',mb_OK+mb_IconHand);
    halt(1);
   end;
  end;
```

Eine Initialisierung in der *Init*-Methode des Fensters ist ebenso wenig möglich wie in allen anderen Fällen, bei denen ein gültiges Fensterhandle benötigt wird. Dieses hat nach *TWindow.Init* noch nicht den korrekten Wert. Die Parameter der Funktion *SetTimer* sind

1. das Fensterhandle

2. eine innerhalb des Programms eindeutige Zeitgebernummer

3. das Zeitintervall in ms

4. ein Zeiger auf die Timerprozedur, der hier *nil* ist, da wir über die Timernachricht arbeiten wollen.

Innerhalb des Programms wird nun in einer Fenstermethode auf die Nachricht des Zeitgebers reagiert:

```
   ...
   PMyWindow = ^TMyWindow;
   TMyWindow = object(TWindow)
     constructor Init(ATitle : PChar);
     destructor done; virtual;
     procedure SetupWindow; virtual;
     procedure WMTimer(var M:TMessage); virtual
              wm_first+wm_timer;
   end;

  ...
  procedure TMyWindow.WMTimer;
   begin
   ...
   end;
```

Wenn Sie innerhalb der Timermethode die Funktion *MessageBox* einsetzen, so sollten Sie unbedingt einen Mechanismus einbauen, der einen Mehrfachaufruf verhindert. Wird dies nicht getan, so erscheinen einige

Messageboxen auf dem Bildschirm, und das Programm bricht mit einer
Fehlermeldung ab. Ein Mechanismus könnte so aussehen:

```pascal
procedure TMyWindow.WMTimer;
  var mbThere:boolean;
  begin
  if mbThere then exit;
  mbThere:=true;
  messageBox(...);
  mbThere:=false;
  ...
  end;
```

Die Variable *mbThere* muß natürlich in *SetupWindow* oder *Init* mit dem
Wert *false* initialisiert werden, da sonst unter Umständen überhaupt keine
Reaktion auf die Timernachricht erfolgt.

Ein Programm kann auch mehrere Timer einsetzen, um beispielsweise
bestimmte Funktionen im Sekundentakt und andere im Minutentakt auszuführen. Aus ökonomischen Gründen empfehle ich Ihnen jedoch, lieber nur
einen Timer mit der kleinsten benötigten Auflösung einzusetzen und den
langsameren Takt durch Hochzählen einer Variablen zu erzeugen. Sollte
dies durch das Teilerverhältnis der zwei vorgesehenen Zeitintervalle nicht
möglich sein, so müssen dann doch zwei Timer beansprucht werden.

Bei Sekunden und Minuten ist die Verwendung eines Timers jedoch gut
möglich, und bei allen Zeiten oberhalb von 65 Sekunden muß in jedem Fall
ein Zähler eingesetzt werden. Das Argument von *SetTimer* erlaubt nur ein
WORD als Zeitangabe in ms, also maximal 65,535 ms $\approx$ 65 s $\approx$ 1 min.

Wenn Sie zwei oder mehr Timer einsetzen, so müssen Sie diesen jeweils
verschiedene IDs vergeben, anhand derer in der Methode *WMTimer*
festgestellt werden kann, welches Zeitintervall abgelaufen ist. Dies geschieht über das Feld *wParam* in dem übergebenen *TMessage*–Record:

```pascal
procedure TMyWindow.WMTimer;
  begin
   case m.wParam of
    1: begin
        ...
        end;
    2: begin
        ...
        end;
    3: begin
        ...
        end;
   end;
  end;
```

Wie bereits eingangs erwähnt, können Sie die IDs frei vergeben und finden diese jeweils in *wParam* wieder.

Was man keinesfalls vergessen darf, ist das Freigeben des oder der Timer bei Programmende. Am besten geschieht dies innerhalb der Destruktors des Fensters, da nach der Zerstörung des Fensters auch keine Antwortmethode für den oder die Zeitgeber mehr existiert. Vergißt man diese Freigabe, so wird es nach einigen Starts plötzlich keine freien Timer im System geben und irgendeine Applikation wird ihren Dienst verweigern. So etwas kann nur durch Verlassen und einen Neustart von Windows geschehen. Für jeden über *SetTimer* angeforderten Zeitgeber muß ein Aufruf von *KillTimer* erfolgen:

```
destructor TMyWindow.done;
 begin
  TWindow.done;
  KillTimer(HWindow,1);
 end;
```

Die am Anfang erwähnte zweite Methode, den Timer einzusetzen, beinhaltet die Installation einer Prozedur, die dem System über *MakeProcInstance* bekannt gemacht wird:

```
procedure MyTimer(Wnd:HWnd;I:integer;
                  W:Word;L:Longint); far;
 begin
 ...
 end;

...

 var MyTProc: TFarProc;
 ...
 MyTProc:=MakeProcInstance(@MyTimer,HInstance);
 SetTimer(HWindow,1,Interval,MyTProc);
 ...
```

Anschließend kann diese Prozedur in *SetTimer* angegeben werden, wo bei der ersten Methode immer ein *nil*–Zeiger übergeben wurde. Nun wird bei Ablauf des Zeitgebers in regelmäßigen Abständen diese Prozedur direkt aufgerufen und keine Nachricht in die Warteschlange eingereiht. Dies hält allerdings *unsoziale* Programme, die das System blockieren, nicht davon ab, auch diesen Aufruf zu unterbinden.

Im folgenden finden Sie ein kleines Beispielprogramm, welches unter Einsatz des Zeitgebers und einer undokumentierten Windowsfunktion im Sekundentakt die freien Systemressourcen von GDI und USER anzeigt.

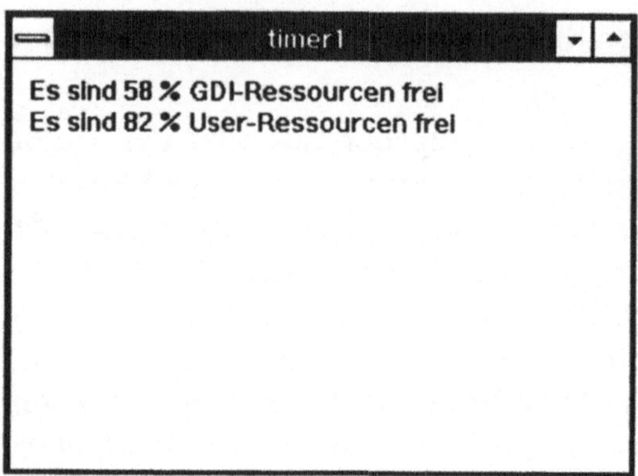

Abbildung 9.1
Anzeige der freien Ressourcen im
Sekundentakt mit einem Timer

Hier nun das Listing dazu. Zu der eingesetzten undokumentierten Funktion kommen wir im letzten Kapitel dieses Buchs noch einmal ausführlicher zurück.

```pascal
{ -----------------------------------------------
      Verwendung des Timers Methode 1

  von Michael Schumann für Vieweg Verlag
  ------------------------------------------- }

program timer1;


{$IFDEF VER15}
uses WObjects,WinTypes,WinProcs,Strings,WinDos,toolHelp;
{$ELSE}
uses OWindows,WinTypes,WinProcs,Strings,WinDos,toolhelp;
{$ENDIF}

const
      Interval = 1000;    { Intervall in ms }

function GetHeapSpaces(Handle:THandle):longint; far;
        external 'KERNEL';

type
  TMyApp = object(TApplication)
    procedure InitMainWindow; virtual;
  end;

  PMyWindow = ^TMyWindow;
  TMyWindow = object(TWindow)
    constructor Init(ATitle : PChar);
    destructor done; virtual;
    procedure SetupWindow; virtual;
    procedure WMTimer(var M:TMessage); virtual
              wm_first+wm_timer;
  end;
```

```pascal
constructor TMyWindow.Init(ATitle : PChar);
 begin
   TWindow.Init(Nil, ATitle);
   with Attr do
     begin
      Style := ws_OverlappedWindow;
      { Startposition und -größe }
      X:=20; Y:=20; w:=400; h:=300;
     end;
 end;

destructor TMyWindow.done;
 begin
   TWindow.done;
   KillTimer(HWindow,1);
 end;

procedure TMyWindow.SetUpWindow;
 begin
   TWindow.SetupWindow;
   if SetTimer(HWindow,1,Interval,nil)=0 then begin
    messageBox(HWindow,'Kein Zeitgeber verfügbar!',
               'timer1',mb_OK+mb_IconHand);
    halt(1);
    end;
 end;


procedure TMyWindow.WMTimer;
 var DC    : HDC;
     HS,mfree,
     msize      : longint;
     s     : array[0..50] of char;
 begin
  DC:=GetDC(HWindow);
  { GDI-Speicher ermitteln }
  HS:=GetHeapSpaces(GetModuleHandle('GDI'));
  mfree:=round(loWord(HS)/hiWord(HS)*100);
  wvsPrintf(s,'Es sind %li %% GDI-Ressourcen frei    ',mfree);
  TextOut(DC,10,10,s,StrLen(s));
  { USER-Speicher ermitteln }
  HS:=GetHeapSpaces(GetModuleHandle('USER'));
  mfree:=round(loWord(HS)/hiWord(HS)*100);
  wvsPrintf(s,'Es sind %li %% User-Ressourcen frei
',mfree);
  TextOut(DC,10,30,s,StrLen(s));
  ReleaseDC(HWindow,DC);
 end;

procedure TMyApp.InitMainWindow;
 begin
   MainWindow := New(PMyWindow, Init('timer1'));
 end;

var
   App : TMyApp;
```

```
begin
  App.Init( 'MyWindow' );
  App.Run;
  App.Done;
end.
```

9.2 Hooks

Dieser Abschnitt widmet sich nicht einer Piratenlegende, obwohl es da die eine oder andere Parallele gibt. Hatte der berüchtigte Käpt´n Hook nicht auch einen Enterhaken statt einer Hand, und hat er sich nicht auch damit immer etwas herangezogen?

Hooks sind Haken, die sich in bestimmte Systemfunktionen einhängen, und so die Kontrolle **vor** den entsprechenden Windowsfunktionen und auch vor allen anderen Programmen erhalten. Mit dem richtigen *Hook* kann ein Programm z.B. auf einen Tastendruck reagieren, ohne daß ein anderes diese Nachricht vorher erhält und in irgendeiner Weise darauf reagieren kann. Und es kann auch dann darauf reagieren, wenn es nicht das aktive Fenster oder sogar ikonisiert ist.

Im folgenden Beispiel wird ein Programm erstellt, welches von der Betätigung einer bestimmten Taste (hier : F12) **immer** vor jedem anderen Programm benachrichtigt wird und so darauf reagieren kann, ohne daß es das aktive Fenster ist. Die folgende Abbildung zeigt dieses Programm in Aktion. Es zählt, wie oft die Taste F12 betätigt wird, und kann dabei auch hinter einem anderen Fenster verborgen sein, welches auf diese Taste in irgendeiner Form reagiert.

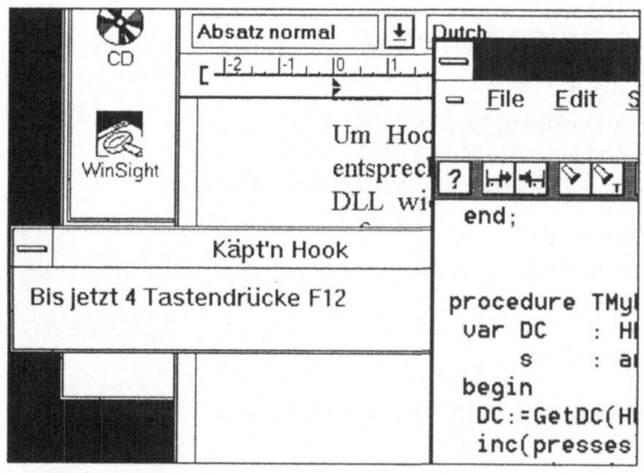

Abbildung 9.2
Hook zählt F12–Drücke

Um Hooks einzusetzen, muß immer eine DLL erstellt werden, die die entsprechende *Callback*–Funktion für den installierten Hook enthält. Diese DLL wiederum ruft die gewünschte Funktion im eigentlichen Programm auf, indem sie eine eigens dafür definierte Nachricht an das Fenster schickt. Abbildung 9.3 zeigt die Nachrichtenweitergabe ohne und mit installierter Hook–Funktion.

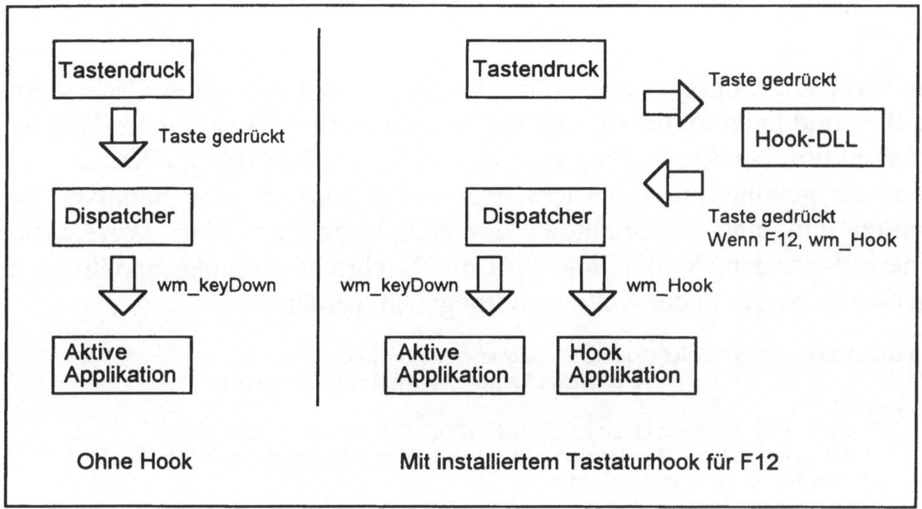

Abbildung 9.3 Nachrichtenweitergabe mit und ohne Hooks

Beginnen wir bei der DLL, die man für jeden Verwendungszweck umbauen kann. Sie exportiert zwei Prozeduren:

* Installieren des Hooks

* Deinstallieren des Hooks

Neben diesen Prozeduren enthält sie die eigentliche *CallBack*–Funktion, in der alle Nachrichten auflaufen, bevor diese an den Dispatcher weitergeleitet werden. Diese Funktion muß einen vorgegebenen Aufbau haben und zwei Punkten unbedingt genügen:

1. Wenn der Parameter *Code* einen Wert unter 0 aufweist, muß die Nachricht unmittelbar an die nächste Funktion in der Hook–Kette weitergegeben werden und darf keine weiteren Wirkungen verursachen.

2. Nach Reaktion auf die gewünschte Nachricht (hier F12) müssen Nachrichten an die nächste Funktion in der Hook–Kette weitergegeben werden.

Die Adresse der nächsten Hook–Funktion in der Kette wird bei der Installation des Hook als Funktionsergebnis von *SetWindowsHook* zurückgeliefert:

```
procedure InstallHook(App:Hwnd;Msg:word);export;
  begin
   { Hook installieren }
   OldHook:=SetWindowsHook(wh_GetMessage,@MsgHook);
   ...
  end;
```

Die Callback–Funktion überprüft zunächst, ob der Parameter *Code* kleiner als 0 ist und leitet in diesem Fall die Nachricht direkt weiter, ohne den Rest der Funktion zur Ausführung kommen zu lassen. Ist *Code* größer als −1, so kann die gewünschte Nachricht über den Parameter *Msg* herausgefiltert werden und eine Nachricht an das Hauptprogramm über *PostMessage* generiert werden. Schließlich wird die Nachricht ordnungsgemäß an die nächste Funktion in der Kette weitergegeben werden.

```
function MsgHook(Code:integer;Param:word;
                 var Msg:TMsg):longint; export;
  begin
   { Code<0 Signalisiert, daß die Nachricht direkt
     an die alte Hookprozedur weitergeleitet werden muß }
   if Code < 0 then begin
     MsgHook:=DefHookProc(code,Param,longint(@Msg),@OldHook);
     exit;
    end;
   { Nachricht an das Applikationsfenster, wenn gewünschter
     Tastendruck erfolgt ist }
   if (Msg.Message=wm_KeyDown) and
      (Msg.wParam=vk_F12) and
      (HookApp<>0) then
     PostMessage(HookApp,HookMessage,0,0);
   { Nachricht trotzdem weiterleiten }
     MsgHook:=DefHookProc(code,Param,longint(@Msg),@OldHook)
  end;
```

Für das Senden der Nachricht an die eigentliche Applikation benötigen wir zum einen den Nachrichtencode und auch das Handle für das Programmfenster, die bei Installation des Hook als Parameter übergeben werden und in zwei globalen Variablen des Programms zur Verfügung stehen:

```
var
  OldHook        : tfarproc;
  HookApp,
  HookMessage : word;
```

```
...
procedure InstallHook(App:Hwnd;Msg:word);export;
 begin
  { Hook installieren }
  OldHook:=SetWindowsHook(wh_GetMessage,@MsgHook);
  HookApp:=App;
  HookMessage:=Msg;
 end;
...
```

Im Hauptprogramm müssen die zwei von der DLL exportierten Prozeduren
deklariert werden:

```
procedure InstallHook(App:HWnd; Msg:word); far;
         external 'HOOKDLL';
procedure UnInstallHook; far;
         external 'HOOKDLL';
```

Die Installation des Hooks erfolgt in *SetupWindow*, da dort ein gültiges
Fensterhandle zur Verfügung steht:

```
procedure TMyWindow.SetUpWindow;
 begin
  TWindow.SetupWindow;
  InstallHook(HWindow,wm_hook);
 end;
```

Die Deinstallation des Hooks sollte nicht vergessen werden, obwohl es
nicht zu Problemen führt, wenn weiterhin Nachrichten an ein nicht vorhandenes Fenster gesendet werden:

```
destructor TMyWindow.done;
 begin
  TWindow.done;
  UninstallHook;
 end;
```

Was nun noch fehlt, ist die eigentliche Reaktion auf die Taste F12, die hier
einfach die Anzahl der Betätigungen inkrementiert und im Fenster anzeigt.

```
   TMyWindow = object(TWindow)
     presses: word;
     constructor Init(ATitle : PChar);
     destructor done; virtual;
     procedure SetupWindow; virtual;
     procedure WMHook(var M:TMessage); virtual
             wm_first+wm_hook;
   end;

...

procedure TMyWindow.WMHook;
 var DC    : HDC;
     s     : array[0..50] of char;
```

```
      begin
       DC:=GetDC(HWindow);
       inc(presses);
       wvsPrintf(s,'Bis jetzt %d Tastendrücke F12 ',presses);
       TextOut(DC,10,10,s,StrLen(s));
       releaseDC(HWindow,DC);
      end;
```

Auf diese Art und Weise können selten verwendete Tasten und auch die
rechte Maustaste unter Windows zu neuen Ehren kommen, während Ihr
Programm still im Hintergrund seinen Dienst verrichtet. Auf den folgenden
Seiten finden Sie den Quellcode des Beispielprogramms und den der DLL.

```
    { ---------------------------------------------
             Hooks, Hauptprogramm

      von Michael Schumann für Vieweg Verlag
      --------------------------------------------- }

    program hook;


    {$IFDEF VER15}
    uses WObjects,WinTypes,WinProcs,Strings,WinDos;
    {$ELSE}
    uses OWindows,WinTypes,WinProcs,Strings,WinDos;
    {$ENDIF}

    procedure InstallHook(App:HWnd; Msg:word); far;
             external 'HOOKDLL';
    procedure UnInstallHook; far;
             external 'HOOKDLL';

    const wm_hook = wm_User+101;


       TMyApp = object(TApplication)
         procedure InitMainWindow; virtual;
       end;

       PMyWindow = ^TMyWindow;
       TMyWindow = object(TWindow)
         presses: word;
         constructor Init(ATitle : PChar);
         destructor done; virtual;
         procedure SetupWindow; virtual;
         procedure WMHook(var M:TMessage); virtual
                   wm_first+wm_hook;
       end;

     constructor TMyWindow.Init(ATitle : PChar);
      begin
       TWindow.Init(Nil, ATitle);
       with Attr do
         begin
```

```pascal
      Style := ws_OverlappedWindow;
      { Startposition und -größe }
      X:=20; Y:=20; w:=400; h:=90;
    end;
  presses:=0;
 end;

destructor TMyWindow.done;
 begin
  TWindow.done;
  UninstallHook;
 end;

procedure TMyWindow.SetUpWindow;
 begin
  TWindow.SetupWindow;
  InstallHook(HWindow,wm_hook);
 end;


procedure TMyWindow.WMHook;
 var DC    : HDC;
     s     : array[0..50] of char;
 begin
  DC:=GetDC(HWindow);
  inc(presses);
  wvsPrintf(s,'Bis jetzt %d Tastendrücke F12 ',presses);
  TextOut(DC,10,10,s,StrLen(s));
  releaseDC(HWindow,DC);
 end;

procedure TMyApp.InitMainWindow;
 begin
  MainWindow := New(PMyWindow, Init('Käpt''n Hook'));
 end;

var
  App : TMyApp;
begin
  App.Init('MyWindow');
  App.Run;
  App.Done;
end.
```

```
{ ---------------------------------------------
          Hooks, DLL-Datei

  von Michael Schumann für Vieweg Verlag
  --------------------------------------------- }

library HookDLL;

uses WinTypes,WinProcs;

var
  OldHook        : tfarproc;
  HookApp,
  HookMessage : word;

function MsgHook(Code:integer;Param:word;
                 var Msg:TMsg):longint; export;
 begin
   { Code<0 Signalisiert, daß die Nachricht direkt
     an die alte Hookprozedur weitergeleitet werden muß }
   if Code < 0 then begin
     MsgHook:=DefHookProc(code,Param,longint(@Msg),@OldHook);
     exit;
    end;
   { Nachricht an das Applikationsfenster, wenn gewünschter
     Tastendruck erfolgt ist }
   if (Msg.Message=wm_KeyDown) and
      (Msg.wParam=vk_F12) and
      (HookApp<>0) then
     PostMessage(HookApp,HookMessage,0,0);
   { Nachricht trotzdem weiterleiten }
     MsgHook:=DefHookProc(code,Param,longint(@Msg),@OldHook)
 end;

procedure InstallHook(App:Hwnd;Msg:word);export;
 begin
   { Hook installieren }
   OldHook:=SetWindowsHook(wh_GetMessage,@MsgHook);
   HookApp:=App;
   HookMessage:=Msg;
 end;

procedure UnInstallHook; export;
 begin
   { Hook wieder entfernen }
   UnhookWindowsHook(wh_GetMessage,@MsgHook);
 end;

exports
  InstallHook    index 3,
  UnInstallHook index 4;

begin
end.
```

9.3 Animierte Icons

Das am unteren Bildschirmrand erscheinende Icon für ein Programm, das verkleinert wurde, muß sein Dasein nicht in schnöder Einfaltigkeit verbringen. Vielmehr ist es möglich, es zu animieren und dadurch recht ansprechende Effekte zu erzielen. Es gibt eine Reihe von Programmen, welche die meiste Zeit als Icon verbringen, da sie Hintergrundaufgaben verrichten und nur von Zeit zu Zeit im dazugehörigen Fenster Einstellungen vorgenommen werden.

Es gibt zwei Wege, zu einem animierten Icon zu gelangen. Zum einen kann man auch dann weiter ins Fenster zeichnen, wenn das Fenster nur noch die Größe eines Icons hat. Dann muß man allerdings verhindern, daß überhaupt ein Icon angezeigt wird. Gibt man explizit kein Icon in der Fensterklasse der Applikation an, so erscheint ja das altbekannte Windows Icon mit dem Fenstersymbol. Dies bewirkt die *GetWindowClass*-Methode des Objekttypen *TWindow*, die der Fensterklasse dieses Icon verpaßt, wenn sie nicht überschrieben und ein anderes Handle übergeben wurde.

Überschreibt man *GetWindowClass* und setzt als Iconhandle den Wert 0 ein, so bleibt der Bereich des Icons frei und kann in der *Paint*-Methode bemalt werden. Das folgende kleine Beispielprogramm füllt das Fenster jedesmal mit einer neuen Farbe, wenn es neu gezeichnet werden soll. Da eine 0 als Iconhandle gesetzt ist, passiert dies auch dann, wenn das Programm auf ein Icon verkleinert wurde und das Icon verschoben wird.

Es ist nun kein Problem, ebenso Text oder ähnliches im Icon darzustellen und regelmäßig über einen Timer neu zu zeichnen. Die Methoden dazu haben wir ja in den letzten Abschnitten besprochen. Hier ist das Beispielprogramm, es ist ausbaufähig für eigene Experimente und kann als WITHOUT.PAS von der Diskette zum Buch geladen werden.

```
{ ---------------------------------------------
      Programm mit "Ownerdraw"-Icon

   von Michael Schumann für Vieweg Verlag
   --------------------------------------------- }

program without;

{$IFDEF VER15}
uses WObjects,WinTypes,WinProcs;
{$ELSE}
uses OWindows,ODialogs,WinTypes,WinProcs;
```

```pascal
{$ENDIF}

type
  TMyApp = object(TApplication)
    procedure InitMainWindow; virtual;
  end;

  PMyWindow = ^TMyWindow;
  TMyWindow = object(TWindow)
     procedure GetWindowClass(var AClass:TWndClass);
              virtual;
     function GetClassName:PCHar; virtual;
     procedure Paint(PaintDC : HDC; var PaintInfo:
TPaintStruct); virtual;
     end;

function TMyWindow.GetClassname;
 begin
  GetClassName:='CWithOut';
 end;

procedure TMyWindow.GetWindowClass;
 begin
  TWindow.GetWindowclass(AClass);
  AClass.hIcon:=0
 end;

procedure TMyWindow.Paint;
 var
     r      : TRect;
     brush,
     obrush: hBrush;
 begin
  GetWindowRect(HWindow,r);

brush:=createSolidBrush(RGB(random(255),random(255),random(25
5)));
  obrush:=selectObject(PaintDC,brush);
  rectangle(PaintDC,0,0,r.right,r.bottom);
  selectObject(PaintDC,obrush);
  deleteObject(brush);
 end;

procedure TMyApp.InitMainWindow;
 begin
  MainWindow := New(PMyWindow, Init(nil,'without'));
 end;

var
  App : TMyApp;
begin
  App.Init('MyWindow');
  App.Run;
  App.Done;
end.
```

Nicht alle Animationen sind leicht selbst zu zeichnen und wenn die Darstellungen so komplex werden, daß mit Bitmaps gearbeitet werden muß, so empfiehlt es sich, gleich eine Palette passender Icons zu entwerfen und diese über den Timer abhängig von entsprechenden Umständen als Programmicon einzusetzen.

Ein fast schon klassisches Beispiel für ein solches Programm ist *EYES*, wovon es bestimmt zehn verschiedene Versionen in mehreren Programmiersprachen gibt, die man in vielen Mailboxen herunterladen kann. Eyes ist ein Spaßprogramm, welches als Icon ein Paar Augen anzeigt, die immer in Richtung des Mauszeigers schielen. Dies ist in der Tat ein recht lustiger Effekt, wie die folgende Abbildung zeigt:

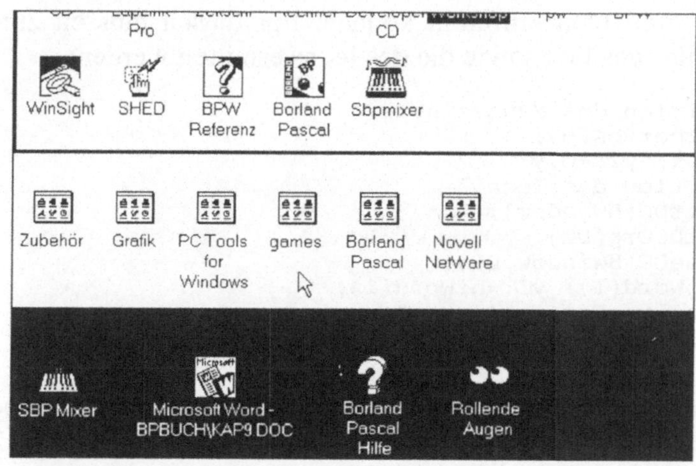

Abbildung 9.4 Rollende Augen schauen dem Mauszeiger nach

Wie realisiert man ein solches Programm?

Zunächst benötigt man insgesamt acht Augenpaar–Icons, die in die verschiedenen Richtungen schauen. Die Icons werden hier bereits geschickterweise mit numerischen Namen derart versehen, daß ein Algorithmus aus dem Blickwinkel das Icon ermitteln kann. In diesem Beispiel habe ich die Icons von 1 bis 8 durchnumeriert. Die 1 entspricht einem Blickwinkel von 45°, die 5 entspricht 225° und die 8 schließlich 360° gegen die mathematische Drehrichtung im Uhrzeigersinn.

Abbildung 9.5 zeigt die jeweiligen Blickrichtungen.

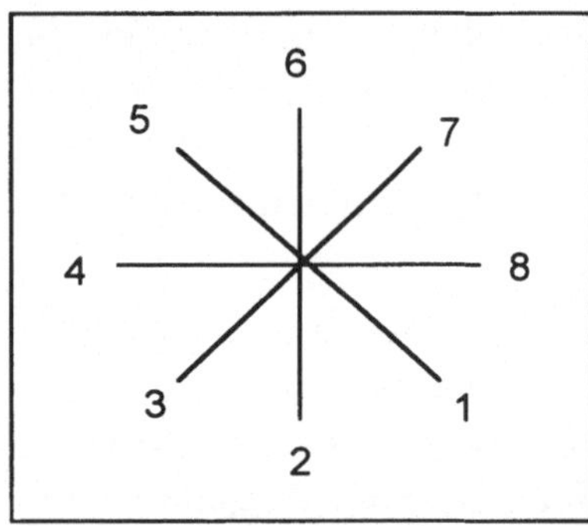

Abbildung 9.5
Blickrichtungen und
dazugehörige Iconnamen

Um die Blickrichtung zu ermitteln, ist ein wenig Trigonometrie erforderlich, da wir ja nur den horizontalen und vertikalen Abstand zwischen Mauszeiger und Icon ermitteln können. Für diesen müssen zunächst die aktuelle Zeigerposition sowie die des Icons ermittelt werden:

```
{ Position des Mauszeigers }
GetCursorPos(p);
x2:=p.x; y2:=p.y;
{ Position des Icon }
DC:=GetDC(HWindow);
l:=GetDCOrg(DC);
ReleaseDC(HWindow,DC);
x1:=loWord(l); y1:=hiWord(l);
{ relative Position zum Icon }
dx:=x1-x2;
dy:=y1-y2;
```

Die Umwandlung dieser Abstände (*dx* und *dy*) in einen Winkel besorgt der Arcustangens, der in BPW als Funktion *ArcTan* verfügbar ist. Diese Funktion kann natürlich nicht die Werte für einen kompletten Kreis ermitteln, da als Argument das Verhältnis von *dy* zu *dx* dient, was z.B. im zweiten und vierten Quadranten gleich ist! Also müssen wir noch die Vorzeichen von *dx* und auch *dy* in die Berechnung mit einbeziehen.

```
if dx<>0 then angle:=arcTan(dy /dx) else
angle:=0;
{ ArcTan ist nur für einen Halbkreis definiert }
{ 3. und 4. Quadrant }
If dx>0 then angle:=angle+3.1415;
{ 1. Quadrant }
if (dx<0) and (dy>0) then angle:=angle+6.283;
```

Die Umwandlung des im Bogenmaß vorliegenden Winkels ($360° \equiv 2\pi$) in die entsprechende Iconnummer erfordert einen weiteren Kniff, da sonst die Blickrichtung an den falschen Stellen umspringt. Vom Winkel wird der Wert 0.2 subtrahiert, um so die Grenzen zwischen den Blickrichtungen genau zwischen die Winkelwerte aus Abbildung 9.5 zu verschieben.

Anschließend wird der Wert durch Division durch π, Multiplikation mit dem Faktor 4 und Addition von 0.5 auf Werte zwischen –0.X und +7.X gebracht. Dieser Wert wird gerundet und im Fall eines negativen Ergebnisses auf 8 gesetzt.

```
angle:=(angle/3.1415-0.2)*4+0.5;
i:=round(angle); if i<0 then i:=8;
```

Mit dieser Zahl wird nun ein neues Icon gesetzt, wenn es sich seit dem letzten Aufruf dieser Methode geändert hat. Die Abfrage verhindert unangenehmes Flackern des Icons bei stillstehendem Mauszeiger:

```
If i<>IconNum then begin
  { Icon laden und anzeigen }
  Icon:=LoadIcon(HInstance,PChar(i));
  SetClassWord(HWindow,gcw_HIcon,Icon);
  DeleteObject(OldIcon);
  OldIcon:=Icon;
  IconNum:=i;
  InvalidateRect(HWindow,nil,true);
end;
```

Im folgenden finden Sie das gesamte Programm noch einmal im Zusammenhang, es befindet sich zusammen mit der dazugehörigen Ressource natürlich auch auf der Diskette zum Buch.

```
{ ------------------------------------------
        Animiertes Programmicon

    Augen schauen nach dem Mauszeiger

  von Michael Schumann für Vieweg Verlag
  ------------------------------------------ }

program iconanil;


{$IFDEF VER15}
uses WObjects,WinTypes,WinProcs,Strings,WinDos,BWCC;
{$ELSE}
uses OWindows,ODialogs,WinTypes,WinProcs,Strings,WinDos,BWCC;
{$ENDIF}

{$R eyes}


type
  TMyApp = object(TApplication)
    procedure InitMainWindow; virtual;
  end;
```

```pascal
  PMyWindow = ^TMyWindow;
  TMyWindow = object(TWindow)
    destructor done; virtual;
    procedure SetupWindow; virtual;
    procedure WMTimer(var M:TMessage); virtual
              wm_first+wm_timer;
  end;

var OldIcon,Icon: HIcon;
    IconNum      : integer;

destructor TMyWindow.done;
 begin
  TWindow.done;
  KillTimer(HWindow,1);
 end;

procedure TMyWindow.SetUpWindow;
 begin
  TWindow.SetupWindow;
  if SetTimer(HWindow,1,200,nil)=0 then begin
   messageBox(HWindow,'Kein Zeitgeber verfügbar!',
              'timer1',mb_OK+mb_IconHand);
   halt(1);
   end;
  { Irgendetwas größer als 8 }
  IconNum:=88;
 end;

procedure TMyWindow.WMTimer;
 var p: TPoint;
     l:longint;
     DC:HDC;
     x1,x2,y1,y2,
     dx,dy: real;
     angle : real;
     s : array[0..50] of char;
     Icon : HIcon;
     i: integer;
 begin
  { Animation nur wenn auf Icon verkleinert }
  If not IsIconic(HWindow) then exit;
  { Position des Mauszeigers }
  GetCursorPos(p);
  x2:=p.x; y2:=p.y;
  { Position des Icon }
  DC:=GetDC(HWindow);
  l:=GetDCOrg(DC);
  ReleaseDC(HWindow,DC);
  x1:=loWord(l); y1:=hiWord(l);
  { relative Position zum Icon }
  dx:=x1-x2;
  dy:=y1-y2;
  { Trigonometrie - und man braucht sie doch! }
  if dx<>0 then angle:=arcTan(dy /dx) else
  angle:=0;
```

```
  { ArcTan ist nur für einen Halbkreis definiert }
  { 3. und 4. Quadrant }
  If dx>0 then angle:=angle+3.1415;
  { 1. Quadrant }
  if (dx<0) and (dy>0) then angle:=angle+6.283;
  { Umwandeln in Werte von 1 bis 8 }
  angle:=(angle/3.1415-0.2)*4+0.5;
  i:=round(angle); if i<0 then i:=8;
  If i<>IconNum then begin
    { Icon laden und anzeigen }
    Icon:=LoadIcon(HInstance,PChar(i));
    SetClassWord(HWindow,gcw_HIcon,Icon);
    DeleteObject(OldIcon);
    OldIcon:=Icon;
    IconNum:=i;
    InvalidateRect(HWindow,nil,true);
  end;
end;

procedure TMyApp.InitMainWindow;
 begin
  MainWindow := New(PMyWindow, Init(nil,'Rollende Augen'));
 end;


var
  App : TMyApp;
begin
  App.Init('MyWindow');
  App.Run;
  App.Done;
end.
```

9.4 Bewegter Hintergrund

Das, was unter Windows mit dem Desktop bezeichnet wird, scheint für ProgrammiererInnen ein Tabu zu sein. Allenfalls ein schönes Bild läßt sich dort darstellen, was allerdings die meiste Zeit von den Programmfenstern verdeckt ist und sich so dem Genuß der AnwenderInnen entzieht. Warum soll nicht im Hintergrund ein kleines Geschehen stattfinden, welches dem Windows Desktop noch mehr Leben verleiht?

Im sechsten Kapitel haben wir gesehen, daß man den gesamten Bildschirm als Kontext ermitteln und direkt über allen Fenster zeichnen kann. So wurde dort das vermeintliche Loch im Bildschirm dargestellt. Hier nun müssen wir versuchen, **unterhalb** der Fenster zu zeichnen, also so, daß kein Fenster oder Icon von unserem Kunstwerk verdeckt wird.

Der Phantasie sind auch hier keine Grenzen gesetzt – was halten Sie davon, daß im Hintergrund Wasser von der oberen Bildkante tropft und die

Tropfen am unteren Bildrand zerplatzen? Das Desktop könnte so aussehen, wobei die Tropfen hinter den Fenstern und Icons fallen, ohne den Arbeitsablauf wesentlich zu stören.

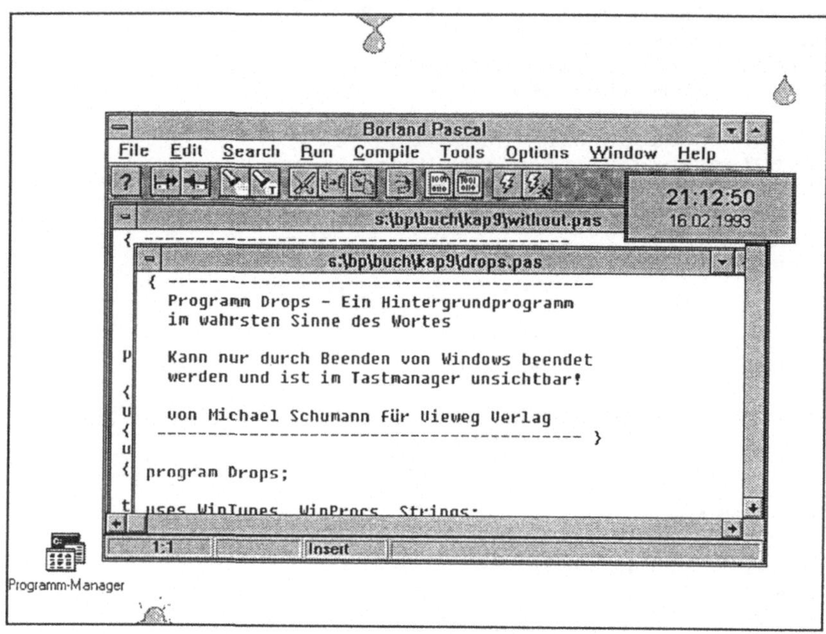

Abbildung 9.6 Tropfendes Windows-Desktop

Der Schlüssel zu einem solchen Effekt liegt in einem Kontext, der sich *unter* sämtlichen Fenstern befindet, es ist derjenige, mit dem auch Hintergrundbilder dargestellt werden.

```
var Wnd: HWND;
...
Wnd:=GetDeskTopWindow;
GetWindowRect(Wnd,Schirm);
DC:=GetDC(Wnd);
```

Um die Tropfen realistisch fallen zu lassen, ist eine Menge Zeichenarbeit nötig, denn es werden mehrere Bitmaps für den Abtropf– und den Aufprallvorgang benötigt, damit dieser realistisch wie in einem Zeichentrickfilm abläuft. Diese Arbeit habe ich Ihnen für diesen Effekt abgenommen und in einer Ressource gespeichert. Insgesamt beinhaltet diese Ressource 14 Bitmaps:

- eine Leere zum Beseitigen eines Tropfens

- eine für den fallenden Tropfen

- sechs für die Phasen des Abtropfens
- sechs für die Phasen des Aufpralls

Um eine akzeptable Animation zu erreichen, muß der Timer mit 50 ms installiert werden. Ein paar experimentell ermittelte Parameter bestimmen die Geschwindigkeit, in der Abtropfvorgang und Aufprall vonstatten gehen. Der Fall selbst läuft *fast wie im richtigen Leben* ab. Sie erinnern sich bestimmt an die legendäre Formeln der Newtonschen Mechanik:

$$v = a \cdot t$$
$$s = v \cdot t$$

Hier stehen s für den Weg, v für die Geschwindigkeit und t für die verstrichene Zeit. Diese Formeln beschreiben den freien Fall unter Vernachlässigung der Luftreibung, die auf dem Desktop eines PC tatsächlich 0 ist (die Bildröhre des PC ist luftleer!). Diesen Formeln wird die Animation folgendermaßen gerecht:

```
procedure CalcNewPos(Wnd:HWnd;I:integer;
                W:Word;L:Longint); far;
begin
  Case Phase of
    ...
    Falling:
     begin
       if y=0 then speed:=20;
       Phase:=erase;
       PaintDrop;
       Phase:=Falling;
       inc(y,speed);
       inc(speed);
       PaintDrop;
       if y>=Schirm.bottom-Bildbreite then
         begin
          y:=Schirm.bottom-Bildbreite;
          Phase:=Splashing;
          Zustand:=0;
         end;
    end;
    ...
  end;
end;
```

Die beiden anderen Phasen laufen proportional zur verstrichenenen Zeit ab. Regelmäßig mit der eintreffenden Timernachricht wird die neue Position berechnet und der Tropfen an der neuen Position gezeichnet. Hier wird auch die leere Bitmap benötigt, um die Reste nach dem Aufprall wieder zu beseitigen.

```
procedure paintDrop;
var  R:              TRect;
     bmp,
     OldBmp:         HBitMap;
     Bild:           TBitMap;
     Which:          Array[0..20] of char;
  begin
   Case Phase of
    Start: case Zustand of
                  1: StrCopy(Which,'Drop0');
                  2: StrCopy(Which,'Drop1');
                  3: StrCopy(Which,'Drop2');
                  4: StrCopy(Which,'Drop3');
                  5: StrCopy(Which,'Drop4');
                  6: StrCopy(Which,'LEER');
                  end;
    Splashing: case Zustand of
                  1: StrCopy(Which,'Splash0');
                  2: StrCopy(Which,'Splash1');
                  3: StrCopy(Which,'Splash2');
                  4: StrCopy(Which,'Splash3');
                  5: StrCopy(Which,'Splash4');
                  6: StrCopy(Which,'Splash5');
                  7: StrCopy(Which,'LEER');
                  end;
    Falling:          StrCopy(Which,'FlyDrop');
    Erase:            StrCopy(Which,'Leer');
   end;
   ... {zeichnen} ...
  end;
```

Neben den hübschen Wasserspielen bietet dieses Programm noch eine
weitere Besonderheit. Es verfügt über kein Fenster, kein Icon und ist
außerdem im Taskmanager völlig unsichtbar. Wie man so etwas macht?
Wo kein Fenster ist, da kann auch keines im Taskmanager erscheinen.
Schauen Sie sich den Quellcode dazu einmal an.

```
{ ---------------------------------------------
  Programm Drops - Ein Hintergrundprogramm
  im wahrsten Sinne des Wortes

  Kann nur durch Beenden von Windows beendet
  werden und ist im Task-Manager unsichtbar!

  von Michael Schumann für Vieweg Verlag
  --------------------------------------------- }

program Drops;

uses WinTypes, WinProcs, Strings;

{$R Drops}

  var Schirm:        TRect;
```

```pascal
      DC,
      MemDC:        HDC;
      Wnd:          HWND;
      Zeitgeber:    Integer;
      Phase,
      Zustand  :    byte;
      Animationsproc: TFarProc;
      x,y,speed:    integer;
      dummy:        boolean;

const Start     = 0;
      Falling   = 1;
      Splashing = 2;
      Erase     = 3;
      Bildbreite = 30;
      StartZustaende  = 6;
      SplashZustaende = 7;
      AppName     = 'Drops';

procedure paintDrop;
var  R:            TRect;
     bmp,
     OldBmp:       HBitMap;
     Bild:         TBitMap;
     Which:        Array[0..20] of char;
 begin
  Case Phase of
   Start: case Zustand of
                1: StrCopy(Which,'Drop0');
                2: StrCopy(Which,'Drop1');
                3: StrCopy(Which,'Drop2');
                4: StrCopy(Which,'Drop3');
                5: StrCopy(Which,'Drop4');
                6: StrCopy(Which,'LEER');
               end;
   Splashing: case Zustand of
                1: StrCopy(Which,'Splash0');
                2: StrCopy(Which,'Splash1');
                3: StrCopy(Which,'Splash2');
                4: StrCopy(Which,'Splash3');
                5: StrCopy(Which,'Splash4');
                6: StrCopy(Which,'Splash5');
                7: StrCopy(Which,'LEER');
               end;
   Falling:         StrCopy(Which,'FlyDrop');
   Erase:           StrCopy(Which,'Leer');
  end;
  bmp:=loadBitMap(HInstance,which);
  DC:=GetDC(Wnd);
  MemDC := CreateCompatibleDC(DC);
  { Diesem Kontext die Bitmap zuweisen }
  OldBmp:=SelectObject(MemDC,bmp);
  { Die Ausmaße der Bitmap ermitteln }
  GetObject(bmp,SizeOf(bild),@bild);
 BitBlt(DC,x,y,bild.bmWidth,bild.bmHeight,MemDC,0,0,SRCCopy);
  ReleaseDC(Wnd,DC);
```

```pascal
    DeleteDC(MemDC);
    DeleteObject(SelectObject(MemDC, OldBmp));
    DeleteObject(bmp);
  end;

  procedure CalcNewPos(Wnd:HWnd;I:integer;
                       W:Word;L:Longint); far;
  begin
   Case Phase of
    Splashing:
     begin
       PaintDrop;
       { Diese Phase abbremsen }
       dummy:=not(Dummy);
       If Dummy then inc(Zustand);
       If Zustand>SplashZustaende then
         begin
           Phase:=Start;
           Zustand:=0;
           y:=0;
           exit;
         end;
     end;
    Falling:
     begin
       if y=0 then speed:=20;
       Phase:=erase;
       PaintDrop;
       Phase:=Falling;
       inc(y,speed);
       inc(speed);
       PaintDrop;
       if y>=Schirm.bottom-Bildbreite then
         begin
          y:=Schirm.bottom-Bildbreite;
          Phase:=Splashing;
          Zustand:=0;
         end;
     end;
    Start:
     begin
       If Zustand=0 then x:=Random(Schirm.right-Bildbreite);
       y:=0;
       PaintDrop;
       { Diese Phase abbremsen }
       dummy:=not(Dummy);
       If Dummy then inc(Zustand);
       If Zustand>StartZustaende then Phase:=Falling;
     end;
   end;
  end;

  procedure InitTimer;
   begin
    Wnd:=GetDeskTopWindow;
    GetWindowRect(Wnd,Schirm);
```

```
    DC:=GetDC(Wnd);
    FillRect(DC,Schirm,HBRUSH(GetStockObject(WHITE_BRUSH)));
    ReleaseDC(Wnd,DC);
    Phase:=Start; Zustand:=1;
    AnimationsProc:=MakeProcInstance(@CalcNewPos,HInstance);
    Zeitgeber:=SetTimer(0,0,50,AnimationsProc);
  end;


procedure WinMain;
var
  Window: HWnd;
  Message: TMsg;
begin
  InitTimer;
  while GetMessage(Message, 0, 0, 0) do
   begin
     TranslateMessage(Message);
     DispatchMessage(Message);
   end;
  Halt(Message.wParam);
end;

begin
 WinMain;
end.
```

9.5 Drag & Drop Mülleimer

Da man bei der Programmierung am PC und besonders unter Windows oft
eine Menge Müll produziert und die Thematik der fachgerechten
Entsorgung gerade heute immer mehr an Bedeutung gewinnt, darf ein
entsprechendes Behältnis auch in diesem Buch nicht fehlen.

Verschiedene Programme unter Windows unterstützen das sogenannte
Drag & Drop, zu deutsch *ziehen und fallen lassen*. Man positioniert den
Mauszeiger auf einem Objekt und drückt dann die linke Maustaste. Dieses
Objekt kann bei gedrückter Maustaste zu einem anderen Fenster gezogen
und dort positioniert werden. Im Filemanager können Sie Dateien auf die
Laufwerk–Icons ziehen und so z.B. auf eine Diskette kopieren.

Das Löschen von Dateien geht leider nicht so bequem und daher biete ich
Ihnen hier einen Mülleimer an, der zu löschende Dateien einfach schluckt.

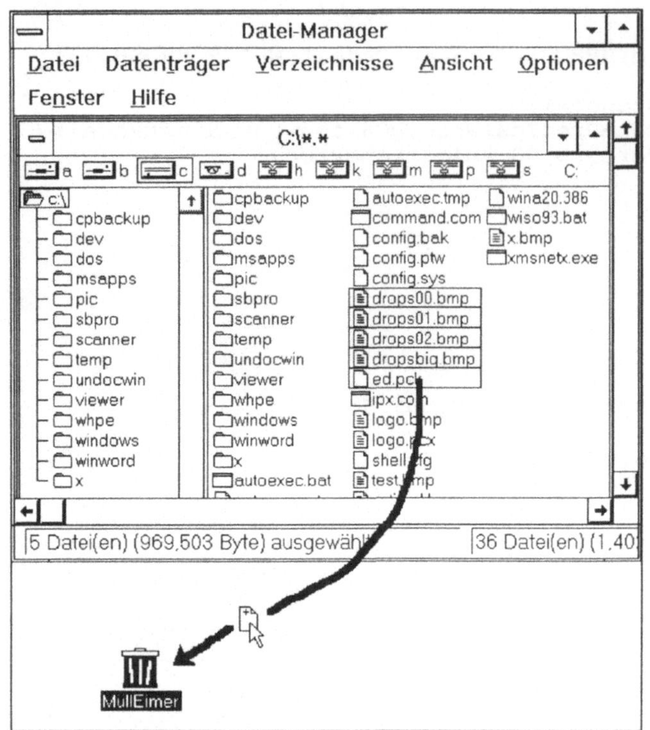

Abbildung 9.6
Drag and Drop in den
Mülleimer.
Apple und Atari lassen
grüßen.

Ein Programm, welches Drag & Drop unterstützt, muß dies dem System zunächst kundtun:

```
dragAcceptFiles(hWindow,true);
```

Damit erscheint beim Ziehen eines Objektes über unserem Fenster das Symbol für *Datei zufügen*, während in allen anderen Regionen, wo ein *Fallenlassen* der Objekte nicht möglich ist, das unter Autofahrern gut bekannte Parkverbotsschild symbolisiert, daß man sich nicht an der richtigen Stelle befindet.

Wenn eine Datei über dem Fenster ge*dropt* wird, so erhält es die Nachricht *wm_dropFiles*. Diese Nachricht stößt eine Methode an, die zunächst erfragt, wie viele Dateien abgeliefert wurden und diese nach einer Rückfrage vom Speichermedium entfernt.

```
procedure TMWin.Drop;
   var n,i  : word;
       name : array[0..127] of char;
       p    : TPoint;
       here : boolean;
       f    : file;
```

```
  begin
   { Wie viele Dateien sollen gelöscht werden ? }
   n:=dragQueryFile(msg.wParam,$ffff,nil,0);
   if Messagebox(HWindow,'Die gewählte(n) '+
       'Datei(en) wirklich löschen?','Mülleimer',
       mb_YesNo+mb_IconQuestion)<>id_Yes then exit;

   for i:=0 to n-1 do begin
     { Dateinamen ermitteln }
     dragQueryFile(msg.wParam,i,name,sizeof(name)-1);;
     { Datei löschen }
     assign(f,name);
     erase(f);
     end;
   { Windows mitteilen, daß alles erledigt ist }
   dragFinish(Msg.wParam);

  end;
```

Hier wäre es z.B. denkbar, die Dateien in ein Sicherheitsverzeichnis zu verschieben, ihnen eindeutige Namen zu geben und den richtigen Dateinamen zusammen mit dem letzten Modifikationsdatum der gelöschten Datei in einer Tabelle zu führen. So könnten wie in einem Novell–Netzwerk beliebig viele gelöschte Versionen einer Datei wieder hergestellt werden. Sowohl PCTOOLS als auch die NORTON UTILITIES arbeiten mit solchen Methoden unter DOS.

Keines der Beispiele ist ohne Besonderheiten, daher beinhaltet auch dieses Programm einen Trick, der auch für andere Projekte verwendet werden kann: Das Programm erscheint als Icon und kann nicht auf ein Fenster vergrößert werden. Wie man dies bewerkstelligt, können Sie dem, gemessen an der Funktionalität, wirklich kurzen Quellcode im folgenden entnehmen.

```
Program Muell;

{$R MUELL}

{ ----------------------------------------------
   Mülleimer für Dateien aus dem Dateimanager

   von Michael Schumann für Vieweg Verlag
  ---------------------------------------------- }


{$IFDEF VER15}
uses WinTypes,WinProcs,Win31,ShellAPI,WObjects,bwcc;
{$ELSE}
uses WinTypes,WinProcs,Win31,ShellAPI,OWindows,ODialogs,bwcc;
{$ENDIF}
```

```pascal
   const cm_about=101;

   type

   TMyApp=object(TApplication)
            procedure InitMainWindow;virtual;
          end;

   PMWin=^TMWin;
   TMWin=object(TWindow)
            SystemMenu : HMenu;
            procedure setupWindow; virtual;
            procedure getWindowClass(var class:TWndClass);
                      virtual;
            procedure WMSysCommand(var msg:TMessage);
                      virtual wm_sysCommand;
            procedure QueryOpen(Var msg:TMessage);
                      virtual wm_QueryOpen;
            procedure Drop(var msg:TMessage);
                      virtual wm_first+wm_DropFiles;

          end;


   procedure TMyApp.InitMainWindow;
    begin
     mainWindow:=New(PMWin,Init(nil,'MüllEimer'));
    end;

   procedure TMWin.setupWindow;
    begin
     TWindow.SetupWindow;
     { Wir akzeptieren Drag 'n Drop }
     dragAcceptFiles(hWindow,true);
     { About-Funktion einbauen }
     SystemMenu:=GetSystemMenu(HWindow,false);
     AppendMenu(SystemMenu,mf_String,cm_about,'&Über Muell...');
    end;

   procedure TMWin.GetWindowClass;
    begin
     TWindow.getWindowClass(class);
     class.hIcon:=LoadIcon(hInstance,'leer');
    end;

     var d:TDialog;


   procedure TMWin.WMSysCommand;
    begin
     if msg.wParam=cm_about then begin
         d.init(nil,'about');
         d.execute;
         d.done;
       end
     else
```

```pascal
      defWndProc(msg);
  end;


procedure TMWin.QueryOpen;
 begin
  { bleibt ikonisiert, also nichts tun! }
  msg.result:=0;
 end;


procedure TMWin.Drop;
 var n,i  : word;
     name : array[0..127] of char;
     p    : TPoint;
     here : boolean;
     f    : file;

 begin
  { Wie viele Dateien sollen gelöscht werden ? }
  n:=dragQueryFile(msg.wParam,$ffff,nil,0);

  if Messagebox(HWindow,'Die gewählte(n) '+
      'Datei(en) wirklich löschen?','Mülleimer',
       mb_YesNo+mb_IconQuestion)<>id_Yes then exit;

  for i:=0 to n-1 do begin
    { Dateinamen ermitteln }
    dragQueryFile(msg.wParam,i,name,sizeof(name)-1);;
    { Datei löschen }
    assign(f,name);
    erase(f);
    end;

  { Windows mitteilen, daß alles erledigt ist }
  dragFinish(Msg.wParam);

 end;

var MuellEimer:TMyApp;

begin
 CmdShow:=sw_ShowMinNoActive;
 MuellEimer.init('Muell');
 MuellEimer.run;
 MuellEimer.done;
end.
```

10 Drucken

Was Du Schwarz auf Weiß besitzt, kannst Du getrost nach Hause tragen...

Bei bestimmt 90% aller Programme unter Windows wird letztlich irgend ein Dokument erzeugt. Eine Liste, Grafik, Tabelle oder irgendein anderes Schriftstück wollen doch alle AnwenderInnen schließlich als Lohn für ihre harte Arbeit am PC erhalten und – jetzt kommt das Entscheidende – das Ausdrucken soll einfach zu bewerkstelligen sein. Hier hilft Windows 3.1 den AnwenderInnen und auch ProrammiererInnen erheblich, denn es über– nimmt gut 90% der dabei anfallenden Arbeit. Dementsprechend kurz ist auch dieses Kapitel ausgefallen.

10.1 Druckerauswahl und -konfiguration

Windows 3.0 und die Versionen davor sind vergessen und so auch die umständlichen Aktionen, die zur Auswahl und zur Konfiguration eines Druckers erforderlich waren. Die Standarddialoge, die bereits im fünften Kapitel behandelt wurden, beinhalten noch einen weiteren Dialogtypen, der bewußt nicht dort, sondern erst in diesem Kapitel besprochen wird.

Dieser Dialog gibt direkt einen Druckerkontext zurück, mit dem sofort gearbeitet werden kann. Über ein spezielles Feld in der Struktur, die dem Dialog bei der Initialisierung übergeben werden muß, können Sie zwischen zwei Dialogtypen wählen:

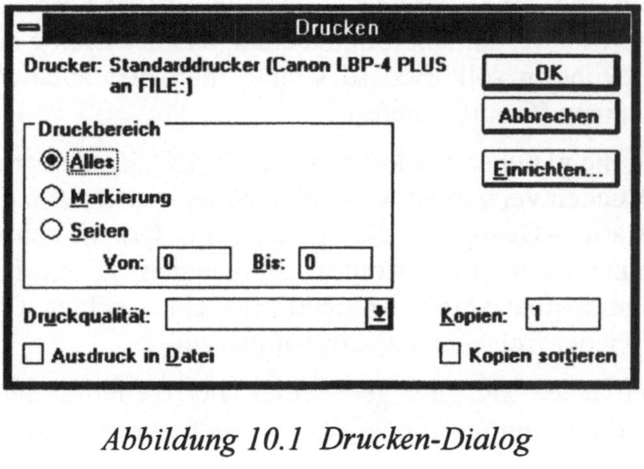

Abbildung 10.1 Drucken-Dialog

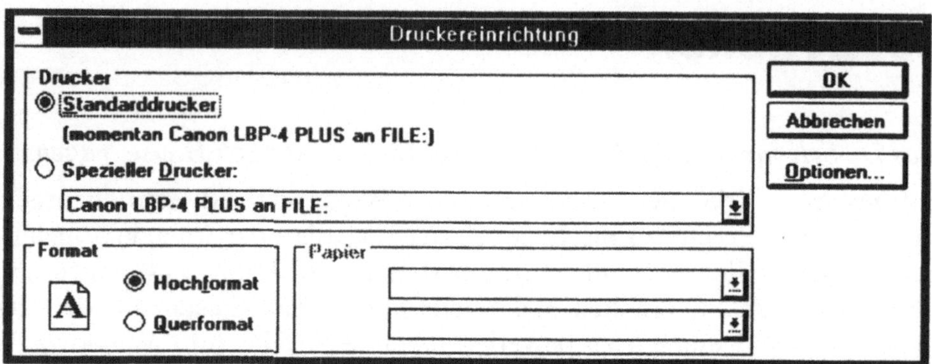

Abbildung 10.2 Druckereinrichtung

Der Dialog zur Druckereinrichtung ist außerdem über den *Drucken*–Dialog aktivierbar. Trotzdem besitzt eine typische Windowsanwendung einen separaten Menüpunkt für die Druckereinrichtung.

Beide Dialoge sind, wie die anderen Standarddialoge, recht einfach einsetzbar. Man benötigt eine Struktur vom Typ *TPrintDlg*, die man am besten dynamisch im Speicher erzeugt und nach Abschluß des Dialoges wieder verwirft. Letztlich interressant für den Druckvorgang ist nur ein Feld, nämlich der Kontext, den diese Dialogfunktion auch besorgen kann.

```
var PD: PPrintDlg;
...
  GetMem(PD,SizeOf(TPrintDlg));
  FillChar(PD^,SizeOf(TPrintDlg),#0);
```

Die Struktur füllt man am besten gleich komplett mit Nullen, so daß nicht versehentlich ein Pointer ins Leere zeigt oder ein nicht initialisierter Parameter seltsame Dinge verursacht. Das Feld *Flags* wird mit dem Wert *PD_ReturnDC* besetzt, um damit mitzuteilen, daß der Dialog einen gültigen Kontext zurückliefern soll. Ebenso könnte man hier auch *PD_ReturnIC* angeben, was einen IC zurückliefert.

Ein IC enthält die gleichen Funktionen wie ein DC, kann aber nicht unmittelbar zum Drucken verwendet werden. Vielmehr ist er dazu geeignet, z.B. in der Schriftarten–Dialogbox die Anzeige auf Druckerschriften zu beschränken, ohne dazu einen Kontext zu belegen. Einen IC kann man durchaus länger aufbewahren, während man einen echten DC so schnell wie möglich wieder freigeben bzw. beseitigen sollte.

Wir benötigen einen DC und geben dies an. Weiterhin setzen wir das Handle zum Programmfenster sowie natürlich die Strukturgröße in die entsprechenden Felder ein und rufen dann die Dialogfunktion *PrintDlg* auf. Haben BenutzerInnen einen gültigen Drucker ausgewählt und über *OK* bestätigt, so liefert sie den Wert *True*.

```
...
PD^.Flags:=PD_ReturnDC;
PD^.lStructSize:=SizeOf(TPrintDlg);
PD^.hWndOwner:=HWindow;
If PrintDlg(PD^) then begin
   PrintSomething(PD^.hDC);
   DeleteDC(PD^.hDC);
   end;
...
```

Wird der Wert *True* zurückgeliefert, so findet man im Feld *hDC* der *TPrintDlg*–Struktur den Kontext und kann damit den Ausdruck vornehmen. Anschließend muß aufgeräumt werden, hier ist allerdings zu beachten, daß durch den Druckerdialog unter Umständen weitere Strukturen im Speicher erzeugt wurden, die **vor** der *TPrintDlg*–Struktur verworfen werden müssen:

```
...
If PD^.hDevMode<>0 then GlobalFree(PD^.hDevMode);
If PD^.hDevNames<>0 then GlobalFree(PD^.hDevNames);
FreeMem(PD,SizeOf(TPrintDlg));
...
```

An dieser Stelle ist zu erkennen, wie wichtig das Initialisieren der gesamten Struktur mit dem Wert 0 ist. Würde man dies unterlassen, so könnte man z.B. im Feld *hDevMode* auch dann einen von *nil* verschiedenen Zeiger finden und so fälschlicherweise Speicher freigeben, wenn keiner allokiert wurde – das Resultat wäre ein GP, also eine saftige Schutzverletzung.

Die Einrichtung des Druckers geschieht nahezu auf die gleiche Art und Weise. Hier wird natürlich kein Kontext zurückgeliefert, das Feld *hDC* hat daher in diesem Fall keine Bedeutung. Um die Funktion *PrintDlg* dazu zu bringen, den Einrichten–Dialog zur Anzeige zu bringen, müssen Sie im Feld *Flags* den Wert *PD_PrintSetup* angeben.

Im folgenden finden Sie das kleine Beispielprogramm PRINTER1.PAS von der Diskette zum Buch, welches beide Dialoge zur Verfügung stellt und den philosophisch wirklich anspruchsvollen Aphorismus *Hier ist Print1.pas!!!* zu Papier bringt.

```pascal
{ ------------------------------------------------
      Druckerauswahl und Konfiguration

  von Michael Schumann für Vieweg Verlag
  ------------------------------------------------ }

program Print1;

{$R Print}

{$IFDEF VER15}
uses WObjects,WinTypes,WinProcs,Strings,Win31,CommDlg;
{$ELSE}
uses
OWindows,ODialogs,WinTypes,WinProcs,Strings,Win31,CommDlg;
{$ENDIF}

type
  TMyApp = object(TApplication)
    procedure InitMainWindow; virtual;
  end;

  PMyWindow = ^TMyWindow;
  TMyWindow = object(TWindow)
    constructor Init(ATitle : PChar);
    procedure Ende(var m:TMessage); virtual
            cm_first+109;
    procedure Print(var m:TMessage); virtual
            cm_first+102;
    procedure Printersetup(var m:TMessage); virtual
            cm_first+101;
  end;


procedure TMyWindow.Ende;
 begin
  CloseWindow;
 end;

procedure PrintSomething(DC:hDC);
var  DI : TDocInfo;
 begin
  { Infostruktur für Druckmanager }
  DI.lpszDocName:='PRINT1.PAS';
  DI.lpszOutput:=nil;
  DI.cbSize:=SizeOf(DI);
  { Druckvorgang starten }
  StartDoc(DC,DI);
  StartPage(DC);
  TextOut(DC,1,1,'Hier ist Print1.pas!!!',22);
  EndPage(DC);
  EndDoc(DC);
 end;

procedure TMyWindow.Print;
 var PD: PPrintDlg;
```

```pascal
begin
 { Struktur initialisieren }
 GetMem(PD,SizeOf(TPrintDlg));
 FillChar(PD^,SizeOf(TPrintDlg),#0);
 PD^.Flags:=PD_ReturnDC;
 PD^.lStructSize:=SizeOf(TPrintDlg);
 PD^.hWndOwner:=HWindow;
 { Wenn gültiger Drucker gewählt, drucken }
 If PrintDlg(PD^) then begin
    { Drucken }
    PrintSomething(PD^.hDC);
    DeleteDC(PD^.hDC);
    end;
 { Wenn Speicherblöcke für Devmode und DevNames
   allokiert wurden, diese freigeben }
 If PD^.hDevMode<>0 then GlobalFree(PD^.hDevMode);
 If PD^.hDevNames<>0 then GlobalFree(PD^.hDevNames);
 { Speicher für die Struktur freigeben }
 FreeMem(PD,SizeOf(TPrintDlg));
 end;

procedure TMyWindow.Printersetup;
 var PD: PPrintDlg;
 begin
  { Struktur initialisieren }
  GetMem(PD,SizeOf(TPrintDlg));
  FillChar(PD^,SizeOf(TPrintDlg),#0);
  PD^.Flags:=PD_PrintSetup;
  PD^.lStructSize:=SizeOf(TPrintDlg);
  PrintDlg(PD^);
  { Wenn Speicherblöcke für Devmode und DevNames
    allokiert wurden, diese freigeben }
  If PD^.hDevMode<>0 then GlobalFree(PD^.hDevMode);
  If PD^.hDevNames<>0 then GlobalFree(PD^.hDevNames);
  { Speicher für die Struktur freigeben }
  FreeMem(PD,SizeOf(TPrintDlg));
 end;

constructor TMyWindow.Init(ATitle : PChar);
 begin
  TWindow.Init(Nil, ATitle);
  with Attr do
     begin
      Style := ws_OverlappedWindow;
      Menu := LoadMenu(hInstance,'MENU_1');
      { Startposition und -größe }
      X:=20; Y:=20; w:=400; h:=300;
     end;
 end;

procedure TMyApp.InitMainWindow;
 begin
  MainWindow := New(PMyWindow, Init('Print1'));
 end;
```

```
var
  App : TMyApp;
begin
  App.Init('MyWindow');
  App.Run;
  App.Done;
end.
```

Auch bei diesen Dialogboxen können Sie eigene Templates einbinden und so zum einen nicht benötigte Dialogelemente verstecken und zum anderen den Borland–Stil realisieren. Da dies auf die gleiche Weise geschieht wie bei den anderen Standarddialogen, können Sie die Methoden aus dem fünften Kapitel direkt übernehmen.

Da die Funktion *PrintDlg* zwei verschiedene Dialogboxen beinhaltet, müssen (oder sollten) dementsprechend auch zwei Templates bereitgestellt werden. Beide Templates können allerdings getrennt voneinander aktiviert werden, da es zwei Konstanten für das Feld *Flags* gibt:

Template	Konstante	Ressourcenname
Drucken–Dialog	PD_EnablePrintTemplate	lpPrintTemplateName
Setup–Dialog	PD_EnableSetupTemplate	lpSetupTemplate

Tabelle 10.1 Dialog Templates

Damit COMMDLG die Dialogtemplates aus der Programmressource laden kann, ist natürlich unbedingt die Angabe des Instanzhandle (im Feld *hInstance*) nötig.

10.2 Seitenmaß und Raster ermitteln

Damit der Ausdruck korrekt aufs Papier kommt und auch wirklich unabhängig davon ist, ob man auf einem Laserbelichter mit 1200 dpi oder einem 9–Nadler mit 120 dpi ausdruckt, muß man sich vor Beginn des Druckvorgangs über die Seitenabmessungen und das Raster des ausgewählten Ausgabegeräts informieren.

Wählt man bei Grafikausgaben einen der Mapping-Modi, die *echte* metrische oder englische Längenangaben zu Grunde legen, so werden Ellipsen, Rechtecke und auch Linien in den gewünschten Maßen erscheinen. Bei Textausgaben hingegen empfiehlt es sich, bei dem Mapping–Modus *MM_Text* zu bleiben und mit einem Pixelraster zu arbeiten. Diese Vorgehensweise ist aber auch dann für Grafiken interressant, wenn es weniger auf die exakte Maßhaltigkeit als auf eine optimale Darstellungsqualität ankommt. Durch die bei der Umrechnung metrischer Angaben in Rasterwerte des Druckers zum Einsatz kommende Rundung können kleine Strukturen durchaus total verzerrt werden. Diese könnten erheblich besser aussehen, wenn man sie ein wenig kleiner oder größer machen und so an das vorhandene Raster anpassen würde.

Wie also kommt man an die elementaren Daten wie Pixel pro Zoll und Pixel pro Seitenbreite bzw. –höhe heran? Im folgenden gehen wir davon aus, daß bereits ein gültiger Kontext in der Variablen *DC* existiert und ermitteln zunächst Seitenränder von etwa 1.5 cm sowie die Anzahl der Textzeilen, die auf eine Seite passen. Dabei ermitteln wir die aktuell einge-stellte Schrift und behalten uns so vor, diese vor dem Druckvorgang eventuell zu ändern.

```
var   LineHeight,
      PageHeight,
      LinesPerPage,
      LeftMargin,
      Uppermargin: integer;
...
LeftMargin:=GetDeviceCaps(DC,logPixelsX) div 2;
UpperMargin:=GetDeviceCaps(DC,logPixelsY) div 2;
GetTextMetrics(DC,TM);
LineHeight:=TM.tmHeight+TM.tmExternalLeading;
PageHeight:=GetDeviceCaps(DC,vertRes)-2*UpperMargin;
LinesPerPage:=PageHeight div LineHeight;
...
```

Nun können wir eine beliebige Textdatei ausgeben und dabei korrekte Seitenumbrüche einfügen. Dabei wäre es sogar ein Leichtes, am Ende jeder Seite eine Zeile mit einer laufenden Nummer, der Seitennummer mit zu drucken. Die folgende Quellcodesequenz erledigt diese Aufgabe (allerdings ohne Seitennummer) und druckt die Datei PRINT2.PAS aus.

```
Assign(t,'print2.pas');
reset(t);
i:=0;
StartDoc(DC,DI);
StartPage(DC);
While not EOF(t) do begin
   Readln(t,z); z:=z+#0;
   TextOut(DC,LeftMargin,UpperMargin+i*LineHeight,
           @z[1],StrLen(@Z[1]));
   inc(i);
   If i=LinesPerPage then begin
      i:=0;
      EndPage(DC);
      SelectObject(DC,h);
```

```
    StartPage(DC);
  end;
 end;
EndPage(DC);
EndDoc(DC);
```

Sind Sie über die Zeile *Selectobject(DC,h)* gestolpert? Diese Zeile dient
dazu, einen zuvor eingestellten logischen Font, dessen Handle in *h* gespeichert ist, nach jedem Aufruf von *EndPage* wieder neu zu selektieren. Durch
EndPage wird nämlich wieder die Standardschrift eingestellt und so erscheint nur die erste Seite in der korrekten Schriftart. Bei den folgenden
Seiten kommt wieder die Standardschrift zum Einsatz – allerdings liegen ja
der Zeilenhöhe und der Anzahl der gedruckten Zeilen pro Seite die Daten
der zuerst gesetzten Schrift zugrunde – und das sieht nicht sehr schön aus.

Eine geeignete Schrift kann leicht über die aus dem fünften Kapitel
bekannte Schriftarten–Dialogbox in COMMDLG ausgewählt werden.
Dabei muß unbedingt die Tatsache bedacht werden, daß die Schrifthöhe
stets in logischen Pixeln anzugeben und hier daher mit den Druckerdaten in
einen neuen Wert umzurechnen ist. Unterläßt man dies, so stellt man mit
Erstaunen fest, daß bei einem Laserdrucker trotz 10 Punkt Schrift etwa 300
Zeilen auf einer Seite ausgegeben werden können, die Lesbarkeit allerdings nahe bei Null liegt.

Die Umrechnung muß neben der Druckerauflösung auch noch den magischen Faktor 1.4 enthalten, der das Verhältnis zwischen Schrifthöhe und
Zeilenhöhe bei nahezu allen Schriftschnitten darstellt und daher ohne
weitere arithmetische Klimmzüge eingesetzt werden kann. Die Formel für
die Umrechnung wird schließlich noch durch das Verhältnis eines *Punkt* zu
einem Inch ergänzt und erhält folgende Form:

$$\frac{Schrifth\ddot{o}he}{pt} = 1.4 \cdot \frac{1\,Zoll}{72\,pt} \cdot n\frac{Pixel}{Zoll} \cdot Xpt$$

Den Wert n erhalten wir über *GetDeviceCaps* unter Angabe des
Druckerkontexts wie folgt:

```
...GetDeviceCaps(DC,LogPixelsY)...
```

Um den Einsatz von Fließkommazahlen zu vermeiden, können wir mit
Brüchen arbeiten und den Wert 1.4 als 14 /10 darstellen. Hierbei ist allerdings die Reihenfolge der Ausdrücke kritisch. Führt man zunächst alle
Multiplikationen durch und dividiert dann durch 720 (10*72), so kann es
innerhalb des Ausdrucks zu einem Überlauf der Integervariablen und damit

zu einer völlig falschen Schriftgröße kommen. Ein Beispiel dazu. Der Drucker hat 300 dpi und wir wollen eine 12 Punkt Schrift einsetzen:

$$Zeichenhöhe = \frac{300 \cdot 14 \cdot 12}{720} = 70$$

In der Formel sieht dies recht gut aus, es kommt jedoch ein völlig anderer Wert heraus, wenn Sie mit Integervariablen arbeiten und zunächst den Zähler dieses Bruchs ermitteln. Dieser beträgt nämlich 45000, und dies ist für eine Integervariable zu viel.

Es geht trotzdem mit Integern, wenn Sie die Formel geschickter anlegen und zunächst die Druckerauflösung mit unserem magischen Faktor multiplizieren, diesen Wert dann durch 720 dividieren und schließlich wieder mit der gewünschten Punktzahl multiplizieren:

```
Height:=Points*(GetDeviceCaps(DC,LogPixelsY)*14 div 720);
```

So überschreitet der Zähler des Bruchs selbst bei 1200 dpi nicht das Integerlimit und eine korrekte Schrifthöhe ist gesichert. Im folgenden Beispiel PRINT2.PAS von der Diskette zum Buch wird der Quelltext dieses Programms mit einer wählbaren Schrift ausgedruckt. Zur Schriftwahl kommen die Methoden aus dem fünften Kapitel zum Einsatz.

```pascal
{ ---------------------------------------------
              Druckvorgang

   von Michael Schumann für Vieweg Verlag
   --------------------------------------------- }
program Print2;

{$R Print}

{$IFDEF VER15}
uses WObjects,WinTypes,WinProcs,Strings,Win31,CommDlg;
{$ELSE}
uses
OWindows,ODialogs,WinTypes,WinProcs,Strings,Win31,CommDlg;
{$ENDIF}

type
  TMyApp = object(TApplication)
    procedure InitMainWindow; virtual;
  end;

  PMyWindow = ^TMyWindow;
  TMyWindow = object(TWindow)
    constructor Init(ATitle : PChar);
    procedure Ende(var m:TMessage); virtual
```

```pascal
                cm_first+109;
    function GetFont:PLogFont;
    procedure PrintSomething(dc:hDC);
    procedure Print(var m:TMessage); virtual
                cm_first+102;
  end;


procedure TMyWindow.Ende;
 begin
  CloseWindow;
 end;

Function TMyWindow.GetFont:PLogFont;
 var  p: PLogFont;
      c: TChooseFont;
 begin
  GetMem(p,SizeOf(TLogFont));
  with c do begin
    lstructSize:=sizeOf(TChooseFont);
    hWndOwner:=HWindow;
    hInstance:=hInstance;
    hDC:=0;
    lpLogFont:=p;
    lpFnHook:=nil;
    nSizeMin:=0;
    nSizeMax:=999;
    Flags:=cf_both or cf_Effects or
           cf_InitToLogFontStruct;
    If ChooseFont(c) then GetFont:=p
    else begin
       GetFont:=nil;
       FreeMem(p,SizeOf(TLogFont));
     end;
   end;
 end;

procedure TMyWindow.PrintSomething(DC:hDC);
var  DI : TDocInfo;
     T  : Text;
     TM : TTextMetric;
     LineHeight,
     PageHeight,
     LinesPerPage,
     LeftMargin,
     Uppermargin,
     i : integer;
     z : string;
     p: PLogFont;
     h: hFont;
 begin
  { Eine Schrift wählen }
  p:=GetFont;
  If p=nil then exit;
  { Punktangabe in korrektes Maß umrechnen }
  p^.lfHeight:=p^.lfHeight*(GetDeviceCaps(DC,LogPixelsY)
```

```pascal
                              *14 div 720);
  h:=CreateFontIndirect(p^);
  SelectObject(DC,h);
  { Infostruktur für Druckmanager }
  DI.lpszDocName:='PRINT2.PAS';
  DI.lpszOutput:=nil;
  DI.cbSize:=SizeOf(DI);
  { Druckerdaten ermitteln }
  { Linker, oberer und unterer Rand ca. 1.5 cm }
  LeftMargin:=GetDeviceCaps(DC,logPixelsX) div 2;
  UpperMargin:=GetDeviceCaps(DC,logPixelsY) div 2;
  GetTextMetrics(DC,TM);
  LineHeight:=TM.tmHeight+TM.tmExternalLeading;
  PageHeight:=GetDeviceCaps(DC,vertRes)-2*UpperMargin;
  LinesPerPage:=PageHeight div LineHeight;
  { Linker Rand etwa 1.5 cm }
  LeftMargin:=GetDeviceCaps(DC,logPixelsX) div 2;
  UpperMargin:=GetDeviceCaps(DC,logPixelsY) div 2;
  { Jetzt drucken wir diese Datei }
  Assign(t,'print2.pas');
  reset(t);
  i:=0;
  { Druckvorgang starten }
  StartDoc(DC,DI);
  StartPage(DC);
  { Zeilenweise drucken }
  While not EOF(t) do begin
    Readln(t,z); z:=z+#0;
    TextOut(DC,LeftMargin,UpperMargin+i*LineHeight,
            @z[1],StrLen(@Z[1]));
    inc(i);
    If i=LinesPerPage then begin
      i:=0;
      EndPage(DC);
      SelectObject(DC,h);
      StartPage(DC);
    end;
  end;
  EndPage(DC);
  EndDoc(DC);
  DeleteObject(h);
end;

procedure TMyWindow.Print;
 var PD: PPrintDlg;
 begin
  { Struktur initialisieren }
  GetMem(PD,SizeOf(TPrintDlg));
  FillChar(PD^,SizeOf(TPrintDlg),#0);
  PD^.Flags:=PD_ReturnDC;
  PD^.lStructSize:=SizeOf(TPrintDlg);
  PD^.hWndOwner:=HWindow;
  { Wenn gültiger Drucker gewählt, drucken }
  If PrintDlg(PD^) then begin
     { Drucken }
     PrintSomething(PD^.hDC);
```

```
          DeleteDC(PD^.hDC);
          end;
    { Wenn Speicherblöcke für Devmode und DevNames
      allokiert wurden, diese freigeben }
    If PD^.hDevMode<>0 then GlobalFree(PD^.hDevMode);
    If PD^.hDevNames<>0 then GlobalFree(PD^.hDevNames);
    { Speicher für die Struktur freigeben }
    FreeMem(PD,SizeOf(TPrintDlg));
  end;

constructor TMyWindow.Init(ATitle : PChar);
 begin
  TWindow.Init(Nil, ATitle);
 with Attr do
    begin
      Style := ws_OverlappedWindow;
      Menu := LoadMenu(hInstance,'MENU_1');
      { Startposition und -größe }
      X:=20; Y:=20; w:=400; h:=300;
    end;
 end;

procedure TMyApp.InitMainWindow;
 begin
  MainWindow := New(PMyWindow, Init('Print1'));
 end;

var
  App : TMyApp;
begin
  App.Init('MyWindow');
  App.Run;
  App.Done;
end.
```

10.3 Druck abbrechen - Dialog

Jedes professionelle Programm, welches Ausdrucke erzeugt, muß während
des Druckvorgangs unbedingt folgende Forderungen erfüllen:

• Anzeige des laufenden Druckvorgangs

• Möglichkeit zum Wechsel in eine andere Applikation mit ALT–TAB

• Abbruchmöglichkeit des Druckvorgangs

Auch beim Textausdruck entstehen bei der Verwendung von Truetype–
Schriften auf einem normalen Rasterdrucker (nicht Postscript) erhebliche
Wartezeiten, da die Druckseiten als Grafiken gerastert und an den Drucker
übertragen werden müssen. So können bei 100 Textseiten mit einer
Truetype Schrift auf einem 300 dpi Laserdrucker durchaus Datenmengen

zwischen 10 und 20 MByte entstehen! Die damit verbundene Wartezeit ist natürlich auch erheblich.

Da das GDI einen großen Teil der Druckarbeit erledigt, ist es auch nicht ausreichend, für die Erfüllung der zweiten Forderung vor jeder Druckzeile eventuell anstehende Nachrichten an den Dispatcher weiterzuleiten. Hier wird so lange gedruckt, bis entweder das Dateiende erreicht ist oder eine Variable *EndPrint* den Wert *False* aufweist. Lassen wir diese Variable zunächst außen vor und betrachten das Nachrichtensystem:

```
   ...
   While not EndPrint and not EOF(t) do begin
     If PeekMessage(M,0,0,0,pm_Remove) then begin
       TranslateMessage(M);
       DispatchMessage(M);
     end;
     Readln(t,z); z:=z+#0;
     TextOut(DC,LeftMargin,UpperMargin+i*LineHeight,
             @z[1],StrLen(@Z[1]));
   ...
```

Tastendrücke oder ähnliche Nachrichten werden so zwar weitergeleitet, jedoch sehr stark verzögert und das gesamte Windowssystem ist auf wenige Prozent der Normalgeschwindigkeit gebremst, während der Ausdruck läuft.

Daher kann man direkt in das GDI eine Funktion einschleifen, die während länger dauernder Rastervorgänge im GDI regelmäßig aufgerufen wird. Diese Funktion kann weiterhin dazu verwendet werden, einen laufenden Vorgang direkt im GDI abzustoppen und so eine rasche Reaktion auf einen Abbruch des Druckvorgangs zu erreichen. Soll der laufende Vorgang abgebrochen werden, so ist der Wert *True* zurückzuliefern. Wir gewinnen diesen Rückgabewert wieder aus der globalen Variablen *EndPrint*, die zunächst noch uninteressant ist.

```
function MsgSupport(DC:hDC;Code:integer):bool; export;
  var M:TMsg;
  begin
    while not EndPrint and PeekMessage(M,0,0,0,pm_Remove) do
      if not Application^.ProcessAppMsg(M) then begin
        TranslateMessage(M);
        DispatchMessage(M);
      end;
    MsgSupport:=not EndPrint;
end;
```

Diese Funktion muß das Attribut *export* aufweisen, damit sie in ein Windowsmodul eingebunden werden kann. Erstaunlicherweise scheint dies auch dann zu klappen, wenn man die Direktive *export* wegläßt und sie dafür *far* deklariert, die Funktion wird dann aber nie aufgerufen!

Über *MakeProcInstance* wird die Funktion weiterhin mit einem speziellen Codegewand versehen und für das Einbinden in das GDI vorbereitet:

```
...
AP:=MakeProcInstance(@MsgSupport,HInstance);
SetAbortProc(PD^.hDC,TAbortProc(AP));

PrintSomething(PD^.hDC);

SetAbortProc(PD^.hDC,nil);
FreeProcInstance(AP);
...
```

Man darf keinesfalls vergessen, die Funktion nach Beendigung des Druckvorganges wieder aus dem GDI herauszunehmen. Sonst versucht das GDI auch nach der Beendigung des Programms weiter, diese Funktion aufzurufen und springt unter Umständen ins Leere.

Kommen wir endlich zu der Variablen *EndPrint*, die in den letzten Absätzen schon zweimal aufgetaucht ist und ich Sie immer vertöstet habe. *EndPrint* ist nichts weiter als eine globale Variable, die auch *PrintEnd* oder ähnlich heißen könnte und bei Beginn des Druckvorganges auf den Wert *False* gesetzt wird, um damit anzuzeigen, daß **noch** nicht abgebrochen wurde.

Gesetzt wird diese Variable durch eine Methode des Abbruchdialoges, die bei Betätigen des Button *Cancel* oder *Abbruch* aufgerufen wird. Zu diesem Dialog kommen wir erst jetzt, da ein nicht modaler Dialog ohne die Maßnahmen vom Anfang dieses Abschnitts überhaupt nicht arbeiten würde. Nun aber können wir sicher sein, daß Nachrichten während des Druckvorganges weitergeleitet werden und binden auch diesen Dialog in den Druckvorgang ein:

```
type

  PAbortDlg=^TAbortDlg;
  TAbortDlg=object(TDialog)
    procedure WMCommand(var Msg: TMessage);
      virtual wm_First + wm_Command;
  end;

var EndPrint: boolean;
    AbortDlg: PAbortDlg;

...
procedure TAbortDlg.WMCommand;
```

```
begin
  EndPrint:=true;
end;
```

Vor Beginn des Druckvorgangs wird der Dialog erzeugt und angezeigt. Damit dies funktioniert, muß die Dialogressource das Attribut *sichtbar* bzw. *visible* aufweisen, ohne die nicht modale Dialoge tatsächlich unsichtbar bleiben. Außerdem setzen wir *EndPrint* auf den Wert *False*.

```
EndPrint:=false;
AbortDlg:=New(PAbortDlg,
  Init(Application^.MainWindow,'DIALOG_1'));
AbortDlg^.Create;
```

Abbildung 10.3
Abbruch Dialog für Druckvorgang

Hier entsteht ein sehr großes Problem, wenn AnwenderInnen während des Druckvorgangs das nun inaktive Programmfenster anklicken und dort bei laufendem Druckvorgang z.B. den Menüpunkt *Druckereinrichtung* aktivieren. Zum einen kann das Programm abstürzen, zum anderen gerät Windows in bezug auf die Fenster in Verwirrung und das Resultat kann ein Programmfenster sein, welches sich nicht mehr aktivieren und so auch nicht beenden läßt. Man verbietet daher generell den Wechsel zum Programmfenster, solange der Druckvorgang läuft.

```
...
EnableWindow(HWindow,false);
...
PrintSomething(PD^.hDC);
...
EnableWindow(HWindow,true);
Dispose(AbortDlg,Done);
...
```

Anschließend wird der Dialog wieder sauber abgeräumt, da dies durch den *Cancel*–Button nicht veranlaßt wird.

Wie schön das funktioniert und welchen Komfort man dadurch BenutzerInnen des Programms bietet, können Sie leicht mit dem folgenden kleinen Beispielprogramm von der Diskette zum Buch austesten. Durch Herauskommentieren der Codeteile, die das Einbinden der Nachrichtenfunktion in das GDI betreffen, können Sie auch testen, wie langsam das gesamte System dann auf sämtliche Aktionen reagiert.

Das Beispiel im folgenden stellt zugunsten der Kürze des Quellcodes eine Courier Schrift mit 10 Punkt ein, anstatt einen Schriftarten–Dialog anzuzeigen.

```
{ ----------------------------------------------
            Druckabbruch-Dialog

   von Michael Schumann für Vieweg Verlag
  --------------------------------------------- }

program Print3;

{$R Print}

{$IFDEF VER15}
uses WObjects,WinTypes,WinProcs,Strings,Win31,BWCC,CommDlg;
{$ELSE}
uses
OWindows,ODialogs,WinTypes,WinProcs,Strings,Win31,BWCC,CommDl
g;
{$ENDIF}

type
  TMyApp = object(TApplication)
    procedure InitMainWindow; virtual;
  end;

  PMyWindow = ^TMyWindow;
  TMyWindow = object(TWindow)
    constructor Init(ATitle : PChar);
    procedure Ende(var m:TMessage); virtual
            cm_first+109;
    procedure PrintSomething(dc:hDC);
    procedure Print(var m:TMessage); virtual
            cm_first+102;
  end;

  PAbortDlg=^TAbortDlg;
  TAbortDlg=object(TDialog)
    procedure WMCommand(var Msg: TMessage);
      virtual wm_First + wm_Command;
  end;

var EndPrint: boolean;
    AbortDlg: PAbortDlg;

procedure TAbortDlg.WMCommand;
  begin
```

```pascal
    EndPrint:=true;
  end;

procedure TMyWindow.Ende;
 begin
   CloseWindow;
 end;

function MsgSupport(DC:hDC;Code:integer):bool; export;
{ Verarbeitet Messages, während gedruckt wird }
 var M:TMsg;
 begin
   while not EndPrint and PeekMessage(M,0,0,0,pm_Remove) do
     if not Application^.ProcessAppMsg(M) then begin
       TranslateMessage(M);
       DispatchMessage(M);
     end;
   { Rückgabewert aus Abbruchdialog }
   MsgSupport:=not EndPrint;
end;


procedure TMyWindow.PrintSomething(DC:hDC);
var  DI              : TDocInfo;
     T               : Text;
     TM              : TTextMetric;
     LineHeight,
     PageHeight,
     LinesPerPage,
     LeftMargin,
     Uppermargin,
     i               : integer;
     z               : string;
     h               : hFont;
     M               : TMsg;

 begin
  h:=CreateFont(-(GetDeviceCaps(DC,LogPixelsY)*14 div 720) *
10,
                0,0,0,fw_normal,0,0,0,Ansi_CharSet,
                4,Clip_default_precis,proof_quality,
                ff_modern,'Courier New');
  SelectObject(DC,h);
  { Infostruktur für Druckmanager }
  DI.lpszDocName:='PRINT3.PAS';
  DI.lpszOutput:=nil;
  DI.cbSize:=SizeOf(DI);
  { Druckerdaten ermitteln }
  { Linker, oberer und unterer Rand ca. 1.5 cm }
  LeftMargin:=GetDeviceCaps(DC,logPixelsX) div 2;
  UpperMargin:=GetDeviceCaps(DC,logPixelsY) div 2;
  GetTextMetrics(DC,TM);
  LineHeight:=TM.tmHeight+TM.tmExternalLeading;
  PageHeight:=GetDeviceCaps(DC,vertRes)-2*UpperMargin;
  LinesPerPage:=PageHeight div LineHeight;
  { Linker Rand ein halbes Zoll }
```

```pascal
    LeftMargin:=GetDeviceCaps(DC,logPixelsX) div 2;
    UpperMargin:=GetDeviceCaps(DC,logPixelsY) div 2;
    { Jetzt drucken wir diese Datei }
    Assign(t,'print3.pas');
    reset(t);
    i:=0;
    { Druckvorgang starten }
    StartDoc(DC,DI);
    StartPage(DC);
    { Zeilenweise drucken }
    While not EndPrint and not EOF(t) do begin
      If PeekMessage(M,0,0,0,pm_Remove) then begin
        TranslateMessage(M);
        DispatchMessage(M);
       end;
      Readln(t,z); z:=z+#0;
      TextOut(DC,LeftMargin,UpperMargin+i*LineHeight,
             @z[1],StrLen(@Z[1]));
      inc(i);
      If i=LinesPerPage then begin
        i:=0;
        EndPage(DC);
        SelectObject(DC,h);
        StartPage(DC);
       end;
     end;
    EndPage(DC);
    DeleteObject(h);
    Close(t);
   end;

  procedure TMyWindow.Print;
   var    AP: TFarProc;
          PD: PPRintDlg;
   begin
    { Struktur initialisieren }
    GetMem(PD,SizeOf(TPrintDlg));
    FillChar(PD^,SizeOf(TPrintDlg),#0);
    PD^.Flags:=PD_ReturnDC;
    PD^.lStructSize:=SizeOf(TPrintDlg);
    PD^.hWndOwner:=HWindow;
    { Wenn gültiger Drucker gewählt, drucken }
    If PrintDlg(PD^) then begin
      EndPrint:=false;
      { Abbruchdialog erzeugen und anzeigen }
      AbortDlg:=New(PAbortDlg,
        Init(Application^.MainWindow,'DIALOG_1'));
      AbortDlg^.Create;
      { Hauptfenster deaktivieren }
      EnableWindow(HWindow,false);
      { Nachrichtenprozedur einklinken }
      AP:=MakeProcInstance(@MsgSupport,HInstance);
      SetAbortProc(PD^.hDC,TAbortProc(AP));
      { Drucken }
      PrintSomething(PD^.hDC);
      Dispose(AbortDlg,Done);
```

```pascal
      { Hauptfenster wieder aktivieren }
      EnableWindow(HWindow,true);
      { Abbruchprozedur wieder ausklinken }
      SetAbortProc(PD^.hDC,nil);
      FreeProcInstance(AP);
      If EndPrint then begin
            AbortDoc(PD^.hDC);
            MessageBox(HWindow,'Druckvorgang abgebrochen',
          'Print 3',mb_OK+mb_IconExclamation)
        end else
            EndDoc(PD^.hDC);
      DeleteDC(PD^.hDC);
    end;
  { Wenn Speicherblöcke für Devmode und DevNames
    allokiert wurden, diese freigeben }
  If PD^.hDevMode<>0 then GlobalFree(PD^.hDevMode);
  If PD^.hDevNames<>0 then GlobalFree(PD^.hDevNames);
  { Speicher für die Struktur freigeben }
  FreeMem(PD,SizeOf(TPrintDlg));
  end;

constructor TMyWindow.Init(ATitle : PChar);
 begin
  TWindow.Init(Nil, ATitle);
 with Attr do
    begin
     Style := ws_OverlappedWindow;
     Menu := LoadMenu(hInstance,'MENU_1');
     { Startposition und -größe }
     X:=20; Y:=20; w:=400; h:=300;
    end;
 end;

procedure TMyApp.InitMainWindow;
 begin
  MainWindow := New(PMyWindow, Init('Print 3'));
 end;

var
  App : TMyApp;
begin
  App.Init('MyWindow');
  App.Run;
  App.Done;
end.
```

11 Windows Hilfesystem

Wie lästig ist es, wenn man immer einen Stapel Handbücher und ähnliches in Griffnähe haben muß, um jederzeit dies oder jenes nachzulesen. Auf Reisen mit einem Notebook ist es sogar unmöglich, mehrere Meter Dokumentation mit sich herumzuschleppen. Daher haben alle professionellen Anwendungsprogramme eine umfangreiche Onlinehilfe, die auf das Windows–Hilfesystem aufbaut.

Die Tatsache, daß das Erstellen eines Hilfesystems für ein Programm nur recht spärlich dokumentiert wird und in Einsteigerwerken zu TPW bzw. BPW kaum zu finden ist, läßt vermuten, daß es sich dabei um ein sehr kompliziertes Handwerk handelt, von dem man möglichst lange die Finger läßt. Doch das ist keineswegs der Fall!

Das Entwickeln eines Windows–Hilfesystems für eine Applikation ist nicht schwieriger als das Schreiben eines Handbuchs. Bei beidem ist eine gute Gliederung die Grundlage, und wenn man es geschickt anstellt, so kann man die Gliederung gleich für beide Projekte nutzen, da man in der Regel sowohl ein Handbuch als auch ein Hilfesystem benötigt.

Was man als Werkzeug unbedingt benötigt, ist eine Textverarbeitung, die Dateien als sogenannte RTF–Dateien (*Rich Text Format*) abspeichern kann und weiterhin die Zeichenattribute *versteckt, unterstrichen* und *doppelt unterstrichen* beherrscht. Lebenswichtig ist die Möglichkeit, Fußnoten mit beliebigen Zeichen in den Text einzubinden. Und damit das Hilfesystem ordentlich aussieht, sollte dieses Programm schließlich wenigstens eine 14 Punkt Helvetica und eine kleinere Serifenschrift beherrschen. Damit die Firma Microsoft nicht zu arm wird, empfehle ich Ihnen das Programm WORD für Windows, was zum einen alle Forderungen erfüllt und zudem ein wirklich gutes Textsystem ist. WORD für DOS in den Versionen 5, 5.5 und 6 ist aber auch einsetzbar. Da unter Windows eher WORD für Windows zum Einsatz kommt, werden die Beispiele im folgenden damit erstellt.

11.1 Wie funktioniert's?

Das Hilfesystem von Windows wäre nicht besonders wertvoll, müßte man
darin Seite für Seite nach dem gewünschten Kontext suchen. Hier bietet
Windows mehrere Hilfsmittel an, die Sie natürlich nutzen sollten. Die
Aufstellung im folgenden zeigt gleichzeitig Parallelen zu einem Handbuch
auf.

*   Hilfeindex (entspricht dem Inhaltsverzeichnis)

*   Suche (entspricht dem Index)

*   Historie (entspricht den vielen kleinen eingelegten Merkzetteln)

*   Einblenden von Erklärungen zu einem Begriff, ohne auf eine andere
    Seite zu blättern (Entspricht einer gedruckten Fußnote)

*   Definieren eigener Merker für Themen

*   Anfügen von eigenen Anmerkungen an ein Hilfethema

Den Aufbau des Hilfesystems kann man gut mit einer Kartei vergleichen, in
der die Karten mehrere Schlüssel tragen können. Eine Karte entspricht
dem, was im Hilfesystem bei der Anwahl eines Themas angezeigt wird und
(im gegensatz zur Karteikarte) beliebig lang sein kann. So eine Karte
werden wir im folgenden besser Seite nennen, da sie im Hilfe–Quellcode
tatsächlich einer Druckseite entspricht.

Drei Schlüssel sind für jede Seite entscheidend, wobei nicht für jede Seite
notwendigerweise alle drei zum Einsatz kommen müssen. Diese Schlüssel
werden dieser Seite in Form von Fußnoten mit einem speziellen Zeichen
vergeben. Je nach Zeichen hat der Fußnotentext eine der folgenden
Bedeutungen:

Fußnotenzeichen	Bedeutung der Fußnote
#	Sprungmarke für programmatische An-steuerung des Themas
$	Titel der Hilfeseite in der Historie und in der *Gehe zu*–Listbox bei der Suche
K	Schlüsselwort bei Suche. Erscheint in der *Themen*–Listbox.

Tabelle 11.1 Schlüssel für Hilfeseiten

Beim ersten Kontakt mit dem Hilfesystem verwirren diese Schlüssel
erheblich, zumal es noch weitere für ganz ausgefuchste Situationen gibt.
Das Verständnis dieser Schlüssel ist jedoch elementar für den Aufbau eines
brauchbaren Hilfesystems, ohne dabei Nervenzusammenbrüche zu erlei-
den. Hier ein kleines Beispiel zum Einsatz der Schlüssel aus dem
Hilfesystem zu BPW:

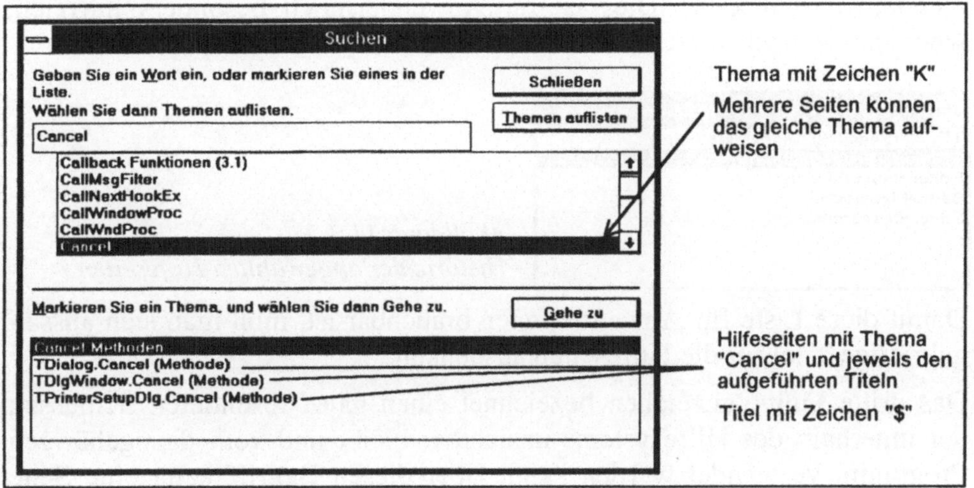

Abbildung 11.1 Einsatz der Fußnotenzeichen

Verschiedene Hilfeseiten können das gleiche Thema haben und erscheinen
so unter einem Thema im *Suchen*-Dialog. Damit allerdings nicht genug,
denn jede Hilfeseite kann auch mehrere Themen streifen und so mit
mehreren Themenschlüsseln ausgerüstet werden. Themen und Seitentitel
können daher beliebig vernetzt werden.

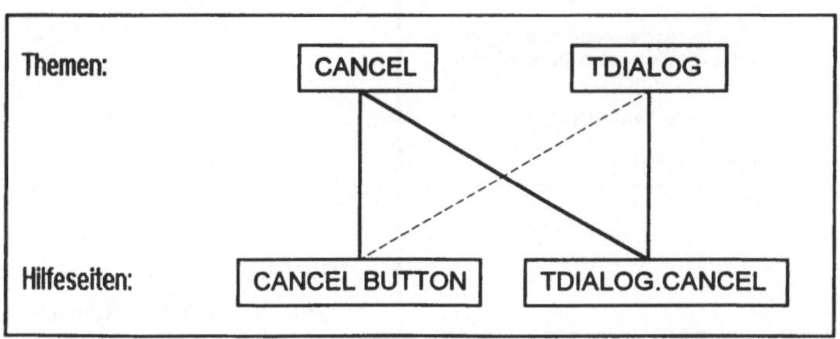

Abbildung 11.2 Vernetzung von Themen und Hilfeseiten

Man sollte dabei nur insofern vorsichtig sein, daß man durch eine zu enge Vernetzung die Gliederung der Themen unter Umständen wieder zerstört, da unter jedem Thema jede Seite aufgeführt wird. In vielen Fällen machen Kreuzverbindungen jedoch durchaus Sinn.

Jede Seite, die in einer *Hilfesitzung* einmal angesteuert wurde, wird in einer Liste vermerkt, die als Historie unter dem Titel *Bisherige Themen* eingeblendet werden kann. Dies ist für AnwenderInnen besonders hilfreich, wenn man zwischen mehreren Hilfeseiten hin- und herspringen muß.

Abbildung 11.3
Historie der angewählten Hilfeseiten

Damit diese Liste für AnwenderInnen brauchbar ist, muß man sich aussagekräftige Titel für die Hilfeseiten ausdenken.

Das dritte Fußnotenzeichen bezeichnet einen ganz besonderen Schlüssel, der innerhalb des Hilfesystems unsichtbar bleibt und vom dazugehörigen Programm verwendet werden kann. Über diesen Begriff kann eine Seite direkt aus dem Programm heraus angesteuert werden. Viele Programme ermöglichen bereits im Hilfemenü eine Auswahl der wichtigsten Oberthemen, hinter denen sich Hilfeseiten verbergen, von denen wiederum in die einzelnen Seiten verzweigt werden kann.

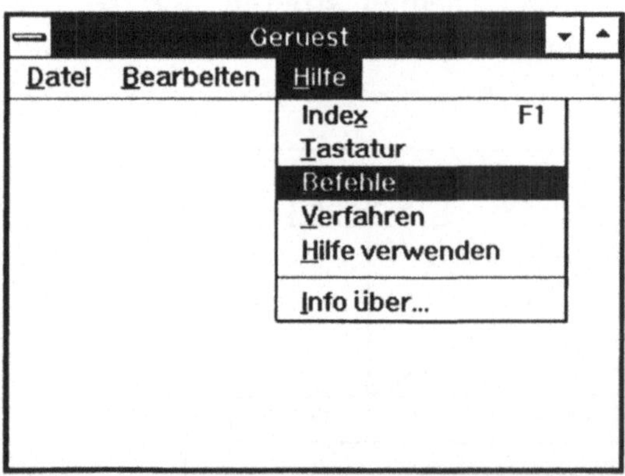

Abbildung 11.4
Typisches Hilfe–Menü

Und da wären wir schon bei einem weiteren Werkzeug für das Design eines Hilfesystems, nämlich den Verzweigungen auf einer Hilfeseite.

Hier kommen die Zeichenattribute zum tragen. Doppelt unterstrichener Text dient als Marke für eine Verzweigung zu einer anderen Seite des Hilfesystems. Dieser Text wird grün und unterstrichen dargestellt. Klicken AnwenderInnen mit der Maus darauf, so verzweigt das Hilfesystem zu der Seite, die den dahinter versteckt angegebenen #-Schlüssel hat. Sie erinnern sich, dies sind die Schlüssel, die für das Ansteuern eines Themas aus dem Programm gedacht sind.

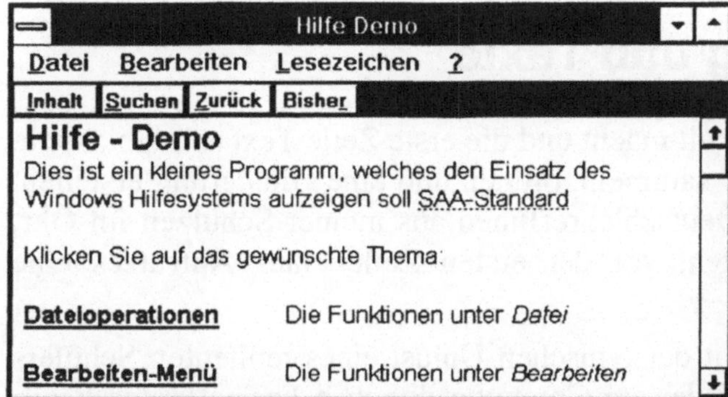

Abbildung 11.5
Verzweigung auf einer
Seite

Zu dem Ausschnitt aus Abbildung 11.5 gehört folgender Quellcode, der ebenfalls als Snapshot aus Word für Windows genommen wurde:

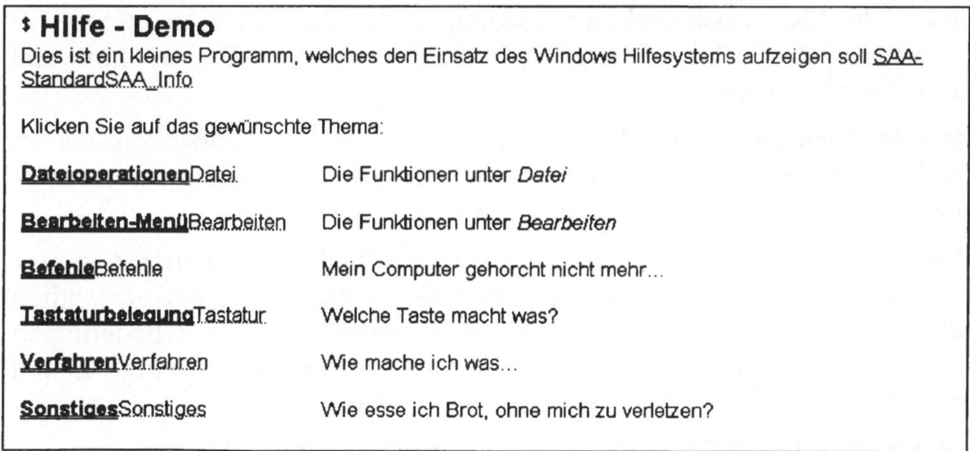

Abbildung 11.6 Hilfequellcode zum obigen Ausschnitt

In Abbildung 11.6 ist eine weitere Verzweigung zu erkennen, die zu einer Erkärung des Begriffs *SAA–Standard* führt. Eine Hilfeseite, auf die man über einen einfach unterstrichenen Begriff verzweigt, wird in einem Pop-Up–Fenster angezeigt und kann keine weiteren Verzweigungen enthalten.

In der Regel nutzt man diese Möglichkeit zur Erklärung von Begriffen, die nicht unbedingt jedem geläufig sind, wie hier der *SAA–Standard*, und schreibt dazu nur wenige Zeilen, die in einer Box direkt unter oder über dem Begriff angezeigt werden, ohne die vorherige Hilfeseite zu beseitigen.

11.2 Gliederung und Texte

Bevor man sich an die Arbeit macht und die erste Zeile Text schreibt, sollte man das gesamte Material sammeln, ordnen und eine Gliederung erstellen. Auch ich habe noch die DeutschlehrerInnen aus meiner Schulzeit im Ohr, die immer darauf drängten, vor der ersten Zeile eines Aufsatzes eine Gliederung anzulegen.

Bei einem Aufsatz, der mit der typischen Unlust eines renitenten Schülers erstellt wird und daher bei der am Computer üblichen Formatierung kaum eine A4 Seite füllt, ist der Sinn einer Gliederung tatsächlich kaum einzusehen. Bei einer Diplomarbeit oder gar einem Buch jedoch macht sich eine schlechte Gliederung katastrophal bemerkbar. Zum einen verursacht sie erhebliche Mehrarbeit und zum anderen ist das Resultat in der Regel für LeserInnen absolut unbefriedigend, da konfus zwischen Themen hin– und hergesprungen wird.

Im folgenden möchte ich Ihnen eine kleine Gliederung vorstellen, die im Laufe dieses Kapitels dann zu einem kompletten Hilfesystem heranwachsen wird, in dem die wesentlichen Features genutzt werden.

Wie bei einem Buch empfehle ich Ihnen, die Gliederung möglichst nur auf zwei Ebenen durchzuführen, dies verleiht Handbüchern ein wesentlich schöneres Outfit und ist ein Beitrag zur besseren Übersicht. Gliederungen bis in die fünfte Ebene, die dann pro Abschnitt nur noch wenige Zeilen enthalten, sind für LeserInnen sicherlich eine Qual:

4.3.5.21.3 Linke Geweihspitze des ostschwedischen Elchs

Die linke Geweihspitze des ostschwedischen Elchs befindet sich nach neuesten wissenschaftlichen Erkenntnissen immer dann rechts, wenn man dem Elch frontal gegenübersteht.

4.3.5.21.4 Rechte Geweihspitze des ostschwedischen Elchs

...

Unser wirklich kleines Beispiel gliedert sich so:

- **Index**
- **Dateioperationen**
    - Dateien laden
    - Dateien speichern
- **Verfahren**

Für dieses Beispiel werden insgesamt sieben Hilfeseiten benötigt:

1. Indexseite
2. Seite mit Kurzerklärung zu einem Begriff im Index
3. Seite *Dateioperationen* mit Verzweigung zu den Unterthemen
4. Seite *Dateien laden*
5. Seite *Dateien speichern*
6. Seite 1 *Verfahren*
7. Seite 2 *Verfahren*

Die zwei Seiten für das Thema *Verfahren* werden im Abschnitt *Einbinden von Grafik* für eine Animation eingesetzt. Beginnen wir mit der Indexseite, die in jedem Hilfesystem vorhanden sein sollte. Diese erhält lediglich den Titel *Index*. Ein Thema benötigt sie nicht, da diese Seite bei der Suche völlig uninteressant ist.

```
$ Hilfe - Demo
Dies ist ein kleines Programm, welches den Einsatz des Windows Hilfesystems aufzeigen soll.
Es arbeitet dabei mit dem Windowsprogramm WINHELP winhelp.

Klicken Sie bitte auf das gewünschte Thema:

DateioperationenDateiDie Funktionen unter dem Menü Datei

VerfahrenVerfahren          Wie mache ich was...

Hier kann eine beliebig lange Liste von Themen folgen...




$ Index
```

Abbildung 11.7 Hilfetext des Index, versteckter Text sichtbar gemacht

Zu dem Begriff *WINHELP* können Sie eine Erklärung einblenden, da er einfach unterstrichen ist. Mit der Sprungmarke *WINHELP* wird auf eine Seite mit kurzen Erklärungen verzweigt, diese sieht so aus:

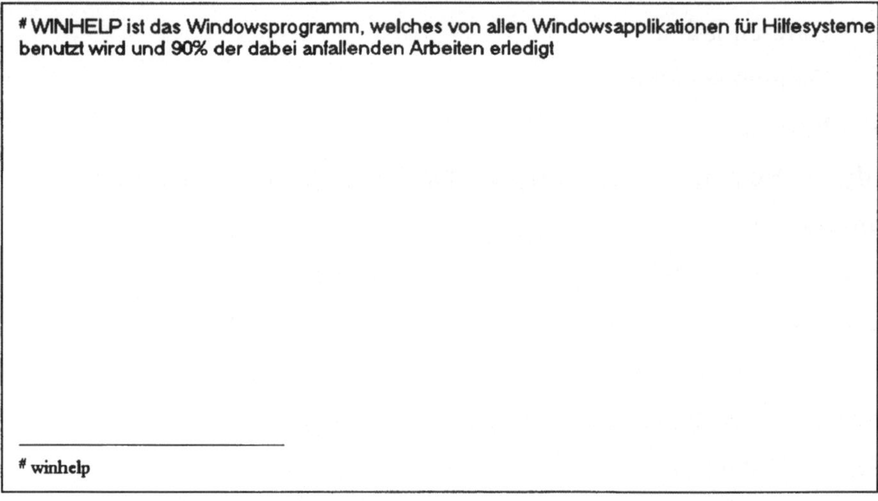

Abbildung 11.8 Pop-Up Hilfetext zu WINHELP

Die Hilfeseite *Dateioperationen* sieht dem Index sehr ähnlich, hier werden allerdings drei Fußnoten als Schlüssel vergeben:

#:   Sprungmarke *Datei*

$:   Seitentitel *Dateioperationen*

K: Thema *Dateioperationen*

So erscheint diese Hilfeseite bei der Suche im Hilfesystem unter dem Thema *Dateioperationen* und mit dem gleichen Begriff in der *Gehe zu*–Listbox. Dies ist eine Eigenschaft aller Hilfeseiten, die keine andere Seite als Oberthema besitzen, logisch also direkt unter dem Index angesiedelt sind und als *Kapitel* betrachtet werden können.

Die sogenannten *Abschnitte* (in diesem Buch die Textteile, die mit 1.1, 1.2 usw. durchnumeriert sind) enthalten die Kerninformationen und befinden sich logisch unter den *Kapiteln*. So verzweigt die Hilfeseite *Dateioperationen* auch wahlweise zu den Unterthemen *Dateien laden* und *Dateien speichern*. Selbstverständlich sollte sie trotzdem Text enthalten, z.B. allgemeine Informationen zu Dateioperationen. Ohne Text ist sie Schikane, denn man muß lediglich zweimal verzweigen.

$K#Dateioperationen

Das Datei-Menü enthält alle Funktionen zum Umgang mit Dateien. Sie können Dateien

LadenDateiladen

und

SpeichernDateispeichern

Klicken Sie auf das gewünschte Thema

$ Dateioperationen
K Dateioperationen
datei

Abbildung 11.9 Hilfeseite mit weiteren Verrzweigungen

Diese Seite verzweigt wahlweise auf eine von zwei Seiten mit den Unterthemen Dateien speichern und Dateien laden. Eine dieser Seite finden Sie im folgenden. Diese Seiten verfügen ebenfalls über drei Fußnoten als Schlüssel, die hier allerdings die Verknüpfung zum Thema für die Suche im Hilfesystem beinhalten.

#$K Dateien laden

Bei einem Aufsatz, der mit der typischen Unlust eines renitenten Schülers erstellt wird und daher bei der am Computer üblichen Formatierung kaum eine A4 Seite füllt, ist der Sinn einer Gliederung tatsächlich kaum einzusehen. Bei einer Diplomarbeit oder gar einem Buch spätestens aber macht sich eine schlechte Gliederung katastrophal bemerkbar. Zum einen verursacht sie eine erhebliche Mehrarbeit und zum anderen ist das Resultat in der Regel für LeserInnen absolut unbefriedigend, da konfus zwischen Themen hin- und hergesprungen wird.

---

dateiladen
$ Dateien laden
K Dateioperationen

Abbildung 11.10 Unterthema mit Zuordnung zum Oberthema

Damit diese Seite korrekt bei der Suche zugeordnet wird, werden folgende Schlüssel über Fußnoten vergeben:

#:   Sprungmarke *Dateiladen*

$:   Seitentitel *Dateien laden*

K: Thema *Dateioperationen*

Damit können Sie bereits ein recht übersichtliches Hilfesystem aufbauen, dem allerdings noch ein besonderes Feature fehlt, nämlich Grafik. Diese bauen wir im folgenden Abschnitt in das Thema *Verfahren* ein.

11.3 Animierte Grafik im Hilfetext

Wie heißt es noch? Ein Bild sagt oft mehr als tausend Worte. Dies ist keineswegs ein leerer Spruch. Beschreiben Sie einmal AnwenderInnen den Vorgang, ein Menü mit der Maus zu öffnen nur mit Worten. Wieviel leichter können Sie dies mit einer Abbildung erklären!

Ganz besonders wirkungsvoll werden Grafiken schließlich durch Animationen. Man klickt etwas an und – schwupp di wupp – es passiert etwas mit der Grafik. Und so etwas ist tatsächlich mit einem (natürlich trivialen) Trick auch innerhalb des Hilfesystems möglich! Kommen wir dazu noch einmal auf das Öffnen eines Menüs zurück.

Mit dem Programm *SNAPY* aus dem achten Kapitel können Sie bequem eine Abbildung eines Programmfensters *schießen* und als Bitmapdatei speichern. Diese kann dann recht einfach über eine Direktive in den Hilfetext eingebunden werden. Diese Anweisung muß nicht versteckt formatiert werden.

```
{bml bild.bmp}
```

Der Hilfecompiler von Microsoft fügt dann die genannte Abbildung in die Hilfedatei ein. Das *l* ind *bml* bedeutet, daß die Abbildung linksbündig formatiert wird. Auf den Ausdruck in den geschweiften Klammern folgender Text wird dadurch rechts neben der Grafik formatiert, wenn diese ausreichend Platz dafür läßt. Über das Kommando *bmr* können Sie die Abbildung rechtsbündig plazieren. Das hat gegenüber dem direkten Einfügen einer Grafik in die RTF–Datei den enormen Vorteil, daß die Datei relativ klein bleibt und angenehmes Arbeiten mit Word für Windows möglich ist.

Nun erscheint Grafik im Hilfefenster, mit der jedoch weiter nichts angestellt werden kann. Für Anschauungszwecke mag dies durchaus reichen, um aber einen bestimmten Vorgang zu verdeutlichen, sollte Klicken auf bestimmte Stellen der Grafik auch etwas bewirken.

Das Programm *SHED*, das bereits im dritten Kapitel kurz angesprochen wurde, ermöglicht die Definition sogenannter *Hotspots* in einer Bitmap. Diese *Hotspots* sind rechteckige Flächen in der Bitmap, über die zu einer bestimmten Hilfeseite gesprungen werden kann, wenn man sie anklickt. Bewegt man den Mauszeiger auf eine solche Hotspot–Fläche, so verwandelt sich der Pfeil in eine zeigende Hand, die symbolisiert, daß Klicken an dieser Stelle etwas bewirkt. Sie können jede beliebige Bitmapdatei mit *SHED* laden und beliebige Hotspots definieren. Beachten Sie aber, daß diese Informationen an die Datei angehängt werden und sie dadurch nur noch von *SHED* und vom Hilfecompiler lesbar ist. Sollten Sie die Bitmap also noch für andere Zwecke benötigen, müssen Sie vor der ersten Bearbeitung mit *SHED* eine Kopie anfertigen!

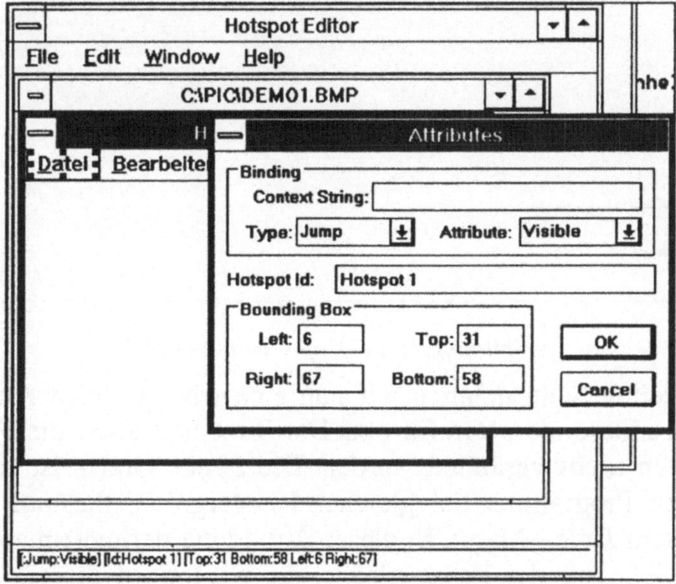

Abbildung 11.11 Definition eines HOTSPOT mit SHED

Abbildung 11.11 zeigt *SHED* in Aktion. Zwei Felder sind nach Aufziehen eines Rahmens über dem *heißen* Bereich und anschließendem Doppelklick in diesen Bereich zu definieren.

Context String Sprunglabel der Zielseite

Attribute Entscheidet, ob der aufgezogene Rahmen im Hilfesystem sichtbar ist (*visible*) oder nicht.

Der Einfachheit halber definieren wir hier nur einen Hotspot, der genau den Bereich bezeichnet, in dem das *Datei*–Menü geöffnet werden kann.

Diese Abbildung plazieren wir zusammen mit ein wenig Text auf der ersten der zwei Seiten zu *Verfahren*. Die zweite Seite bekommt das Sprunglabel *verfahren2*, aber kein Thema und keinen Titel. So springt Anklicken des Datei–Menüs in der Abbildung auf diese Seite und dort plazieren wir über *Cut & Paste* eine exakte Kopie der ersten Seite.

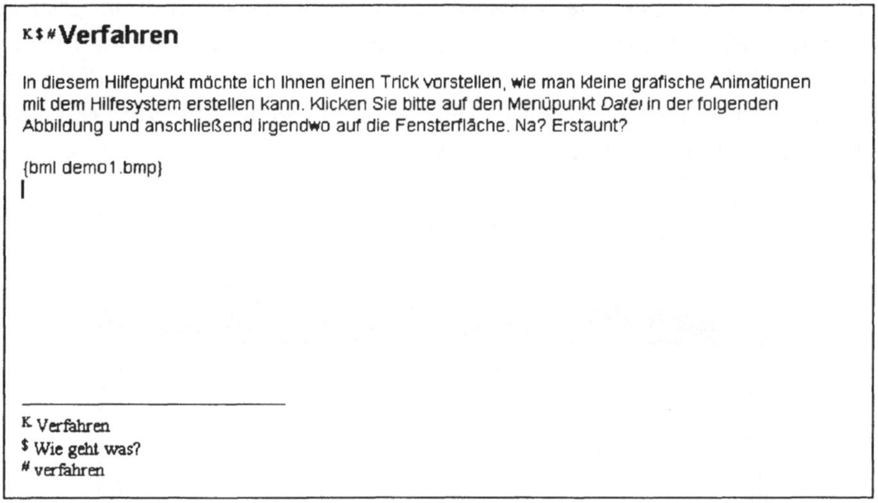

K$#**Verfahren**

In diesem Hilfepunkt möchte ich Ihnen einen Trick vorstellen, wie man kleine grafische Animationen mit dem Hilfesystem erstellen kann. Klicken Sie bitte auf den Menüpunkt *Datei* in der folgenden Abbildung und anschließend irgendwo auf die Fensterfläche. Na? Erstaunt?

{bml demo1.bmp}

K Verfahren
$ Wie geht was?
# verfahren

Abbildung 11.12 Hilfeseite mit Grafik

Auf der zweiten Seite nehmen wir nun eine winzig kleine Änderung vor und binden eine andere Grafik ein. Der Text und auch die Position der Grafik sollten **nicht** verändert werden. Die zweite Grafik ist ein Snapshot des gleichen Programms bei gleicher Fenstergröße, diesmal jedoch mit aufgeklapptem *Datei*–Menü. In dieser Abbildung definiert man mit *SHED* einige Bereiche auf der Fensterfläche, die wieder auf die erste Seite zurückspringen. Im Hilfesystem wird so eine echte Animation erreicht, da Klicken auf *Datei* das dazugehörige Pop–Up–Menü zu öffnen scheint.

Abbildung 11.13
Thema Verfahren
Seite 1

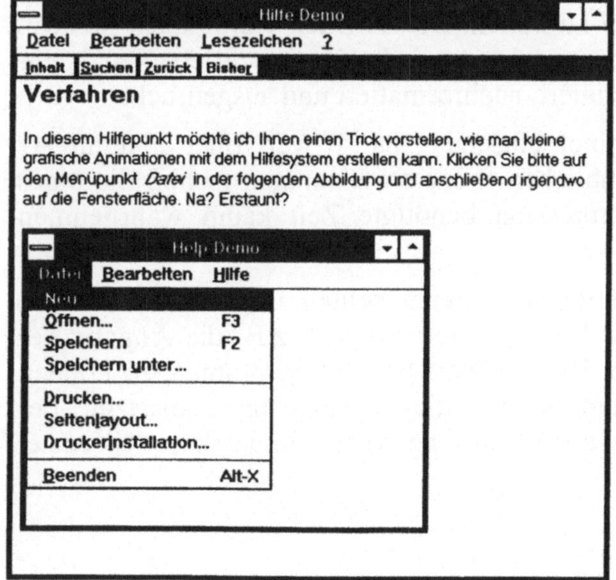

Abbildung 11.14
Dateimenü durch An –
klicken geöffnet

11.4 Hilfedatei erzeugen und einbinden

Zum Erzeugen der Hilfedatei sind ein paar Schritte über eine spezielle *Projekt*datei nötig. Dies ist keineswegs eine von C übernommene Schikane, sondern eröffnet eine Vielzahl weiterer Optionen, die jedoch erst bei Hilfesystemen relevant werden, die den Umfang der TPW oder BPW Hilfe haben. Die meisten Hilfesysteme können in einer Textdatei untergebracht werden, und so können Sie die folgende Projektdatei immer wieder verwenden.

```
[OPTIONS]
TITLE=Hilfe Demo
COMPRESS=true

[FILES]
help.rtf

[MAP]
#define Verfahren   101
```

Unter *Files* werden alle RTF–Dateien aufgelistet, die zum Hilfesystem gehören. Bei umfangreichen Systemen macht es durchaus Sinn, nicht den gesamten Text in einer Datei zu halten. Dieses Buch wurde auch nicht in einer Datei erstellt, sondern zunächst kapitelweise geschrieben und anschließend in vier Teilen korrigiert, nachformatiert und ausgedruckt.

Kompression sollten Sie immer einsetzen, da so wertvoller Plattenplatz gespart wird und die heute üblichen Prozessorleistungen (schon die eines 386SX) die für die Dekompression benötigte Zeit kaum wahrnehmen lassen.

Alle an diesem Projekt beteiligten Dateien sollten in ein gemeinsames Verzeichnis kopiert werden, dann ersparen Sie sich z.B. die Angabe der Pfade zu den Grafiken in der Projektdatei. Ist alles zusammen, so können Sie den Microsoft Help–Compiler auf dieses Verzeichnis ansetzen, der Ihnen (neben ein paar unwichtigen Warnungen) eine brauchbare Hilfedatei erzeugt:

```
S:\BP\BUCH\KAP11>hc31 help.prj
Microsoft (R) Help Compiler Version 3.10.445
Copyright (c) Microsoft Corp 1990 - 1992. All rights reser-
ved.
help.prj

Warning 5098: Using old key-phrase table..
Warning 4753: topic...3 of help.rtf : Hidden paragraph...
```

Das ist bereits alles, was Sie benötigen, um aus den Hilfetexten im RTF–
Format eine fertige Hilfedatei zu erzeugen. Diese allein jedoch hilft
AnwenderInnen noch recht wenig. Das Programm muß sie auch einsetzen!
Also werden entsprechende Methoden in das Programm eingebaut, die das
Hilfesystem als Reaktion auf F1 (Index) und die Menüpunkte im *Hilfe*-
Menü aktivieren:

```
    ...
    { Menümethoden Hilfe-Menü}
    procedure HelpIndex (var Msg : TMessage); virtual
              cm_first + 901;
    procedure HelpKeys (var Msg : TMessage); virtual
              cm_first + 902;
    procedure HelpCommands (var Msg : TMessage); virtual
              cm_first + 903;
    procedure HelpProcedures (var Msg : TMessage); virtual
              cm_first + 904;
    procedure HelpOnHelp (var Msg : TMessage); virtual
              cm_first + 905;
    procedure HelpAbout (var Msg : TMessage); virtual
              cm_first + 999;
    ...


...
var s: array[0..20] of char;

procedure TMyWindow.HelpIndex;
 begin
  WinHelp(HWindow,'HELP.HLP',help_index,0)
 end;

procedure TMyWindow.HelpProcedures;
 begin
  strCopy(s,'Verfahren');
  WinHelp(HWindow,'HELP.HLP',help_key,longint(@s))
 end;

procedure TMyWindow.HelpOnHelp;
 begin
  WinHelp(HWindow,'WINHELP.HLP',help_helpOnhelp,0)
 end;
```

Das Hilfesystem kann dabei auf mehrere Arten eingesetzt werden. Um
völlig ungeübten AnwenderInnen die Möglichkeit zu geben, zunächst den
Umgang mit dem Hilfesystem zu erlernen, bietet man den Menüpunkt *Hilfe
verwenden* im *Hilfe*-Menü an. Die dazugehörigen Hilfeseiten brauchen Sie
nicht zu erstellen, da diese sich im Windows–Hilfesystem befinden. Daraus
resultiert der Aufruf des Hilfesystems unter Angabe der Windows
Hilfedatei WINHELP.HLP und dem Schlüssel *help_helpOnhelp*.

Die Angabe des Schlüssels *help_index* veranlaßt das Hilfesystem, zur ersten Seite der angegebenen Hilfedatei zu springen. Dort befindet sich üblicherweise der Index. Damit sind zwei der in jedem Hilfesystem vorhandenen Menüpunkte abgedeckt. Zusätzlich sollte man den Punkt *Verfahren* und eventuell noch weitere Punkte wie *Tastatur* oder *Befehle* einfügen, die zu den ersten Seiten dieser Themen springen.

Um direkt ein Thema anzuspringen, muß der innerhalb des Hilfesystems mit der Fußnote # vergebene Schlüssel angegeben werden:

```
var s: array[0..20] of char;

procedure TMyWindow.HelpProcedures;
  begin
    strCopy(s,'Verfahren');
    WinHelp(HWindow,'HELP.HLP',help_key,longint(@s))
  end;
```

Die oben aufgeführte Codesequenz springt direkt auf die erste Seite mit dem Sprunglabel *Verfahren*. Den kompletten Quellcode des hier entwickelten Beispielprogramms sowie die dazugehörige RTF–Datei finden sie natürlich auf der Diskette zum Buch. Sie können damit experimentieren und sie als Grundlage für eigene Hilfesysteme nutzen. Das Programmgerüst im zweiten Kapitel verfügt ebenfalls über ein Gerüst für ein Hilfesystem, dieses arbeitet ohne Grafiktricks, ist dafür aber schon mit einer brauchbaren Grundgliederung ausgestattet.

12 Windows erweitern

Windows 3.1 verfügt über verschiedene Schnittstellen, über die man die Funktionalität einiger Tools erheblich erweitern und dem persönlichen Bedarf anpassen kann.

Der in der Version 3.1 nun wirklich sehr leistungsfähige, schnelle und auch komfortable Dateimanager beispielsweise kann um eigene Menüs mit eigenen Funktionen erweitert werden, die sich innerhalb des Menüsystems des Dateimanagers selbst befinden. *Norton Desktop für Windows* beispielsweise nutzt dieses Feature, um im Dateimanager einige der Norton Utilities anzubieten.

Auch das Controlpanel (die *Systemsteuerung)* kann um eigene Funktionen erweitert werden. Hier erscheint dann ein weiteres Icon, welches angeklickt Ihre spezielle Funktion ausführt. Obwohl hier nahezu für jede relevante Einstellmöglichkeit eine Option vorhanden ist, können wir noch ein wenig Produktverbesserung leisten.

Schließlich noch die Bildschirmschoner von Windows 3.1, die wie alles unter Windows dynamisch hinzugelinkt werden und durch eigene Kreationen ergänzt werden können. Wen die tanzenden Linien oder die monotone Reise durch den Weltraum nicht befriedigen, der kann nun seiner Kreativität freien Lauf lassen. Allen BesitzerInnen Notebooks ist der letzte Abschnitt dieses Kapitels gewidmet, in dem Systemgrößen wie z.B. ein Mauszeiger verändert werden.

Dies sind die Themen dieses Kapitels – beginnen wir mit dem Dateimanager.

12.1 Dateimanager

Ich arbeite wirklich gerne mit dem Dateimanager, ein paar Dinge jedoch behindern mich immer wieder bei der Arbeit damit. Ein ganz gravierendes Problem ist, daß nicht zu jeder Datei notwendigerweise eine bestimmte Applikation assoziiert wird – man erhält beim Doppelklick eine lapidare Meldung.

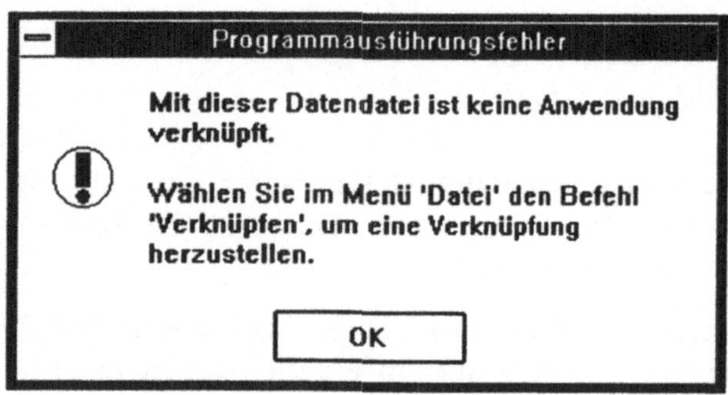

Abbildung 12.1
Eine bekannte
Meldung

Nun handelt es sich vielleicht nur um eine kleine Textdatei, die ich eben schnell mit dem Notepad durchgelesen hätte. Allein die berühmten *Read-me*-Dateien warten mit so vielfältigen Variationen wie z.B. READ-ME.1ST, READ.ME, README.TXT, README.DOC auf. Wenn man Zeit und Muße hat, kann man die gesamte Datei WIN.INI mit entsprechenden Assoziationen auffüllen – und man wird immer wieder einer Datei begegnen, die dann zu obiger Meldung und zu einer Unterbrechung des Arbeitsflusses führt.

Wie wäre es, wenn der Dateimanager über eine Menüoption *Edit* verfügen würde, die die gerade markierte Datei anzeigt? Im ersten Schritt können wir ja einfach das Windows-Notepad laden, obwohl dieses bei größeren Dateien das Handtuch wirft.

Welche Schritte sind nötig, um ein neues Menü in den Dateimanager einzufügen?

* Erstellen einer speziellen DLL, die die Funktion *FMExtensionProc* exportiert. Diese muß nach den gültigen Konventionen mit dem Dateimanager kommunizieren.

* Anmelden dieser DLL in WINFILE.INI unter [AddOns]. Maximal fünf Erweiterungsmenüs können gleichzeitig eingebaut werden:

```
MyExt=c:\bp\buch\wfext.dll
```

Da TPW das Erstellen von DLLs nicht optimal unterstützt, müssen hier ein paar kleine Klimmzüge gemacht werden – aber es klappt! Ein generelles Problem in den mit TPW erstellten DLLs ist, daß man in der DLL nur sehr schwer ein Handle auf die eigene Instanz ermitteln kann und es daher auch fast nicht möglich ist, das Erweiterungsmenü aus einer Ressource zu laden. Workaround: Wir erstellen ein Menü über *CreateMenu* und fügen die Einträge manuell ein. Beim Umfang der Dateimanager–Erweiterung ist dies kein Handicap!

Hier zunächst die komplette DLL, die durch ihre Kürze bestechen dürfte:

```pascal
library DatManEx;

uses wfext, winTypes, winProcs, Strings;

{ Erweiterungen durefen die Codes 1 bis 99 verwenden }
const fm_Edit = 2;

var FMS_Load:       PFMS_Load;
    Ext_Menu:       HMenu;
    FileManHandle: HWND;

function FMExtensionProc(Handle:HWND; Message:Word;
          lParam:PFMS_Load):HMenu; export;

  var SelFileCount:   word;
      FileData:       TFMS_GetFileSel;
      CMDLine:        array[0..300] of char;
      s:              string;

  begin
   case Message of
      fmEvent_Load:
        begin
          { Handle des Dateimanagerfensters sichern }
          FileManHandle:=Handle;
          { Zeiger auf die Erweiterungsstruktur laden }
          FMS_Load:=lParam;
          { Menue erzeugen }
          Ext_Menu:=CreateMenu;
          { Menueeintrag in dieses Menue einfuegen }
          AppendMenu(Ext_Menu,mf_String,fm_Edit,'&Editor');
          { Erweiterungsstruktur besetzen }
          FMS_Load^.Menu:=Ext_Menu;
          StrCopy(FMS_Load^.szMenuName,'&Extras');
          FMS_Load^.dwSize:=SizeOf(FMS_Load^);
          { Menuehandle zurueckgeben }
          FMExtensionProc:=Ext_Menu;
        end;
      fm_Edit:
        begin
          { Sind eine oder mehrere Dateien markiert ? }
          SelFileCount:=SendMessage(FileManHandle,
                       fm_GetSelCountLFN,0,0);
          If SelFileCount=0 then begin
              Messagebox(FileManHandle,'Es ist keine Datei mar-
kiert!',
                    'Edit',mb_OK + mb_IconHand); exit; end;


          If SelFileCount>1 then begin
```

```
                Messagebox(FileManHandle,'Es ist mehr als eine
Datei markiert!',
                    'Edit',mb_OK + mb_IconHand); exit; end;
          { Dateidaten ermitteln }

SendMessage(FileManHandle,fm_GetFileSelLFN,1,longint(@FileDat
a));
          StrCopy(CmdLine,'NOTEPAD ');
          StrCat(CmdLine,FileData.szName);
          WinExec(CmdLine,sw_Normal);

        end;
      end;
  end;

  exports

    FMExtensionProc      index 2;

  begin
  end.
```

Gehen wir den Quellcode schrittweise durch. Borland bietet für die Dateimanager–Erweiterung eine Unit *WFEXT* mit den nötigen Definitionen an. Wir benötigen drei Variablen:

```
var FMS_Load:        PFMS_Load;
    Ext_Menu:        HMenu;
    FileManHandle: THandle;
```

Für die Anzeige von Message– oder Dialogboxen benötigen wir ein Handle des übergeordneten Fensters, dies ist hier das Dateimanager-Fenster. Schließlich speichern wir noch ein Handle auf unser Menü – im Beispiel hier ist dies nicht unbedingt nötig. Man benötigt dieses Handle jedoch spätestens, wenn man z.B. Menüpunkte deaktivieren will.

FMS_Load ist ein Record, der für den ersten Kontakt zwischen der DLL und dem Dateimanager zuständig ist. Der Dateimanager übergibt der DLL einen Zeiger auf diesen Record und erwartet, daß die Felder von der DLL gefüllt werden. Folgende Felder müssen gefüllt werden:

```
FMS_Load^.Menu:        Menühandle
FMS_Load^.szMenuName:  Menütitel;
FMS_Load^.dwSize:      Größe der Struktur;
```

Die Kommunikation wird über die exportierte Funktion *FMExtensionProc* abgewickelt. Sie erhält als Parameter vom Dateimanager zunächst das Handle auf das Dateimanagerfenster, einen Nachrichtencode und einen Zeiger auf den *FMS_Load* Record.

Wir brauchen nur auf die *fm_EventLoad*-Nachricht zu reagieren und natürlich auf die unseres Menüs. Die Codes für eigene Menüfunktionen müssen zwischen 1 und 99 liegen. Als Anwort auf die *fm_EventLoad*-Nachricht erzeugen wir das Menü *Extras*, fügen den Eintrag *Editor* ein und füllen anschließend die *FMS_Load*-Struktur. Um dem Dateimanager mitzuteilen, daß alles klar ist, übergeben wir als Funktionsergebnis schließlich noch (redundanterweise) das Menühandle.

Diesen Teil werden Sie in jeder Erweiterungs–DLL einbauen müssen. Natürlich können Sie das Menü nach Herzenslust mit Einträgen und Trennungslinien füllen.

Für Ihre Funktionen benötigen Sie natürlich noch Angaben wie die Anzahl und die Daten der markierten Dateien – gesetzt der Fall, Sie wollen etwas damit anstellen. In unserem Beispiel senden wir zunächst eine Nachricht an den Dateimanager mit der Frage *Wie viele sind markiert?*

```
SelFileCount:=SendMessage(FileManHandle,
              fm_GetSelCountLFN,0,0);
If SelFileCount=0 then begin
    Messagebox(FileManHandle,'Es ist keine Datei markiert!',
               'Edit',mb_OK + mb_IconHand); exit; end;
If SelFileCount>1 then begin
    Messagebox(FileManHandle,'Es ist mehr als eine Datei
               markiert!',
               'Edit',mb_OK + mb_IconHand); exit; end;
```

Wenn keine oder mehrere Dateien markiert sind, ist der Editor natürlich überfordert, daher geben wir eine entsprechende Meldung aus und verlassen unsere Erweiterungsfunktion. Ist genau eine Datei markiert, so können wir nun deren Daten über eine weitere Nachricht an den Dateimanager in einen Record füllen lassen. Dabei ist als dritter Parameter die Nummer der zu erfragenden Datei anzugeben, bei einer ist dies natürlich immer 1.

```
SendMessage(FileManHandle,fm_GetFileSelLFN,1,
            longint(@FileData));
```

FileData ist ein Record vom Typ *TFMS_GetFileSel*, dessen Felder neben Dateiattribut, Größe und Zeiteintrag den kompletten Pfadnamen der Datei enthalten. Diesen setzen wir mit *NOTEPAD* zu einer Kommandozeile zusammen, die über *WinExec* schließlich zur Ausführung kommt:

```
StrCopy(CmdLine,'NOTEPAD ');
StrCat(CmdLine,FileData.szName);
WinExec(CmdLine,sw_Normal);
```

Um eine Funktion zu realisieren, die mehrere markierte Dateien bearbeitet, müßten Sie zunächst die Programmsequenz entfernen, die bei mehreren Dateien mit einer Fehlermeldung abbricht:

```
If SelFileCount>1 then begin
     Messagebox(FileManHandle,'Es ist mehr als eine Datei
                   markiert!',
                 'Edit',mb_OK + mb_IconHand); exit; end;
```

Anschließend können Sie die Dateien nacheinander in einer Schleife durchgehen:

```
For i:=1 to SelFileCount do begin
   SendMessage(FileManHandle,fm_GetFileSelLFN,i,
           longint(@FileData));
   Assign(dummy,FileData.szName);
   ...
 end;
```

Dabei stehen Ihnen im Record *FileData* noch weit mehr Dateidaten zur Verfügung als nur der Dateiname. Hier die Felder dieser Struktur:

Feld	Datentyp
wTime	Word
wDate	Word
dwSize	Longint
bAttr	Byte
szName	array[0..259] of Char

Tabelle 12.1 FileData–Struktur

Sämtliche Definitionen finden Sie natürlich im Quellcode der Unit *WFEXT* im Verzeichnis *WIN31* unter TPW oder BPW. Es lohnt sich, diesen vor der Arbeit an eigenen Erweiterungen einmal auszudrucken – er ist nur eine Seite lang.

12.2 Systemsteuerung

Die Systemsteuerung von Windows 3.1 erlaubt es, eigene Module anzufügen. So ist beispielsweise für die Soundblaster Pro Audiokarte ein Modul erhältlich, welches die Lautstärkeneinstellung der einzelnen Klangquellen

CD, FM und Voice für beide Stereokanäle getrennt erlaubt. Gerade für eigene, systemnahe Applikationen bietet es sich an, auch hier ein Modul einzubauen, da AnwenderInnen es gewohnt sind, Systemparameter in der Systemsteuerung zu verstellen.

Ähnlich wie beim Dateimanager werden die Erweiterungen in einer DLL untergebracht, die der Systemsteuerung mit der Endung .CPL im Verzeichnis WINDOWS\SYSTEM angeboten wird.

Eine Alternative ist ein Eintrag in CONTROL.INI, bei dem sowohl das Verzeichnis als auch die Dateiendung beliebig sein können:

```
[MMCPL]
MeineErweiterung=c:\Soundso\meineDLL.DLL
```

Bei der Entwicklung der DLL ist besonders angenehm, daß sowohl Icons als auch die Kurzbeschreibung und der Statuszeilenhilfetext in der DLL-Ressource untergebracht werden können. Der Programmcode für die Anzeige der Icons samt Beschreibungen hält sich daher stark in Grenzen. Beginnen Sie am besten damit, für jede Erweiterung Ihrer DLL in einer neuen Ressource jeweils ein Icon und zwei Strings zu definieren. Der erste String wird unterhalb des Icon angezeigt und sollte 15 Zeichen nicht überschreiten. Der zweite erscheint in der Statuszeile der Systemsteuerung, wenn das Icon fokussiert wird.

Alle Ressourcen müssen mit Nummern versehen werden, da die Übergabe an die Systemsteuerung nur im numerischen Format geschehen kann. TESTCPL.RES ist ein Beispiel für zwei Icons mit den dazugehörigen Beschreibungen, Sie können dort nachsehen, wie die Ressourcen angelegt werden müssen:

Ressource	ID
Icon1	101
Icon2	102
Titel1	101
Beschreibung1	102
Titel2	103
Beschreibung2	104

Tabelle 12.2 IDs der Erweiterungsressourcen

Der Programmcode für das Erweiterungsgerüst ist fast trivial, da wir weder ein Applikationsobjekt noch irgendwelche Fenster bemühen müssen. Allerdings leistet diese Erweiterung noch nicht viel – sie erzeugt zwei neue Icons in der Systemsteuertung, die wiederum jeweils nur eine Meldungsbox zur Anzeige bringen.

Da, wo im Code die *MessageBox*–Funktion aufgerufen wird, müssen Sie Ihren Programmcode einsetzen. Hier nun der Quellcode:

```pascal
library TestCPL;

{$R testcpl}

uses WinTypes, WinProcs, Cpl, Strings;


function CplApplet(HwndCPL: HWnd; msg: word;
         lp1,lp2: longint): longint; export;

 var p: PCPLInfo;

 begin
  case msg of
     cpl_init:
         { true (<>0) = Erweiterung gefunden }
         CplApplet:=1;

     cpl_getCount:
         { Anzahl der Erweiterungsicons }
         CplApplet:=2;

     cpl_NewInquire:
         begin
           CplApplet:=0;
         end;

     cpl_Inquire:
         { Infos über die Erweiterungen ermitteln }
         begin
           p:=Pointer(lp2);
           case lp1 of
           0: begin { erste Erweiterung }
              p^.idIcon:=101;
              p^.idName:=102;
              p^.idInfo:=103;
              CplApplet:=1;
             end;
           1: begin { zweite Erweiterung }
              p^.idIcon:=102;
              p^.idName:=104;
              p^.idInfo:=105;
              CplApplet:=1;
             end;
```

```
          end;
        end;

    cpl_DblClk:
      { Icon wurde gewählt }
      begin
        case lp1 of
        0: begin { erstes Icon aktiviert }
            MessageBox(HwndCpl,'Hier passierts!',
                        'Lustig',mb_IconHand+mb_Ok);
           {...}
           end;
        1: begin { erstes Icon aktiviert }
            MessageBox(HwndCpl,'Hier passierts!',
                        'Traurig',mb_IconHand+mb_Ok);
           {...}
           end;
        end;
      end;
    cpl_Stop:
      { Aufräumarbeiten wenn Systemsteuerung beendet wird }
      begin
        {...}
      end;

      end;
  end;

exports

  CplApplet index 2;

begin
end.
```

Die DLL exportiert die Funktion *CPLApplet*, die anschließend von der
Systemsteuerung mit verschiedenen Nachrichtencodes aufgerufen wird.
Dies sind keine *richtigen* Windows–Nachrichten, sondern der Wert des
Funktionsparameters *msg*.

Über *cpl_getCount* wird die Anzahl der Icons erfragt, die eingebunden
werden sollen, die Antwort darauf ist als Funktionsergebnis zurückzugeben.
Die Übergabe der Parameter für die einzelnen Erweiterungen kann als
Antwort auf zwei verschiedene Nachrichten geschehen:

- *cpl_NewInquire* erwartet eine komplexe Struktur u.a. mit dem Handle
  auf das Icon, welches in einer DLL recht schwer zu beschaffen ist.

- *cpl_Inquire* erwartet lediglich die Ressourcennummern der Icons und
  Texte, daher ist dieser Weg immer vorzuziehen. Um mit *cpl_Inquire* zu

arbeiten, muß das Ergebnis von *cpl_NewInquire* null sein (siehe Quellcode), sonst wird keine *cpl_Inquire*–Nachricht übergeben.

Die Daten werden in eine Struktur des Typs *TCplInfo* eingefügt, wobei jeweils ein Zeiger darauf als Funktionsparameter in *lp2* vorliegt. In *lp1* wird bei jedem Aufruf die Nummer der Erweiterung angegeben, über die Informationen erfragt werden sollen. Die Zählung beginnt dabei mit null. Die Auswertung, welches Icon aktiviert wurde, muß dann als Antwort auf die Nachricht *cpl_DoubleClk* geschehen, in der ebenfalls die Nummer der aktivierten Erweiterung in *lp1* vorliegt und so entsprechend verzweigt werden kann.

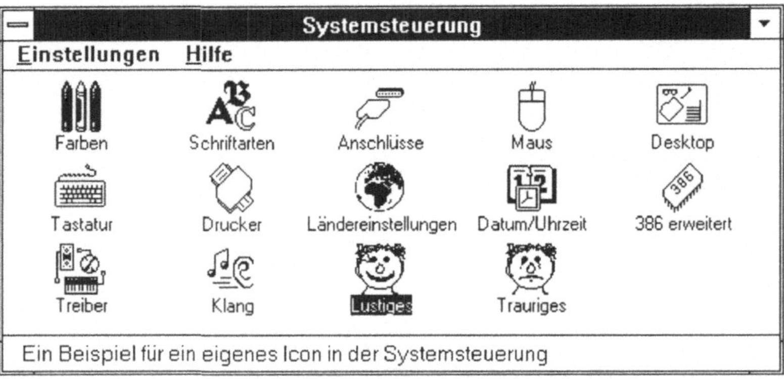

Abbildung 12.2 Eigene Icons in der Systemsteuerung

Damit die eigenen Erweiterungen von der Systemsteuerung gefunden werden, müssen Sie die durch die Kompilierung erzeugte DLL–Datei in eine CPL–Datei umbenennen und diese wiederum in das Verzeichnis WINDOWS\SYSTEM kopieren.

12.3 Bildschirmschoner

Die in das System einbindbaren Bildschirmschoner sind keine Spielerei, denn gerade im Dauerbetrieb des Rechners brennt sich recht schnell der Programm–Manager samt Hintergrundbild in den Monitor ein, wenn dieses Bild Tag für Tag über mehrere Stunden konstant stehen bleibt.

Die von Microsoft mitgelieferten Bildschirmschoner erwecken natürlich sofort den Wunsch, eigene Kreationen einzubinden – der Phantasie sind keine Grenzen gesetzt. Aber wie funktioniert's?

Die Bildschirmschoner liegen als .SCR–Dateien vor und werden vom Controlpanel in jedem Verzeichnis gefunden, auf das ein DOS–Pfad zeigt. In der Regel befinden sich diese Dateien im Verzeichnis C:\WINDOWS. Diese Dateien sind nichts anderes als EXE–Dateien, die jedoch nur als Bildschirmschoner erkannt werden, wenn sie ein besonderes DEFINE–Statement enthalten, welches über die Direktive

```
{$D SCRNSAVE trallala }
```

im Quellcode erzeugt werden kann. Nun muß sich das Programm natürlich noch korrekt verhalten, damit der Schirm sich im Bedarfsfall wirklich verdunkelt.

Die Applikation besteht aus einer Standardkombination Applikation–Fenster, wobei für die speziellen Bedürfnisse des Schoners einige der seltener überschriebenen Methoden verändert werden. Im Applikationsobjekt müssen wir die Methode *MessageLoop* überschreiben, um sowohl die (für Bildschirmschoner schier unverzichtbare) Animation durchzuführen, gleichzeitig jedoch das Windows Nachrichtensystem am laufen zu halten. Wenn also Nachrichten anliegen, so werden diese an den Windows Dispatcher weitergeleitet, im anderen Fall wird die in der Methode *Idle* aufgerufen, die wiederum unsere Animationsprozedur anstößt.

```
procedure TSaveApp.MessageLoop;
var msg: TMsg;
 begin
  repeat
   if PeekMessage(msg,0,0,0,pm_Remove) then begin
     if msg.Message = wm_Quit then begin
       Status := msg.WParam;
       Exit;
       end;
     if not ProcessAppMsg(msg) then begin
       TranslateMessage(msg);
       DispatchMessage(msg);
       end;
     end
   else
     Idle;
  until 5=6;
 end;
```

Würden wir die Animation in einer normalen Schleife durchführen, so könnte ein Tastendruck bzw. eine Mausbewegung den PC auch nicht mehr zum Leben erwecken, da die Nachricht von einer Mausbewegung oder von einem Tastendruck nie weitergeleitet werden würde. In *Idle* rufen wir die Animationsprozedur *move* auf – jedoch nur, wenn dies erwünscht bzw. er–

laubt ist. Nicht erlaubt ist dies nämlich dann, wenn der Bildschirmschoner im *Einrichten*-Modus betrieben wird. Dann soll ja eine Dialogbox zur Anzeige kommen, in der unter Umständen Parameter der Animation verstellt werden sollen.

```
procedure TSaveApp.Idle;
  begin
    if SaveAllowed and (mainWindow<>nil) then
      PSaveWin(mainWindow)^.move;
  end;
```

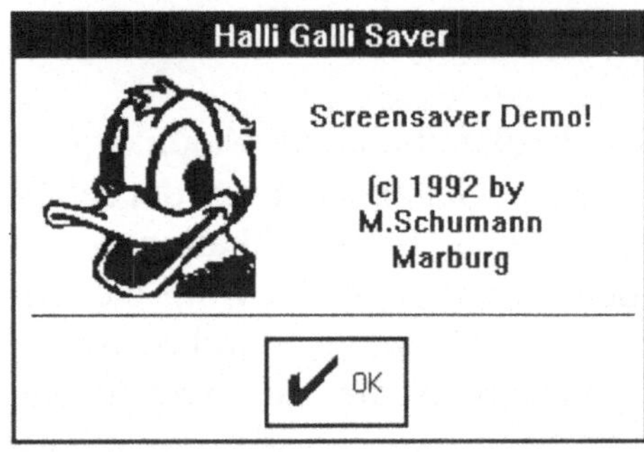

Abbildung 12.3
Einrichten–Dialog des Beispiel–
Screensavers

Ob der *Einrichten*-Modus verlangt ist, das teilt Windows dem Bildschirmschoner über einen Kommandozeilenparameter mit, der /c oder –c sein kann. In diesem Fall benötigen wir überhaupt kein Fenster für unsere Applikation und können daher direkt die gewünschte Dialogbox anzeigen. Hier im Beispiel erscheint Donald Duck mit einer Copyright–Meldung.

Für die Unterscheidung von Schon– und Einrichtenmodus werten wir die Kommandozeile in der Methode *InitMainWindow* aus:

```
procedure TSaveApp.InitMainWindow;
  begin
    saveAllowed:=true;
    if (ParamStr(1)<>'/c') and (ParamStr(1)<>'-c') then
      MainWindow:=New(PSaveWin,Init(nil,'HalliGalli'))
    else begin
     SaveAllowed:=false;
     MainWindow:=New(PDialog,Init(nil,'DIALOG_1'));
    end
end;
```

Jetzt fehlt nur noch das Fenster des Bildschirmschoners selbst, welches sich von normalen Fenstern um einiges unterscheidet:

- Immer auf die volle Schirmgröße ausgedehnt

- Schwarzer Hintergrund

- Keine Menüs, Systemmenüs und Buttons

- Kein Rand

- Kein sichtbarer Mauszeiger

- Reagiert auf Taste und Maus mit Programmende

- Unterdrückt Programmumschaltung

Um dies zu erreichen, müssen wir uns in verschiedene Fenstermethoden einhängen:

```
constructor init(aParent: PWindowsobject;
                 atitle: PChar);
destructor done; virtual;
function getClassName: pchar; virtual;
procedure getWindowClass(var aClass: TWndClass);
            virtual;
procedure setupWindow; virtual;
procedure DefWndProc(var msg:TMessage); virtual;
procedure WMSyscommand(var msg: TMessage);
            virtual WM_SysCommand;
```

Darin ist insgesamt nichts Neues – Details können Sie dem Quellcode entnehmen – interessant ist jedoch die Nachrichtenverarbeitung des Fensters,
die wir ja dahingehend modifizieren müssen, daß jede Mausbewegung und
jeder Tastendruck den Schoner wieder beendet. Damit dies einwandfrei
funktioniert und man zusätzlich noch eine Passwortabfrage einbauen kann,
sind ein paar weitere Schritte in *DefWndProc* nötig:

```
var  NonBlankEvent: boolean;

procedure TSaveWin.defWndProc;
 begin
 NonBlankEvent:=false;
 case  msg.Message  of
  WM_activate,
  WM_activateApp: if msg.WParam=0 then begin
                     TWindow.DefWndProc(Msg);
                     exit;
                  end;

  WM_keyDown,
  WM_sysKeyDown,
  WM_lButtonDown,
  WM_rButtonDown: NonBlankEvent:=true;
```

```
  { Bei Mausbewegungen müssen wir prüfen, ob wirklich
    die Position verändert wurde. Außerdem muß die erste
    WM_MouseMove-Message verworfen werden }

 WM_MouseMove:
      if (makePoint(msg.LParam).x<>mouse.x) or
         (makepoint(msg.LParam).y<>mouse.y) then
           if second then NonBlankEvent:=true else
              second:=true;

   end;
 if Discard and NonBlankEvent then begin
    NonBlankEvent:=false;
    Discard:=false;
    end;
 If NonBlankEvent then begin
    { Hier kann eine Passwortabfrage eingebaut werden! }
    PostMessage(HWindow, WM_Close,0,0)
    end;
 TWindow.DefWndProc(msg);
 end;
```

Normale Systemnachrichten werden an die Fensterverarbeitung weitergegeben. Nachrichten, die unseren Schoner beenden sollen, setzen hingegen die boolesche Variable *NonBlankEvent* auf true.

Bei Mausbewegungen reicht es nicht, einfach auf die Nachricht *WM_MouseMove* zu reagieren, denn diese Nachricht kommt mehrfach, ohne daß eine tatsächliche Bewegung stattgefunden hat. Der Effekt wäre ein Bildschirmschoner, der nicht *anspringt*, weil sich das Programm sofort selbst beendet. Daher muß bei *WM_MouseMove*-Nachrichten unbedingt die Position der Maus gegenüber derjenigen geprüft werden, die beim Start des Schoners vorgefunden wurde. Diese Position wird in der Methode *InitMainWindow* gespeichert.

Ein weiterer unerwünschter Effekt ist, daß nach dem manuellen Start des Bildschirmschoners über *Test* in der Systemsteuerung offenbar noch die letzte Mausbewegung gesendet wird und dieser auch da nicht anspricht. Abhilfe ist die Variable *second*, die dafür sorgt, daß erst die zweite Mausbewegung nach Aktivierung beachtet wird. Ebenso kann über *Discard* jeweils ein beliebiges Ereignis verworfen werden und der Schoner wird erst danach scharf.

Hilfreich ist dies bei der Implementierung einer Passwortabfrage, denn von dieser bleibt auch eine Keyboard- oder Mausnachricht übrig. Ohne Verwendung der Variablen *Discard* führt dies dazu, daß eine Passwort-Dialogbox bei falschem Passwort nicht mehr vom Bildschirm verschwindet und so wiederum der Schoneffekt des Programms hinüber wäre. Setzt man *Discard* nach einem Passwortdialog auf *true*, so kehrt das Programm auch nach der Eingabe eines falschen Passworts erst einmal in den Dunkelmodus zurück, statt sofort die Frage nach dem Passwort zu wiederholen.

Apropos Passwort! Passwortdialogboxen müssen Sie mit dem Attribut modal versehen, denn sonst kann man einfach mit *Alt+Tab* zu einer anderen Applikation umschalten und der Passwortschutz ist eine Farce. Noch ein Wermutstropfen: Eine Passwortabfrage an dieser Stelle kann mit *Alt–Strg–Entf* abgewürgt werden. Wenn Sie das System also bombensicher machen wollen, sollten Sie ein spezielles Lockprogramm einsetzen, welches auch vor dem Verlassen des PC direkt gestartet werden kann. Anregungen dazu finden Sie im Kapitel über Novell Netzwerke.

Hier finden Sie nun den kompletten Quellcode eines Bildschirmschoners, der allerdings nur einen kleinen Ball über den Bildschirm fliegen läßt und dauernd seine Farbe wechselt. In der Methode *move* sind Sie an der Reihe. Programmieren Sie, was Sie gerne sehen wollen, wenn Ihnen der bunte Ball nicht gefällt. Auf den folgenden Seiten finden Sie den Quellcode des Bildschirmschoners, der auch als SCRNSAVE.PAS auf der Diskette zum Buch vorliegt.

```
{$D SCRNSAVE bunter Ball }
{$R SCRNSAVE.RES}

uses WinProcs,WinDos,Strings,WinTypes,wObjects,BWCC;

type

  PSaveApp = ^TSaveApp;
  TSaveApp = object(TApplication)
    SaveAllowed: boolean;
    procedure MessageLoop; virtual;
    procedure Idle; virtual;
    procedure initMainWindow; virtual;
    end;


  PSaveWin = ^TSaveWin;
  TSaveWin = object(TWindow)
    second,
    discard  : boolean;
    mouse    : TPoint;
    r        : TRect;
    constructor init(aParent: PWindowsobject;
                     atitle: PChar);
    destructor done; virtual;
    function getClassName: pchar; virtual;
    procedure getWindowClass(var aClass: TWndClass);
```

```pascal
                     virtual;
      procedure  setupWindow; virtual;
      procedure  DefWndProc(var msg:TMessage); virtual;
      procedure  WMSyscommand(var msg: TMessage);
                     virtual WM_SysCommand;
      procedure  Move;
      end;

var  lx,ly,ex,ey  : integer;
     cr,cg,cb,
     ccr,ccb,ccg  : integer;

procedure TSaveApp.MessageLoop;
var msg: TMsg;
 begin
  repeat
   if PeekMessage(msg,0,0,0,pm_Remove) then begin
      if msg.Message = wm_Quit then begin
         Status := msg.WParam;
         Exit;
         end;
      if not ProcessAppMsg(msg) then begin
         TranslateMessage(msg);
         DispatchMessage(msg);
         end;
      end
    else
       Idle;
  until 5=6;
 end;

procedure TSaveApp.Idle;
 begin
  if SaveAllowed and (mainWindow<>nil) then
    PSaveWin(mainWindow)^.move;
 end;

procedure TSaveApp.InitMainWindow;
 begin
  saveAllowed:=true;
  if (ParamStr(1)<>'/c') and (ParamStr(1)<>'-c') then
    MainWindow:=New(PSaveWin,Init(nil,'NWSave'))
  else begin
   SaveAllowed:=false;
   MainWindow:=New(PDialog,Init(nil,'DIALOG_1'));
  end
end;

constructor TSaveWin.init;
 begin
  TWindow.Init(aParent,aTitle);
  showCursor(False);
  Attr.Style:=WS_POPUP;
 end;

destructor TSaveWin.done;
```

```pascal
begin
  showCursor(True);
  TWindow.Done;
end;

function TSaveWin.getClassName;
begin
  getClassName:='ScreenSaverClass';
end;

procedure TSaveWin.getWindowClass;
begin
  TWindow.GetWindowClass(aClass);
  { braucht kein Icon und ähnliches }
  aClass.hIcon:=0 ;
  aClass.Style:=cs_SaveBits;
  aClass.hbrBackground:=GetStockObject(black_Brush);
end;

procedure TSaveWin.setupWindow;
begin
  TWindow.SetupWindow;
  { Mausposition merken um später Bewegungen zu erkennen }
  getCursorPos(Mouse);
  { Desktop-ausmaße ermitteln }
  getWindowRect(getDesktopWindow,r);
  { Fenster auf Desktopgröße aufblähen }
  moveWindow(hWindow,r.left,r.top,r.right,r.bottom,true);
  { Startposition für Animation }
  lx:=0; ly:=0; ex:=2; ey:=1;
  ccr:=1;ccb:=2;ccg:=3;
  Discard:=false;
end;


var D      : TDialog;
    NonBlankEvent: boolean;

procedure TSaveWin.defWndProc;
begin
 NonBlankEvent:=false;
 case   msg.Message   of
  WM_activate,
  WM_activateApp: if msg.wParam=0 then begin
                       TWindow.DefWndProc(Msg);
                      exit;
                    end;

  WM_keyDown,
  WM_sysKeyDown,
  WM_1ButtonDown,
  WM_rButtonDown: NonBlankEvent:=true;

  { Bei Mausbewegungen müssen wir prüfen, ob wirklich
    die Position verändert wurde. Außerdem muß die erste
    WM_MouseMove-Message verworfen werden }
```

```pascal
  WM_MouseMove:
      if (makePoint(msg.LParam).x<>mouse.x) or
         (makepoint(msg.LParam).y<>mouse.y) then
          if second then NonBlankEvent:=true else
              second:=true;

   end;
 if Discard and NonBlankEvent then begin
    NonBlankEvent:=false;
    Discard:=false;
    end;
 If NonBlankEvent then begin
    { Hier kann eine Passwortabfrage eingebaut werden! }
    PostMessage(HWindow, WM_Close,0,0)
    end;
 TWindow.DefWndProc(msg);
end;

procedure TSaveWin.WMSyscommand;
 begin
  if (msg.wParam and $FFF0)=$F140 then
    msg.Result := 1
  else
    defWndProc(Msg);
 end;

const radius=20;

procedure TSaveWin.move;
 var SaveDC: HDC;
     Pen   : HPen;
     Brush : HBrush;
 begin
  SaveDC:=getWindowDC(hWindow);
  { Neues Objekt zeichnen }
  Pen:=selectObject(SaveDC,createPen(PS_SOLID,3,
    RGB(0,0,0)));
 Brush:=selectObject(SaveDC,createSolidBrush(RGB(cr,cg,cb)));
  if (cr+ccr>255) or (cr+ccr<0) then ccr:=-ccb else
cr:=cr+ccr;
  if (cr+ccb>255) or (cr+ccb<0) then ccb:=-ccg else
cb:=cb+ccb;
  if (cg+ccg>255) or (cr+ccg<0) then ccg:=-ccr else
cg:=cg+ccg;

  ly:=ly+ey;
  if ly>r.bottom then begin
    ly:=2*r.bottom-ly;
    ey:=-ey;
    end;
  if ly<0 then begin
    ly:=-ly;
    ey:=-ey;
    end;
  lx:=lx+ex;
```

```
  if lx>r.right then begin
    lx:=2*r.right-lx;
    ex:=-ex;
    end;
  if lx<0 then begin
    lx:=-lx;
    ex:=-ex;
    end;
  ellipse(saveDC,lx,ly,lx+radius,ly+radius);
  DeleteObject(SelectObject(SaveDC,Brush));
  DeleteObject(SelectObject(SaveDC,Pen));
  releaseDC(HWindow,SaveDC);
 end;

var
  ScSaver: TSaveApp;

begin
  ScSaver.Init('Saver');
  ScSaver.Run;
  ScSaver.Done;
end.
```

12.5 Mauszeiger ändern

Die von Windows vorgegebenen Mauszeiger sind eigentlich das Optimum für die Arbeit an einem normalen Bildschirm. Sie sind deutlich sichtbar und dennoch nicht aufdringlich. Anders sieht es jedoch bei der Arbeit auf einem Notebook–PC aus, der das Auffinden des Mauszeigers oft zu einem kleinen Abenteuer werden läßt. Hier ist oftmals Abhilfe gewünscht, sei es auch ein dicker Pfeil und ein fettes Caret, Hauptsache sie sind gut sichtbar.

Es gibt eine (Brachial–) Methode, die Mauszeiger zu verändern. Man braucht nur den verwendeten Bildschirmtreiber (bei Notebooks in der Regel VGA.DRV) mit dem Ressource Workshop zu bearbeiten und die gewünschten Mauszeiger den eigenen Vorstellungen anzupassen. Diese Methode jedoch ist nicht optimal, da sie den Grundzügen ordentlicher Programmentwicklung und Installation widerspricht. Kommt ein neuer Treiber ins System, so sind alle Änderungen hinüber! Das folgende Programm verhält sich in dieser Beziehung wesentlich besser – maximal die dazugehörige Ressource muß angepaßt werden und dies kann ja bekanntlich auch ohne Rekompilierung geschehen.

Wie Sie es letztlich anstellen, das bleibt natürlich Ihnen überlassen, hier nun der Weg, die Systemzeiger für die Maus mit einem kleinen TPW–

Programm zu ändern. Erstellen Sie zunächst eine Ressource mit dem gewünschten Mauszeiger. Achten Sie besonders auf den Hotspot, wenn dieser bei Ihrem Cursor nicht oben links sitzt. Unser Programm benötigt nur diese Ressource, da es ansonsten wenig mit einem typischen Windows–Programm gemeinsam hat. Es verändert etwas und verschwindet dann wieder restlos.

Um den Systemcursor programmatisch zu ändern, müssen wir ihn direkt im Speicher verändern. Windows sieht ein Umdefinieren der Zeiger nicht vor, daher werden die aus dem Bildschirmtreiber geladenen Mauszeiger auch nie nachgeladen. Das wiederum ist unser Glück, denn sonst würden unsere Änderungen nur kurz wirksam sein.

Das Ändern des Mauszeigers beschränkt sich auf das Überschreiben des Originalzeigers direkt im Speicher mit den Daten des von Ihnen entworfenen Zeigers. Dementsprechend kurz ist auch das Programm, mit dem dies zu bewerkstelligen ist. Um an die Speicheradressen zu gelangen, an denen Windows und unser Programm die Mauszeiger *aufbewahren*, sind zwei Schritte nötig:

- Laden der Mauszeiger

- Schützen der Speicherbereiche dieser Mauszeiger

Das Schützen der Speicherbereiche ist (glücklicherweise) mit dem Ermitteln der Speicheradressen verknüpft, denn Zeiger sind unter Windows nicht lange gültig. Dies hängt mit der Speicherverwaltung von Windows zusammen, die Speicherblöcke immer verschiebt, um Löcher im globalen Heap zu stopfen. Hätten Sie also eine Adresse ermittelt, so könnte diese im nächsten Moment schon ungültig werden, da der Speicherblock mit dem Mauszeiger von Windows an eine andere Adresse verschoben wurde. Der Effekt von Arbeiten mit ungültigen Zeigern ist unter Programmierern hinreichend bekannt: ☠.

Das Programm ist extrem kurz, da es weder über ein Fenster verfügen muß noch irgendwelche Mechanismen benötigt, um auf Windows–Nachrichten zu reagieren – hier ist es:

```
program NewCursr;

uses wintypes, winprocs, WObjects;

{$R NewCursr}

{ Mauszeigerstruktur }
type PCursor = ^TCursor;
```

```
    TCursor = record
      Hotx,Hoty,dx,dy,nix  : word;
      NumPlanes, Pixelbits : byte;
     end;

    PArray = ^TArray;
    TArray = array[0..4096] of byte;


var  New, Old    : PCursor;
     HOld, HNew  : HCursor;
     Size,X      : word;


 begin
  HOld:=LoadCursor(0,idc_Arrow);
  HNew:=LoadCursor(HInstance,'NEW_ARROW');
  SetCursor(HNew);
  Old:=GlobalLock(HOld);
  New:=GlobalLock(HNew);
  If (Old=nil) or (New=nil) then begin
    MessageBox(0,'Cursor kann nicht geändert
               werden!','NewCursr',
               mb_ok+mb_IconExclamation);
    halt(1);
   end;

  { Cursor liegen als zwei Schichten vor, eine
    blendet aus, die andere zeigt an, davor befindet
    sich der Header }

  Size:=2*(Old^.dx div 8)*Old^.dy+SizeOf(TCursor);
  For x:=0 to size-1 do
    PArray(Old)^[x]:=PArray(New)^[x];
  GlobalUnlock(HOld);
  GlobalUnlock(HNew);
  ShowCursor(false); ShowCursor(true);
 end.
```

GlobalLock und *LocalLock* sind die Zauberfunktionen, die zum einen die Speicheradresse ermitteln und zum anderen den gewünschten Speicherbereich bis zum Aufruf von *GlobalUnlock* bzw. *LocalUnlock* vor Verschiebung sichern. System–Mauszeiger werden immer aus dem GDI geladen, daher wird als Instanzparameter in *LoadCursor* dafür die 0 angegeben. Systemcursor befinden sich daher für das Programm im globalen Heap – müssen also auch mit *GlobalLock* gesperrt werden. Mauszeiger aus der Ressource des Programms befinden sich im Heap des Programms und können nur über *LocaLock* gesperrt werden. Beide Funktionen liefern gültige Zeiger, die anschließend unbedingt wieder freigegeben werden müssen. Um den Kopiervorgang so einfach wie möglich zu gestalten (das korrekte Inkrementieren von Zeigern ist ja bekanntlich nicht trivial), verwandelt man beide in Zeiger auf ein Byte–Array, welches dann über den Index angesprochen werden kann.

Damit der neue Mauszeiger auch gleich nach dem Durchlauf des Programms sichtbar wird, wird er einmal versteckt und sofort wieder angezeigt.

Die Abbildung auf der folgenden Seite zeigt den neuen Mauszeiger, der den Mauszeiger auf LCD–Bildschirmen wesentlich besser sichtbar macht:

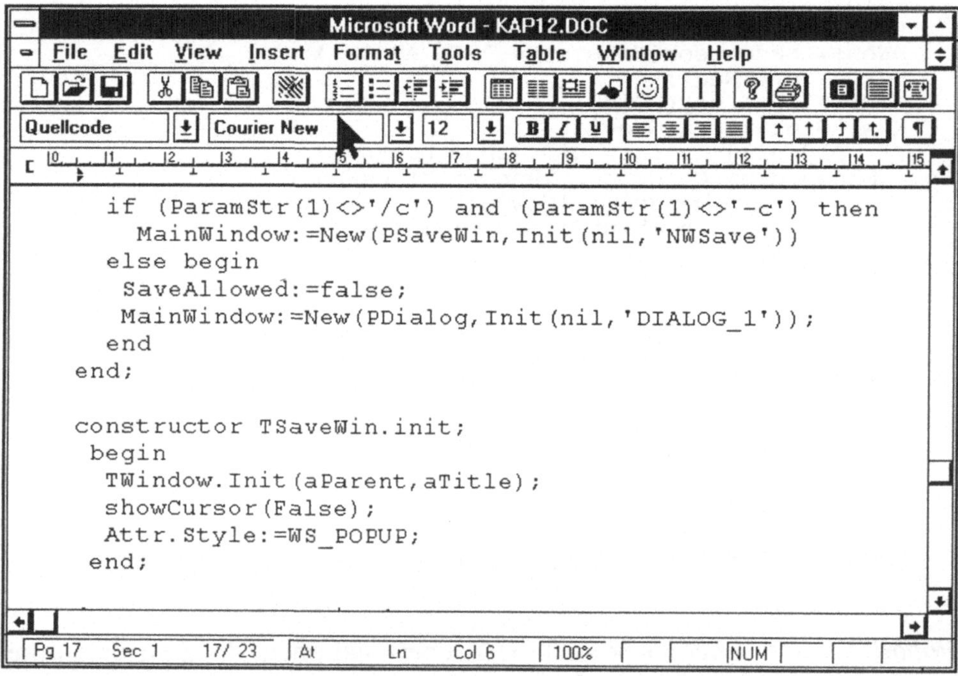


```
      if (ParamStr(1)<>'/c') and (ParamStr(1)<>'-c') then
        MainWindow:=New(PSaveWin,Init(nil,'NWSave'))
      else begin
       SaveAllowed:=false;
       MainWindow:=New(PDialog,Init(nil,'DIALOG_1'));
      end
   end;

   constructor TSaveWin.init;
    begin
     TWindow.Init(aParent,aTitle);
     showCursor(False);
     Attr.Style:=WS_POPUP;
     end;
```

Abbildung 12.4 Dicker Pfeil für Notebook–PC

Dieses Programm kann man natürlich noch um die anderen Zeigertypen erweitern, und sogar eine Modifikation der ebenfalls im Bildschirmtreiber untergebrachten *MessageBox*–Symbole ist damit denkbar. Erlaubt ist, was gefällt und die Stabilität des Systems nicht beeinträchtigt.

13 Multimediales

Multimedia ist in aller Munde. Viele Hardwarehändler bieten sogenannte spezielle Multimedia-PC feil und haben damit offenbar Erfolg. Was sich eigentlich hinter diesem Begriff verbirgt ist weitaus weniger aufregend, als die damit verbundene Werbung.

Multimedia ist zunächst einmal der Einsatz zusätzlicher Medien neben dem obligatorischen Bildschirm, um Informationen besser und schneller zu präsentieren. Ein computergestütztes Tierlexikon gewinnt an Qualität, wenn neben farbigen, hochauflösenden und sich sogar bewegenden Abbildungen zusätzlich die Tierstimmen abgespielt werden. Bewegte Bilder können von einer Videokamera eingespielt werden. Soundkarten, wie die sehr preiswerte und verbreitete Soundblaster Karte, können Audiosignale mit erstaunlicher Qualität stereofon digitalisieren.

Mit den heute verfügbaren Speicherkapazitäten auf Festplatten und CD-ROMs und den Rechenleistungen, die inzwischen schon jeder Heim-PC zur Verfügung stellt, ist der Einsatz dieser Medien problemlos möglich geworden und bleibt nicht mehr speziell ausgestatteten MIPS-Protzen vorbehalten.

Für die Entwicklung echter Multimedia-Anwendungen, wie z.B. die eines Tierlexikons, sind weniger ProgrammiererInnen gefragt, als Profis, die mit viel Sorgfalt und Geduld Bilder und Töne computergerecht aufarbeiten, um sie schließlich zu einer Präsentation zusammenzustellen. Microsoft stellt dafür das MDK zur Verfügung. Für grafische Animationen eignet sich der *Animator* von Autodesk hervorragend – mit ihm sind bestimmt 80% aller in den Schaufenstern von Computerläden ablaufenden Grafikdemos erstellt.

Wir werden uns in diesem Kapitel den Techniken zuwenden, wie man diese neuen Medien auch in selbstentwickelten Applikationen einsetzen kann, um so die Benutzerfreundlichkeit zu erhöhen. Ein Soundtreiber für den PC-Lautsprecher, der bei jedem Public-Domain-Händler erhältlich ist und frei kopiert werden darf, kann jeden PC um die Fähigkeit erweitern, Klänge abzuspielen, wenn auch die Wiedergabequalität nicht mit der einer *echten* Soundkarte vergleichbar ist. Schwerpunkt in diesem Kapitel ist daher der Einsatz von Klängen, daneben finden Sie eine Applikation, die das Medium VIDEO einsetzt.

13.1 Digitalisierte Klänge abspielen

Das Abspielen digitalisierter Klänge ist unter Windows 3.1 überhaupt kein Problem. Mit dem Kommando *sndPlaySound* können Sie unter Angabe einer WAV–Datei jedes Programm mit akustischen Spezialitäten ausschmücken. Die Funktion *sndPlaySound* findet sich in der Unit *MMSYSTEM* und erwartet neben dem Namen der abzuspielenden WAV–Datei einen weiteren Parameter, der darüber entscheiden kann, wie der Klang abgespielt wird.

Synchron:

Die Funktion kehrt erst zurück, wenn der Klang komplett abgespielt wurde. Die Programmausführung wird also für die Länge des digitalisierten Klanges unterbrochen und eine Sanduhr angezeigt.

Asynchron:

Wenn das Ausgabegerät dazu in der Lage ist, den Klang eigenständig abzuspielen (die meisten Soundkarten verfügen über diese Eigenschaft), wird der Vorgang durch die Funktion angestoßen. Diese kehrt aber sofort zum Programm zurück. Das Programm wird also parallel zum Abspielen des Klanges weiter ausgeführt.

Der Klangtreiber *SPEAKER.DRV*, der Klänge über den PC–Lautsprecher wiedergibt, benötigt die CPU, um die einzelnen Samples so aufzubereiten, daß sie über den Lautsprecher abgespielt werden können. Im Gegensatz zu einem Digital–Analog–Wandler einer Soundkarte kann dieser nicht direkt Zahlenwerte in Spannungswerte umwandeln, da er über einen Timerbaustein entweder mit Hi (Auslenkung) und Lo (keine Auslenkung) angesteuert werden kann.

Bei diesem Treiber greift man zu dem Trick, dem Lautsprecher ein Rechtecksignal zuzuführen, dessen Frequenz über der Hörschwelle liegt. Dies ist mit dem Timerbaustein problemlos möglich. Verändert man nun das Verhältnis zwischen den Hi– und Lo–Zeiten bei konstanter Frequenz, so erreicht man verschieden starke Auslenkungen der Membran. Die Samplewerte werden also von der CPU in entsprechende Hi–Lo–Verhältnisse umgewandelt und der Timer für jedes Sample neu programmiert. Diese Arbeitsweise erklärt auch, warum die Qualität der Ausgabe mit *SPEAKER.DRV* recht stark von der Rechenleistung des PCs abhängt.

Das folgende kleine Beispielprogramm spielt eine Klangdatei einmal synchron und einmal asynchron ab und startet unmittelbar nach dem Kommando die Ausgabe einiger Textzeilen. Bei Verwendung des PC-Lautsprechertreibers werden Sie keinen Unterschied feststellen.

```pascal
{ -----------------------------------------------
      WAVs synchron oder asynchron?

   von Michael Schumann für Vieweg Verlag
  ---------------------------------------------- }

program wavtest;

uses winCRT, MMSystem, WinProcs, WinTypes;

var  i,j        : integer;

begin
  writeln('Spiele Sound synchron - nach Kommando wird
Schleife gestartet');
  sndPlaySound('karate.wav',snd_sync);
  for i:=1 to 15 do begin
    for j:=1 to 50 do write(chr(random(10)+48));
    writeln;
   end;
  writeln('Spiele Sound asynchron - nach Kommando wird
Schleife gestartet');
  sndPlaySound('karate.wav',snd_async);
  for i:=1 to 15 do begin
    for j:=1 to 50 do write(chr(random(10)+48));
    writeln;
   end;
end.
```

Die Klänge müssen nicht unbedingt als Dateien vorliegen. Man kann sie auch direkt im Speicher abspielen, wenn man der Funktion *sndPlaySound* einen Zeiger auf einen gesperrten Block übergibt. Auf diese Art und Weise ist es möglich, digitalisierte Klänge auch in der Programmressource unterzubringen und so die Anzahl der zu einer Applikation gehörenden Dateien zu verringern.

Der Resource Workshop ermöglicht es, eigene Ressourcen zu definieren, die nur als Textdateien bearbeitet werden können und das auch nur dann, wenn sie eine bestimmte Größe nicht überschreiten. Dies ist jedoch kein Hinderungsgrund dafür, eine WAV-Datei hinzuzufügen, die außerhalb mit SOUNDREC oder WAVEDIT (MDK) erstellt und bearbeitet wurde. Um eine Klangdatei X.WAV in eine Ressource einzubinden sind folgende Schritte nötig:

- Die Ressource in Resource Workshop laden.

- Im *Datei*-Menü die Option *dem Projekt hinzufügen* aktivieren.

- Unter *Dateiname* *.wav eingeben, der Dateityp springt automatisch auf *Benutzerdefinierte Ressourcendaten* um.

- Die WAV-Datei anklicken, es erscheint ein Fenster mit einer leeren Listbox (wenn noch keine benutzerdefinierten Ressourcen in der Datei vorhanden sind) und dem Button *Neuer Typ*.

- Den Button *Neuer Typ* anklicken und als Typ *WAV* eingeben. Die Listbox aus dem letzten Schritt enthält nun (mindestens) diesen Ressourcentyp. Diesen auswählen und über *OK* bestätigen.

- In der Liste der Ressourcen in der Datei erscheint nun die WAV-Datei als Ressource *WAV_1* vom Typ *WAV*.

- Weitere WAV-Dateien können hinzugefügt werden, wobei bei diesen die Definition des neuen Ressourcentyps entfällt.

Ein Listing sagt oft mehr als viele Worte. Im folgenden ein Programm, welches den in der Ressource befindlichen Klang in den Speicher lädt und von dort abspielt. Diese Methode können Sie auch für andere Daten verwenden, die in Form einer Ressource an die ausführbare Datei angehängt werden sollen.

```
{ ------------------------------------------
      WAVs aus der Ressource abspielen

  von Michael Schumann für Vieweg Verlag
  ------------------------------------------ }

program memwav;

uses MMSystem, WinProcs, WinTypes;

{$R wav.res}

var WavHandle   : THandle;
    WAVPtr      : pointer;

begin
  { Handle für WAV Ressource ermitteln }
  WavHandle:=LoadResource(HInstance,
    FindResource(Hinstance,'WAV_1','WAV'));
  { Resource im Speicher sperren und Pointer ermitteln }
  WAVPtr:=LockResource(WavHandle);
  { Abspielen }
  sndPlaySound(PChar(WavPtr),snd_sync+snd_Memory);
  { WAV im Speicher freigeben }
```

```
  UnlockResource(WavHandle);
  FreeResource(WavHandle);
end.
```

Sie erkennen, daß auch hier die Wahl zwischen synchroner und asynchroner Ausgabe möglich ist, in dem die entsprechende Option mit derjenigen für das Abspielen aus dem Speicher verknüpft werden kann. In der folgenden Tabelle finden sie noch einmal die drei eingesetzten Optionen.

Konstante	Wirkung	Erster Parameter
snd_sync	Synchron abspielen	Dateiname
snd_async	Asynchron abspielen	Dateiname
snd_Memory	Aus dem Speicher abspielen	Zeiger auf Datenblock

Tabelle 13.1 Drei sndPlaySound–Optionen

Das Programm BANG.PAS aus dem sechsten Kapitel kann durch eine einzige Programmzeile wesentlich effektvoller gestaltet werden. Sie erinnern sich bestimmt an das *Loch* im Bildschirm, welches in der Initialisierungsphase des Programms als Überbrückung der Ladephase erscheint. Wenn Sie direkt hinter dem Einkopieren der Bitmap ein *sndPlaySound*-Kommando einfügen, das ein Krachen oder ähnliches produziert, wird der Effekt weiter gesteigert.

13.2 Klingende Dialogbox

Die im letzten Abschnitt vorgestellte Möglichkeit, Klänge mit sehr wenig Aufwand in ein Programm einzubauen um Effekte zu verstärken, erweckt natürlich sofort den Wunsch, die *Über...*-Dialogbox mit diesem Feature auszustatten. Für BesitzerInnen einer Soundkarte, die das asynchrone Abspielen erlaubt, ist folgender Konstrukt bereits ausreichend:

```
var d : TDialog;
...
sndPlaySound('HELLO.WAV',snd_async);
d.init(nil,'ABOUT');
d.execute;
d.done;
...
```

Auf Rechnern, die mit dem Lautsprechertreiber *SPEAKER.DRV* ausgerüstet sind, funktioniert diese Technik jedoch absolut unbefriedigend, da zuerst der Klang abgespielt und erst dann die Dialogbox angezeigt wird.

Verlegt man das *sndPlaySound*–Kommando hinter die Anzeige der Dialogbox, so wird der Klang erst dann zu hören sein, wenn die Dialogbox über den *OK*–Button geschlossen wird.

Um nun der (nicht geringen) Schar von AnwenderInnen des PC–Lautsprechertreibers auch das gewünschte Verhalten des Dialoges zu ermöglichen, ist ein anderer Weg einzuschlagen. Dieser Weg geht über einen nicht modalen Dialog, der über eine spezielle Funktion zur Behandlung des *OK*–Button verfügt:

```
var  RemoveDialog : boolean;
...
type TXDialog=object(TDialog)
      procedure OK(var M:TMessage); virtual
          id_first+id_ok;
        end;
...
procedure TXDialog.OK;
 begin
  RemoveDialog:=true;
 end;
...
```

Einen ähnlichen Dialog hatten wir im zehnten Kapitel für den Abbruch der Druckerausgabe eingesetzt – dort allerdings die *Cancel*–Methode überschrieben. Beachten Sie hier bitte wieder, daß die Box im Workshop mit dem Attribut *Sichtbar* bzw. *Visible* versehen werden muß. Mit diesem nicht modalen Dialog ist es nun ein Leichtes, erst die Dialogbox zur Anzeige zu bringen und anschließend den Klang abzuspielen.

```
D.Init(nil,'DIALOG_1');
D.Create;
sndPlaySound(PChar(WavPtr),snd_async+snd_Memory);
...
D.Done;
```

Soweit, so gut. Wie aber können wir BenutzerInnen nun die Chance geben, den Dialog wieder zu entfernen. Verzweifeltes Klicken auf den *OK*–Button führt so lange zu keinem Ergebnis, wie Nachrichten nicht an die Dialogbox weitergeleitet werden. Damit die Dialogbox überhaupt nach dem *sndPlaySound*–Kommando noch stehen bleibt, müssen wir eine Schleife einbauen, die

– so lange ausgeführt wird, bis die Variable *RemoveDialog* den Wert *True* hat und

– während jedes Druchlaufs eventuell anstehende Nachrichten an das Windowssystem weitergibt.

Diese Forderungen können auf die folgende Art und Weise erfüllt werden:

```
var Ms: TMsg;
...
While not RemoveDialog do
  If PeekMessage(Ms,0,0,0,pm_Remove) then
    if not Application^.ProcessAppMsg(Ms) then begin
      TranslateMessage(Ms);
      DispatchMessage(Ms);
    end;
  D.Done;
```

Diese Technik, kombiniert mit einem in der Programmressource gespeicherten Klang, macht sich das folgende kleine Programm zu Nutze, welches bei Anwahl des Menüpunktes *Über...* einen klingenden Dialog zur Anzeige bringt.

```
{ ------------------------------------------------
        Klingende About-Dialogbox

  von Michael Schumann für Vieweg Verlag
  ---------------------------------------------- }

program wavdlg;

{$R wavdlg.res}

{$IFDEF VER15}
uses winCRT, MMSystem, WinProcs, WinTypes, WObjects, BWCC;
{$ELSE}
uses winCRT, MMSystem, WinProcs, WinTypes, ODialogs,
OWIndows, BWCC;
{$ENDIF}

type
  TMyApp = object(TApplication)
    procedure InitMainWindow; virtual;
  end;

  PMyWindow = ^TMyWindow;
  TMyWindow = object(TWindow)
    constructor Init(ATitle : PChar);
      procedure About(var M:TMessage); virtual
        cm_first+101;
  end;

type TXDialog=object(TDialog)
      procedure OK(var M:TMessage); virtual
        id_first+id_ok;
      end;
```

```pascal
var WavHandle    : THandle;
    WAVPtr       : pointer;
    D            : TXDialog;
    RemoveDialog : boolean;


procedure TXDialog.OK;
 begin
  RemoveDialog:=true;
 end;

constructor TMyWindow.Init(ATitle : PChar);
 begin
  TWindow.Init(Nil, ATitle);
  with Attr do
    begin
      Style:=ws_OverlappedWindow;
      Menu:=loadMenu(HInstance,'MENU_1');
      { Startposition und -größe }
      X:=20; Y:=20; w:=400; h:=300;
    end;
 end;

procedure TMyWindow.About;
 var Ms: TMsg;
 begin
  { Handle für WAV Ressource ermitteln }
  WavHandle:=LoadResource(HInstance,
     FindResource(Hinstance,'WAV_1','WAV'));
  { Resource im Speicher sperren und Pointer ermitteln }
  WAVPtr:=LockResource(WavHandle);
  { Zunächst Dialog nicht entfernen }
  RemoveDialog:=false;
  { Dialogbox erzeugen }
  D.Init(nil,'DIALOG_1');
  { Dialogbox anzeigen }
  D.Create;
  { Sound Abspielen }
  sndPlaySound(PChar(WavPtr),snd_async+snd_Memory);
  { Schleife für Nachrichtenweitergabe, dabei
    auch den Wert RemoveDialog einbeziehen }
  While not RemoveDialog do
    If PeekMessage(Ms,0,0,0,pm_Remove) then
       if not Application^.ProcessAppMsg(Ms) then begin
         TranslateMessage(Ms);
         DispatchMessage(Ms);
      end;
  D.Done;
  { WAV im Speicher freigeben }
  UnlockResource(WavHandle);
  FreeResource(WavHandle);
 end;
```

```
procedure TMyApp.InitMainWindow;
  begin
   MainWindow := New(PMyWindow, Init(''));
  end;

var
   App : TMyApp;
begin
   App.Init('MyWindow');
   App.Run;
   App.Done;
end.
```

13.2 WAV-Dateien lesen

Die Funktion *sndPlaySound* ermöglicht das einfache Abspielen von
Klängen. Wenn Sie aber vorhaben, diese Klänge zu bearbeiten und zu verändern, so ist es nötig, sich mit dem Aufbau einer WAV-Datei zu beschäftigen.

WAV-Dateien bestehen aus mehreren Blöcken (engl. Chunks = *Batzen*),
die ineinander verschachtelt sein können, was ihnen eine enorme
Flexibilität verleiht. So könnten neben Klangdaten auch andere
Datenblöcke eingefügt werden, ohne daß diese Datei plötzlich nicht mehr
unter Windows interpretiert werden kann. Ein Dateiformat also, welches
dynamisch erweitert werden kann und dabei immer abwärtskompatibel
bleibt.

In der Windows Version 3.1 bestehen WAV-Dateien nur aus vier Blöcken:

- RIFF-Chunk

- WAVE-Chunk

- fmt-Chunk

- data-Chunk

Sowohl der *RIFF* als auch der *WAVE*-Chunk sind Hüllen um den eigentliche Kern, der aus einer Formatbeschreibung (*fmt-Chunk*) und letztendlich
den Klangdaten (*data-Chunk*) besteht. Die Kenntnis darüber, wie diese
Chunks gespeichert und markiert werden, ist dank der speziellen und
mächtigen Dateiroutinen in der Unit *MMSYSTEM* nicht nötig.

Die Technik zum Lesen und Schreiben dieser Dateien ist etwa folgende:

Man *steigt* in die teilweise verschachtelten *Chunks herunter* und steigt
ebenso wieder *hinauf* und positioniert so vor einzulesenden oder zu schrei-

benden Blöcken. Diese werden in der gleichen Weise gelesen oder geschrieben, wie dies bei *Streams* üblich ist. Jeder Block besteht aus den eigentlichen Daten und einem Informationsheader, die über **verschiedene** Kommandos gelesen bzw. geschrieben werden.

Die Blöcke werden über sogenannte *Four Character Codes (FourCC)* gekennzeichnet. Dies ist eine Zeichenkette aus vier ASCII–Zeichen, die genau in einen Longint paßt. Aufgrund der *Intel–Speichertechnik* Lo–Hi wird z.B. die Zeichenkette *WAVE* zu folgender Zahl:

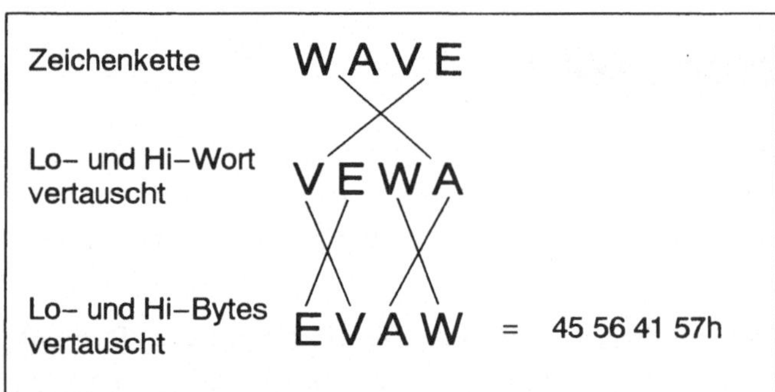

Abbildung 13.1
FourCC–Codes – Ihre
Entstehung

Der Code *FourCC_RIFF* ist in MMSYSTEM definiert. Die anderen drei für unsere Arbeiten benötigten Codes müssen auf die oben beschriebene Art in unserem Programm definiert werden. Groß– und Kleinschreibung sind unbedingt zu beachten!

```
const
   FourCC_data = $61746164;
   FourCC_WAVE = $45564157;
   FourCC_fmt  = $20746D66;
```

Für das Lesen und Schreiben großer Blöcke, die nicht in einem Rutsch in den Speicher passen oder aus ökonomischen Gründen nicht so bearbeitet werden sollen, steht eine gepufferte Operation zur Verfügung.

Beginnen wir mit dem Öffnen einer WAV–Datei und dem *Heruntersteigen* bis zu den eigentlichen Sample–Daten. Wie unter Windows üblich, liefert die Funktion zum Öffnen einer Datei ein Dateihandle zurück, welches bei mißglückter Operation den Wert 0 hat:

```
var  InFile       : THMMIO;
   InFile:=MMIOOpen( InFileName,nil,MMIO_AllocBuf or MMIO_Read);
   If InFile=0 then Fehler('Eingabedatei kann nicht
                      geöffnet werden!');
```

Nun beginnt der Abstieg – zunächst öffnen wir die erste Luke und schauen, ob wir hier überhaupt richtig sind. Eine Struktur vom Typ *TMMCkInfo* gibt darüber Auskunft:

```
MMIODescend( InFile,@FileInfo,nil,0 );
If (FileInfo.fccType<>FourCC_WAVE) or
   (FileInfo.ckID<>FourCC_RIFF) then
     Fehler('Eingabedatei hat falsches Format!');
```

Die beiden Abfragen in der obigen Codesequenz entsprechen dem Lesen des Türschildes an der Luke (*FourCC_RIFF*) und der Prüfung des Raumes hinter der Tür (*FourCC_Wave*). Ist beides OK, so können wir den Formatblock des *WAVE–Chunk* einlesen. Dieser enthält die Informationen, ohne die die Sampledaten nicht korrekt interpretiert werden können:

```
FileInfo.ckID:=FourCC_fmt;
MMIODescend( InFile,@BlockInfo,@FileInfo,MMIO_FindChunk );
If MMIORead( InFile,PChar(@FormatBlock),SizeOf(FormatBlock))
   <>SizeOf(FormatBlock) then Fehler('Fehler in der WAV-
                                   Datei!');
```

Der Formatblock besteht aus einem Feld (Bits pro Sample) und einer weiteren Struktur:

```
TPCMWaveFormat = record
  wf: TWaveFormat;
  wBitsPerSample: Word;
end;
```

Das Feld *wBitsPerSample* enthält üblicherweise den Wert 8. Bessere Soundkarten ermöglichen Abtastung mit 16 Bit und reichen daher bei einer Abtastrate von 44 kHz an die Qualität einer CD heran. Mit 8 Bit ist jedoch auch eine sehr gute Klangqualität gesichert, wenn die Dynamik des digitalisierten Signals klein ist und so die vollen 8 Bit genutzt werden. Leise Stellen werden bei einer Auflösung von 8 Bit natürlich verzerrt.

Feldname	Bedeutung
wFormatTag	Formatkennzeichen. Zur Zeit nur 1 = PCM
nChannels	Anzahl Kanäle (1=Mono, 2=Stereo)
nSamplesPerSec	Abtastungen pro Sekunde
nAvgBytesPerSec	Durchschnittliche Datenrate Bytes/s
nBlockAlign	Ausrichtung der Daten an Wortgrenzen?

Tabelle 13.2 Die TWaveFormat–Struktur

Im nächsten Schritt steigt man wieder aus dem Formatblock heraus, sucht den Eingang zu den eigentlichen Daten (*FourCC_data*) und steigt in diesen *Chunk* ein.

```
MMIOAscend(Infile,@BlockInfo,0);
FileInfo.ckID:=FourCC_DATA;
MMIODescend(InFile,@BlockInfo,@FileInfo,MMIO_FindChunk);
```

Dieser Block kann durchaus einige MBytes groß sein, sodaß das Einlesen in den Speicher zum Bearbeiten nicht unbedingt Sinn macht. Gepuffertes Lesen ist daher die Lösung. Wir ermitteln zunächst die Größe des Datenblocks und lesen ihn dann häppchenweise in einen Puffer ein, in dem wir ihn direkt bearbeiten können.

Hier müssen Sie beachten, daß verschiedene Auflösungen (8, 12 oder 16 Bit/Sample) möglich sind und die Daten dementsprechend interpretieren. Die Variable *X* in der folgenden Codesequenz liest immer nur ein Byte!

```
MMIOGetInfo(InFile,@MMIOInfo,0);
For i:=1 to BlockInfo.ckSize do begin
  If MMIOInfo.pchNext=MMIOInfo.pchEndRead then
    MMIOAdvance(InFile,@MMIOInfo,MMIO_Read);
  ...
  X:=Ord(MMIOInfo.pchNext^);
  ...
  With MMIOInfo do
    pchNext:=Ptr(PtrRec(pchNext).Seg,PtrRec(pchNext).Ofs+1);
end;
```

Das folgende Beispielprogramm zeigt Daten einer WAV–Datei an und ermittelt die maximale Aussteuerung (minimaler und maximaler Sample–Wert), wenn es sich um eine 8–Bit/Sample Datei handelt. Es arbeitet sowohl mit Mono als auch mit Stereo–Daten, da bei Stereodaten zwei Byte pro Sample unmittelbar hintereinander folgen. Das erste Byte gehört zum linken Kanal, das zweite zum rechten.

```
{ ---------------------------------------------
    WAV-Dateien lesen und auswerten

  von Michael Schumann für Vieweg Verlag
  --------------------------------------------- }

program checkwav;

uses winCRT, MMSystem, WinProcs, WinTypes, Objects;

var
  InFileName      : array[0..99] of char;
  InFile          : THMMIO;
  FileInfo,
```

```
    BlockInfo        : TMMCkInfo;
    MMIOInfo         : TMMIOInfo;
    FormatBlock      : TPcmWaveFormat;
    MinX,MaxX,X      : Byte;
    I                : Word;

  const
    FourCC_data = $61746164;
    FourCC_WAVE = $45564157;
    FourCC_fmt  = $20746D66;


procedure Fehler(s:string);
 begin
  writeln(s);
  halt(1);
 end;

begin
 writeln('Lesen einer WAV-Datei und Ausgabe von
Informationen');
 writeln;
 { Dateie öffnen }
 write('Eingabedatei:');
 readln(InFileName);
 InFile:=MMIOOpen(InFileName,nil,MMIO_AllocBuf or MMIO_Read);
 If InFile=0 then Fehler('Eingabedatei kann nicht geöffnet
werden!');
 { Auf RIFF-Block positionieren }
 MMIODescend(InFile,@FileInfo,nil,0);
 { Format der Datei prüfen }
 If (FileInfo.fccType<>FourCC_WAVE) or
    (FileInfo.ckID<>FourCC_RIFF) then
       Fehler('Eingabedatei hat falsches Format!');
 { Formatblock der Eingabedatei suchen... }
 FileInfo.ckID:=FourCC_fmt;
 MMIODescend(InFile,@BlockInfo,@FileInfo,MMIO_FindChunk);
 { ...und einlesen }
 If MMIORead(InFile,PChar(@FormatBlock),SizeOf(FormatBlock))
    <>SizeOf(FormatBlock) then Fehler('Fehler in der WAV-
Datei!');
 { Formatinformationen auswerten }
 { Codierung }
 If FormatBlock.wf.wFormatTag<>1 then
   writeln('Unbekanntes Audio-Wave-Format') else
   writeln('PCM-Wave-Format');
 { Anzahl Kanäle }
 If FormatBlock.wf.nChannels=1 then
    writeln('Monofon') else writeln('Stereofon');
 { Samples/sekunde }
 Writeln(FormatBlock.wf.nSamplesPerSec,' Samples/s');
 { Bits pro Sample }
 Writeln(FormatBlock.wBitsPerSample,' Bits/Sample');
 { Aus Formatblock heraus positionieren }
 MMIOAscend(Infile,@BlockInfo,0);
 { Auf Datenblock positionieren }
```

```
 FileInfo.ckID:=FourCC_DATA;
 MMIODescend(InFile,@BlockInfo,@FileInfo,MMIO_FindChunk);
 { Gesamtes WAV durchgehen, um Max- und Minwert zu bestimmen
 }
 Writeln('Lese WAV-Datei und ermittle maximale
Aussteuerung...');
 If FormatBlock.wBitsPerSample<>8 then
   Fehler('Dies geht hier nur mit 8 Bit Wavs!');
 MinX:=$FF;
 MaxX:=0;
 { Informationen über Datenblock holen }
 MMIOGetInfo(InFile,@MMIOInfo,0);
 For i:=1 to BlockInfo.ckSize do begin
   { Bei Bedarf Puffer neu füllen }
   If MMIOInfo.pchNext=MMIOInfo.pchEndRead then
     MMIOAdvance(InFile,@MMIOInfo,MMIO_Read);
   X:=Ord(MMIOInfo.pchNext^);
   If X > MaxX then MaxX:=X;
   If X < MinX then MinX:=X;
   { Pointer-Offset inkrementieren }
   With MMIOInfo do
     pchNext:=Ptr(PtrRec(pchNext).Seg,PtrRec(pchNext).Ofs+1);
 end;
 writeln('Maximalwert: ',MaxX,'  Minimalwert: ',MinX);
 MMIOClose(InFile,0);
 end.
```

13.3 CD–Player

Ebenfalls in die Multimedia–Ecke gehören die CD–ROMs, obwohl diese eigentlich nur sehr preisgünstige *read–only* Speicher sind, die auch für nicht–Multimedia–Anwendungen geeignet sind. Durch CD–ROMs haben sich die sehr speicherintensiven Multimedia–Applikationen jedoch erst richtig etablieren können – der Einsatz einer derartigen Applikation ohne CD–ROM ist inzwischen undenkbar geworden.

Die meisten Laufwerke, die heute angeboten und eingebaut werden, besitzen zum einen eine kleine 3.5mm Klinkenbuchse an der Front und zum anderen auch eine interne Verbindung, die einen Anschluß an einen externen Verstärker oder den einer Soundkarte ermöglicht. Letztere Möglichkeit erweitert die PC–Funktionalität zusammen mit zwei brauchbaren Lautsprecherboxen um die einer kleinen Stereoanlage, die in keinem EDV–Arbeitszimmer fehlen darf: Musik und starker Kaffee – die Lebenselexiere von ProgrammiererInnen.

Bei den meisten CD–Roms befindet sich zwar ein Utility zum Abspielen von Audio–CDs im Lieferumfang, meist handelt es sich dabei jedoch um ein reines DOS–Programm und selbst dann, wenn ein Windows–Utility mitgeliefert wird, möchte man Hand anlegen – wann hat man sonst die Gelegenheit, selbst das Design seines CD–Players zu bestimmen?

Man kann in der Tat fast die gesamte Funktionalität eines kommerziellen CD–Spielers im PC nachprogrammieren, lediglich bei der Fernbedienung kommen Sie um eine Hardwareerweiterung nicht herum. Schlüssel zu den dafür benötigten Funktionen ist das sogenannte *Media Control Interface* (*MCI*), welches in der Unit MMSYSTEM zu finden ist.

Die gesamte Kommunikation wird über Kommandos abgewickelt, die an das Gerät über *MCISendCommand* geschickt werden. Mit allen Kommandos korrespondiert jeweils eine bestimmte Struktur, über die Werte übergeben und auch ausgelesen werden. Gehen wir die Funktionen im einzelnen durch:

Initialisieren des CD-Laufwerks

Neben dem Öffnen des MCI–Kanals muß das Laufwerk auf ein bestimmtes Zeitformat eingestellt werden, welches das Ansteuern von Titeln über die Titelnummer erlaubt. In der beim Öffnen übergebenen Struktur wird der gewünschte Gerätetyp über das Feld *lpstrDevType* übergeben.

```
var  MCIOpen     : TMCI_Open_Parms;
     MCISetP     : TMCI_SET_Parms;

  MCIOpen.lpstrDeviceType:=PChar(MCI_DEVTYPE_CD_AUDIO);
  if MCISendCommand(0,MCI_Open,
                 MCI_Open_Type or MCI_Open_Type_ID,
                 longint(@MCIOpen)) <> 0 then
     ...
     { Keine CD oder kein MCI-Treiber }
     ...
  else begin
     FillChar(MCISetP,SizeOf(MCISetP),#0);
     MCISetP.dwTimeFormat:=MCI_Format_TMSF;
     MCISendCommand(CD_ID,MCI_Set,
                 MCI_Set_Time_Format,
                 longint(@MCISetP));
  end;
```

Die im Feld *wDeviceID* der *MCIOpen*–Struktur übergebene Nummer des geöffneten Geräts ist zu speichern und bei allen folgenden Operationen anzugeben. Das Zeitformat *MCI_Format_TMSF* wird gesetzt, um später direkt die einzelnen Titel ansteuern zu können.

Ermitteln der Titelanzahl

Damit über die Vor– und Rück*spul*tasten korrekt von Titel zu Titel gesprungen werden kann, wird die Anzahl der Titel auf der eingelegten CD
benötigt. Diese wird so ermittelt:

```
var MCIStatus   : TMCI_Status_Parms;

MCISTatus.dwItem:=MCI_Status_Number_Of_Tracks;
MCISendCommand(CD_ID,MCI_Status,
            MCI_Status_Item,
            longint(@MCIStatus));
```

Der gesuchte Wert findet sich im Feld *dwReturn* der übergebenen Struktur
MCIStatus.

Bestimmte(n) Titel abspielen

Das Abspielen eines oder mehrerer Titel geschieht über ein einziges
Kommando unter Angabe des ersten und des letzten Titels. Diese
Titelangaben müssen über eine spezielle Funktion in Zeitangaben vom Typ
TMSF umgewandelt werden. Um die gesamte CD zu spielen, gibt man als
Startspur die Nummer 1 und als Endespur die Nummer des letzten Titels +
1 an. Die folgende Codesequenz spielt die gesamte CD ab.

```
var MCIPlay    : TMCI_Play_Parms;

MCIPlay.dwFrom:=MCI_Make_TMSF(Current,0,0,1);
MCIPlay.dwTo:=MCI_Make_TMSF(Tracks+1,0,0,0);
MCISendCommand(CD_ID,MCI_Play,
            MCI_From,longint(@MCIPlay));
```

CD stoppen und Gerät freigeben

Zwei Kommandos sind dafür notwendig, sie benötigen keinerlei Zusatz-
daten außer der Gerätenummer:

```
MCISendCommand(CD_ID,MCI_Stop,0,0);
MCISendCommand(CD_ID,MCI_Close,0,0);
```

Autorepeat und weitere Tricks

Eine Besonderheit, die bei vielen CD–Spielern eingesetzt wird, mit denen
man sich im Hintergrund *berieseln* läßt, ist die permanente Wiederholung
aller Titel auf der eingelegten CD, bis das Gerät entweder von Hand gestopt
oder durch wütende Faustschläge genervter Personen (z.B. Eltern eines
Michael Jackson Fans) zerstört wird.

Auch diese Funktionalität läßt sich recht leicht implementieren, da das
MCI–System dazu veranlaßt werden kann, nach Ausführung eines Auftrags

(z.B. dem Abspielen einiger Titel) eine Nachricht an das Programm zu senden. Dies wird über eine Option erreicht, die beim Start der CD anzugeben ist:

```
MCISendCommand(CD_ID,MCI_Play,MCI_From or MCI_Notify,
              longint(@MCIPlay));
```

Sobald die angegebenen Spuren abgespielt sind, erhält das Programm eine Nachricht vom Typ *MM_MCINotify*, die in der Objektdefinition des Programmobjektes in einen Prozeduraufruf umgewandelt werden kann.

```
...
procedure MCINotify(var M:TMessage);
      virtual wm_first+MM_MCINotify;
...

procedure TCDFenster.MCINotify;
 begin
 If (M.wParam=MCI_NOTIFY_SUCCESSFUL) then begin
   ...
   { Aktion, wenn Abspielen beendet }
   ...
   end;
 end;
```

Wichtig ist die Abfrage auf das Subkommando *MCI_Notify_Successful*, welches das Ende des Abspielvorgangs verkörpert. Da noch weitere Nachrichten vom MCI an das Programm gesendet werden, müssen diese ausgefiltert werden, um die korrekte Funktion des Autorepeat sicherzustellen. Denkbar ist an dieser Stelle auch ein Random–Repeat, in dem jeweils immer nur ein Titel gespielt wird und in der *MCINotify*–Routine der nächste abzuspielende Titel über Zufallszahlen ermittelt wird.

Hier präsentiere ich Ihnen ein Beispielprogramm, in dem neben den elementaren Funktionen Start, Stop, Titel vor und Titel zurück auch ein Autorepeat realisiert ist. Das Programmfenster wird immer in die rechte untere Ecke des Bildschirms verfrachtet, da dort meist ein freier Platz ist.

Abbildung 13.2
CD–Player im Eigenbau

Das Listing zu diesem Programm finden Sie auf den folgenden Seiten und natürlich auf der Diskette zum Buch.

```pascal
{ ----------------------------------------------
    CD-Player unter Verwendung des MCI

  von Michael Schumann für Vieweg Verlag
  ------------------------------------------- }

program CDPlay;

{$IFDEF VER15}
uses WinProcs, WinTypes, WinCRT, WObjects, MMSystem;
{$ELSE}
uses WinProcs, WinTypes, WinCRT, Objects, OWindows,
ODialogs,MMSystem;
{$ENDIF}

{$R CDPlay}

type TCD=object(TApplication)
        procedure InitMainWindow; virtual;
        end;

     PCDFenster=^TCDFenster;
     TCDFenster=object(TDlgWindow)
       constructor Init(Papa:PWindowsObject;Titel:PChar);
       destructor done; virtual;
       procedure SetupWindow; virtual;
       procedure Start(var M:TMessage);
          virtual id_first+102;
       procedure Stop(var M:TMessage);
          virtual id_first+103;
       procedure FF(var M:TMessage);
          virtual id_first+104;
       procedure Rew(var M:TMessage);
          virtual id_first+105;
       procedure MCINotify(var M:TMessage);
          virtual wm_first+MM_MCINotify;
       procedure InitCD;
       procedure ShowInfo;
       end;

var  CD           : TCD;
     MCIOpen      : TMCI_Open_Parms;
     MCIPlay      : TMCI_Play_Parms;
     MCIStatus    : TMCI_Status_Parms;
     MCISetP      : TMCI_SET_Parms;
     CD_ID        : word;
     Playing,
     CDReady      : boolean;
     Current,
     Tracks       : word;

procedure TCDFenster.InitCD;
 var s:array[0..50] of char;
 begin
   { Struktur mit Nullen füllen }
   FillChar(MCIOpen,SizeOf(MCIOpen),#0);
```

```
      MCIOpen.lpstrDeviceType:=PChar(MCI_DEVTYPE_CD_AUDIO);
      if MCISendCommand(0,MCI_Open,
                           MCI_Open_Type or MCI_Open_Type_ID,
                           longint(@MCIOpen)) <> 0 then begin
        SetDlgItemText(HWindow,100,'Keine CD eingelegt!');
        CDReady:=false;
       end else begin
        { MCI-DeviceID merken }
        CD_ID:=MCIOpen.wDeviceID;
        { Struktur mit Nullen füllen }
        FillChar(MCIStatus,SizeOf(MCIStatus),#0);
        { Anzahl Spuren ermitteln }
        MCISTatus.dwItem:=MCI_Status_Number_Of_Tracks;
        If MCISendCommand(CD_ID,MCI_Status,
                           MCI_Status_Item,
                           longint(@MCIStatus)) <> 0 then begin
          SetDlgItemText(HWindow,100,'No CD...');
          CDReady:=false;
         end
        else begin
         { Spurzahl merken }
         Tracks:=MCISTatus.dwReturn;
         Current:=1;
         CDReady:=true;
         wvsprintf(s,'%d Songs - ready',Tracks);
         SetDlgItemText(HWindow,100,s);
         { Zeitformat setzen }
         FillChar(MCISetP,SizeOf(MCISetP),#0);
         MCISetP.dwTimeFormat:=MCI_Format_TMSF;
         MCISendCommand(CD_ID,MCI_Set,
                          MCI_Set_Time_Format,
                          longint(@MCISetP));
        end;
      end;
    end;


  procedure TCDFenster.ShowInfo;
   begin
     If not CDReady then exit;
      If playing then
        SetDlgItemText(HWindow,100,'Playing...')
      else
        SetDlgItemText(HWindow,100,'Ready...')
   end;


  procedure TCDFenster.Start;
   begin
     { Einmal versuchen, ob nun alles OK }
     If not CDReady then InitCD;
     { Sonst nichts tun }
     If not CDReady then Exit;
     MCIPlay.dwCallBack:=HWindow;
     MCIPlay.dwFrom:=MCI_Make_TMSF(Current,0,0,1);
     MCIPlay.dwTo:=MCI_Make_TMSF(Tracks+1,0,0,0);
```

```pascal
    if MCISendCommand(CD_ID,MCI_Play,
                   MCI_From or MCI_Notify,

                   longint(@MCIPlay)) = 0 then
        Playing:=true;
    ShowInfo;
  end;

procedure TCDFenster.MCINotify;
 begin
  If (M.wParam=MCI_NOTIFY_SUCCESSFUL) and
     (IsDlgButtonChecked(HWindow,106)>0) then begin
     Current:=1;
     Start(M);
    end;
  end;

procedure TCDFenster.Stop;
 begin
   MCISendCommand(CD_ID,MCI_Stop,0,0);
 end;

procedure TCDFenster.FF;
 begin
   If Current<Tracks then inc(Current);
   { An neuer Position starten }
   Start(M);
   ShowInfo;
 end;

procedure TCDFenster.Rew;
 begin
   If Current>1 then dec(Current);
   { An neuer Position starten }
   Start(M);
   ShowInfo;
 end;

procedure TCDFenster.SetUpWindow;
 var WinRec : TRect;
     X,Y    : integer;
   begin
   TDialog.SetUpWindow;
   { Fenster in die rechte untere Ecke verschieben }
   GetWindowRect(HWindow,WinRec);
   X:=GetSystemMetrics(SM_CXScreen)-WinRec.right+WinRec.left;
   Y:=GetSystemMetrics(SM_CYScreen)-WinRec.bottom+WinRec.top;
   MoveWindow(HWindow,X,Y,WinRec.right-WinRec.left,
              WinRec.bottom-WinRec.top,true);
   InitCD;
 end;

constructor TCDFenster.Init;
 begin
   TDlgWindow.Init(nil,'DIALOG_1');
 end;
```

```
destructor TCDFenster.done;
 begin
  MCISendCommand(CD_ID,MCI_Stop,0,0);
  MCISendCommand(CD_ID,MCI_Close,0,0);
  TDlgWindow.done;
 end;

procedure TCD.InitMainWindow;
 begin
  MainWindow:=New(PCDFenster,Init(nil,'CD!'));
  Playing:=false;
  Tracks:=0;
  Current:=0;
 end;

var Msg:TMsg;

begin
 CD.Init('CD');
 CD.Run;
 CD.Done;
end.
```

13.4 Video mit der Screen Machine

Bilder unter Windows einzusetzen, das ist eigentlich kaum ein Problem. Woher aber bekommt man schnell und einfach z.B. die Photos von Angestellten für eine Datenbank, in der neben Namen und Adressen auch Bilder von MitarbeiterInnen gespeichert werden sollen?

Das Einscannen dieser Bilder erfordert doppelten Aufwand und einen erheblichen Zeitbedarf, da zunächst Bilder auf fotografischem Weg erstellt werden müssen. Besser geeignet ist dazu die Kombination einer Videokamera mit einem sogenannten *Frame-Grabber*, das ist eine Karte für den PC, die ein Videosignal in Abbildungen im BMP oder einem anderen Grafikformat verwandeln kann.

Die Firma *Fast*, bekannt durch die legendäre *Screen Machine*, war so freundlich, mir leihweise eine derartige Karte für ein paar Wochen zur Verfügung zu stellen. Neben dem Spaß, den man (gerade mit Kindern) beim Testen einer solchen Ausstattung hat, kam ein kleines Programm heraus, mit dem schnell und unbürokratisch Daten von Personen samt Paßfoto erfaßt werden können.

Dieses Programm baut auf den im sechsten Kapitel vorgestellten Mini-Datenbankkern auf und ist nur für den Einsatz der *Screen Machine* vorge–

sehen. Ich habe bereits einige der mir am nächsten stehenden Personen dort erfaßt und Ihnen auf die Diskette zum Buch gepackt, damit Sie auch ohne *Screen Machine* zumindest das Resultat betrachten können.

Im Quellcode müssen Sie das Statement

```
{$DEFINE SMTHERE}
```

in

```
{.$DEFINE SMTHERE}
```

umwandeln, damit das Programm nicht nach den DLLs sucht, die zum Lieferumfang der *Screen Machine* gehören. Hier eine Kostprobe des Programms, welches natürlich auf dem Bildschirm wesentlich besser (und farbiger) aussieht:

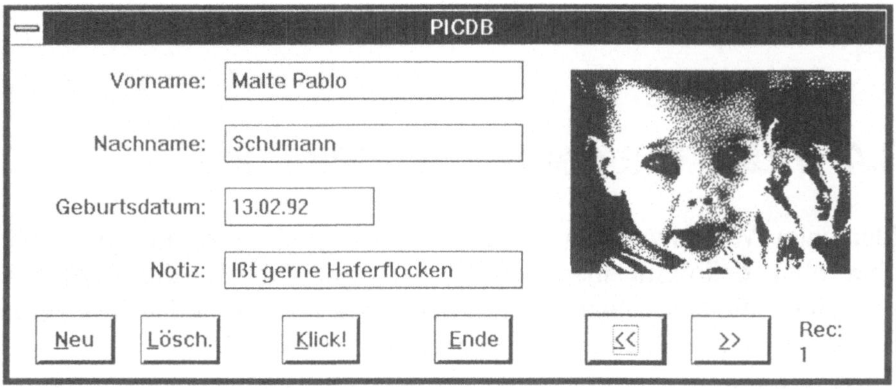

Abbildung 13.3 Hallo Malte – Schnappschuß mit der Screen Machine

Das Ansprechen der *Screen Machine* ist dank eines mitgelieferten Interpreters recht einfach. Dieser Interpreter befindet sich in einer DLL namens SMPAR.DLL und wird über eine einzige exportierte Funktion angesprochen:

```
function SM_Parser(Command:PChar):integer; far;
                   external 'SMPAR' ;
```

Der Schnappschuß, der über den Button *Klick* initiiert wird, besteht aus einer Reihe Kommandos, die den Videoeingang und das Dateiformat bestimmen:

```
procedure TDBWindow.klick(var M:TMessage);
var X: array[0..15] of char;
begin
  { Screen Machine starten }
  SM_Parser('OPEN');
  { Schwarzen Videoeingang aktivieren }
  SM_Parser('Setinput black');
  { Video aktivieren }
  SM_Parser('Video On');
  { kein Standbild }
  SM_Parser('Live on');
  { aktuelles Bild speichern }
  StrCopy(name,'WRITEIMAGE ');
  StrPCopy(x,DBuf.Picture);
  StrCat(name,X);
  StrCat(name,' quarter dib4 none');
  SM_Parser(name);
  { Screen Machine freigeben }
  SM_Parser('CLOSE');
end;
```

Die obige Routine veranlaßt den Interpreter, das Bild unter einem
bestimmten Namen zu speichern, sodaß es als BMP–Datei in 16 Farben
vorliegt. Die Anzeige von Bitmaps in einem Fensterelement haben wir in
diesem Buch bereits an mehreren Stellen eingesetzt – hier trotzdem noch
einmal die Kernmethode, die das jeweils aktuelle Bild anzeigt.

```
procedure TDBWindow.DrawPic;
var
      MemDC    : HDC;
begin
  { Zeiger auf TPaintStruct-Struktur }
  PD:=pointer(M.lparam);
  { Wenn Bild vorhanden, darstellen, sonst Bereich löschen }
  If Picture=0 then Picture:=LoadBitmap(HInstance,'LEER');
  { Zusätzlichen Kontext erzeugen }
  MemDC:=CreateCompatibleDC(PD^.HDC);
  { Diesem Kontext die Bitmap zuweisen }
  SelectObject(MemDC,Picture);
  { Und darstellen }
  BitBlt(PD^.HDC,0,0,220,160,MemDC,0,0,srcCopy);
  DeleteDC(MemDC);
  ReleaseDC(PD^.HWndItem,PD^.HDC);
end;
```

Diese Methode ist die Anwort auf die Nachricht *wm_drawItem*, die nicht
weiter ausgewertet werden muß, da es in diesem Programm nur ein
Ownerdraw–Element gibt: Das Bild der betreffenden Person. Um den
Bereich leer zu löschen, befindet sich in der Programmressource eine graue
Bitmap, die dann überkopiert wird, wenn kein Bild zur Verfügung steht.
Nach einem Schnappschuß und beim Wechsel des Datenrecords muß das
Bild neu dargestellt werden. Das ist ganz einfach:

```
...
StrPCopy(name,DBuf.picture);
Picture:=LoadBitmapFile(name);
PicHWnd:=GetItemHandle(112);
GetClientRect(PicHWnd,R);
InvalidateRect(PicHWnd,@R,false);
...
```

Das Programm PICDB.PAS ist ein wenig zu lang, um es hier komplett abzudrucken, zumal es sich nur an einigen Stellen von der Datenbank ohne Bilder (DEMODB) aus dem sechsten Kapitel unterscheidet. Vieles daran ist zudem verbesserungswürdig – betrachten Sie es bitte allenfalls als Ansatz für eine praxistaugliche Applikation, die Sie gerne darauf aufbauend entwickeln können!

14 Novell Netzwerk Tips

Immer mehr PC werden mit Novell Netzwerken verbunden und mit der Leistungssteigerung von Servermaschinen und Übertragungsgeschwindigkeit werden auch immer mehr Daten und Programme auf dem Server gehalten. Schon heute ist es mit recht bescheidenen Mitteln möglich, mit *diskless Workstations* zu arbeiten, wenn man diese mit genügend Hauptspeicher aufrüstet und über eine schnelle Anbindung an den Server (z.B. 10 MBit/s Ethernet oder 16 MBit/s Token Ring) verfügt.

Auch Windowsapplikationen können problemlos auf einer sogenannten *Diskless Workstation* eingesetzt werden – virtueller Hauptspeicher ist dann allerdings nicht einrichtbar. Mein Server arbeitet mit einem 80386SX Prozessor bei 25 MHz Takt, 8 MByte Hauptspeicher und einer NE2100 Netzwerkkarte so schnell, daß nahezu alle Applikationen und Daten dort gespeichert werden. So können sie auch von meinem zweiten PC, einer diskless Workstation (ebenfalls 386SX mit 25 MHz und 4 MByte RAM), genutzt werden.

Verzögerungen gegenüber lokaler Speicherung auf einer Festplatte spürt man nur bei den Ladezeiten (wenige Prozent), die jedoch den Vorteil der erheblich höheren Datensicherheit kaum aufwiegen können. Datensicherheit, das bedeutet zum einen Schutz vor Datenverlust bei einem Crash des PC und auch Schutz vor unerlaubtem Zugriff auf vertrauliche Daten zum anderen.

Bei der Entwicklung eigener Applikationen unter Windows sollte man Netzwerkfunktionen einbauen, die sowohl Komfort als auch Sicherheit steigern können und das ist das Thema dieses Kapitels. Als Netzwerkbetriebssystem wird hier Netware 3.11 oder ein neueres Produkt vorausgesetzt. Weiterhin benötigen Sie die im zweiten Kapitel erwähnten Novell DLLs. Die Beispiele (außer TTSDEMO) dürften jedoch auch mit Netware 2.2 funktionieren, was ich allerdings nicht getestet habe.

14.1 Wer bin ich? User ermitteln

Die Frage *Wer bin ich* hat die Menschen schon vor vielen hundert Jahren beschäftigt, obwohl diese damals noch keine Novell–Netzwerke besaßen. Es ist daher verständlich, welches Gewicht diese Frage nun in unserer nahezu total vernetzten (Rechner–) Welt besitzt.

Wer bin ich – das heißt unter Novell:

* Welche Objektnummer habe ich in der Bindery?

* Welche Hardwareadresse hat mein Netzwerkadapter?

* An welchem Server bin ich angemeldet?

* Wie lautet meine User–ID?

Diese Fragen können recht einfach beantwortet werden, wenn man die Novell–DLLs *NWWRKSTN.DLL*, *NWSERVER* und *NWCONN* zur Verfügung hat. Diese exportieren die für uns entscheidenden Funktionen. Als Ansatzpunkt benötigt man die logische Nummer der eigenen Netzwerkverbindung, die folgende Funktion ermittelt:

```
function GetConnectionNumber:word; far;
                        external 'NWCONN' index 10;
```

Diese Nummer ist der Schlüssel zu weiteren Informationen und wird als Parameter in den anderen Funktionen benötigt. Ebenso ermittelt diese Funktion eine logische Nummer, die für den primären Fileserver steht, an dem man angemeldet ist. Man kann zusätzlich an andere Server *attachen*, der primäre Server ist jedoch immer derjenige, dessen LOGIN–Verzeichnis man verwendet (wenn es nicht auch durch ein MAP–Kommando auf einen anderen Server verlegt wurde).

```
function GetDefaultConnectionID:word; far;
                        external 'NWWRKSTN' index 6;
```

Mit der *ConnectionID* können wir Namen des Fileservers ermitteln:

```
sNum:=GetDefaultConnectionID;
GetFileServerName(sNum,name);
```

Die *ConnectionNumber* führt uns zu wesentlich mehr Informationen bezüglich der bestehenden Netzwerkverbindung. Die Funktion *GetConnectionInfo* besorgt die Login–ID, die Login–Zeit sowie die Objekt–ID in der Serverbindery (das ist die Datenbank, in der ein Novellserver unter 3.11 oder 2.2 seine Benutzerdaten hält).

```
function GetConnectionInfo(Num:word; ObjName: PChar;
                           var ObjType: integer;
                           var ObjID: longint;
                           LoginTime: Pchar): word; far;
                           external 'NWCONN' index 9;
...
var  name        : array[0..48] of char;
     lTime       : array[0..7] of char;
     oType       : integer;
     oID         : longint;
 ...
  GetConnectionInfo(CNum,name,oType,oID,lTime);
  ...
```

Die Auswertung dieser Werte ist bis auf die Login–Zeit trivial. Die Zeitangabe liegt in einem Array von acht Zeichen vor, in dem jedes Zeichen eine Teilinfomation beinhaltet:

Feld	Inhalt	Wertebereich
0	Jahr	Jahr – 1900
1	Monat	1..12
2	Day	1..31
3	Stunde	0..23
4	Minute	0..59
5	Sekunde	0..59
6	Wochentag	0..6, 0=Sonntag, 1=Montag

Tabelle 14.1 Die Login–Zeitangabe

Nun fehlt uns nur noch die Hardwareadresse des Adapters, die z.B. bei der Einschränkung einer ID auf bestimmte Geräte benötigt wird. Diese Adresse ist für alle auf der Welt produzierten Netzwerkadapter eindeutig, da Nummernkreise von einer zentralen Institution an die Hersteller verkauft werden.

```
function GetStationAdress(adr:PChar):integer; far;
                         external 'NWCONN' index 13;
```

Das Zusammentreffen von zwei gleichen Hardwareadressen in einem Netzwerk hätte katastrophale Folgen. AnwenderInnen eines Token–Ring Netzwerkes können den Effekt ausprobieren, da diese Adapter eine Änderung der Hardwareadresse erlauben.

Diese Adresse besteht aus 12 Hexadezimalziffern. Damit ist eine maximale Anzahl von nahezu einer drittel Billiarde verschiedener Adapter auf der Welt möglich:

$$0\text{FFFFFFFFFFFFh} = 16^{12} - 1 \approx 2.8 \cdot 10^{14} \quad \text{(das dürfte wohl reichen...)}$$

Im folgenden finden Sie zu den geschilderten Methoden ein kleines Beispielprogramm unter Verwendung der *WINCRT*–Unit, das Sie auch von der Buchdiskette laden können.

```pascal
{ -----------------------------------------------
                   Wer bin ich?
    Informationen über die Netzwerkverbindung

    von Michael Schumann für Vieweg Verlag
  ----------------------------------------------- }
program WerBinI;

uses WinCRT, WinTypes, WinProcs, Strings;


procedure GetFileServerName(CNum:word;Name:PChar);
                          far; .
                          external 'NWSERVER' index 29;

function GetDefaultConnectionID:word; far;
                          external 'NWWRKSTN' index 6;

function GetStationAdress(adr:PChar):integer; far;
                          external 'NWCONN' index 13;

function GetConnectionInfo(Num:word; ObjName: PChar;
                          var ObjType: integer;
                          var ObjID: longint;
                          LoginTime: Pchar): word; far;
                          external 'NWCONN' index 9;

function GetConnectionNumber:word; far;
                          external 'NWCONN' index 10;


var   name          : array[0..48] of char;
      lTime         : array[0..7] of char;
      oType         : integer;
      oID,X         : longint;
      cNum,sNum     : word;
      sAddr         : array[0..5] of Char;
      i             : integer;

function HexNibble(x:byte):char;
  begin
   if x>9 then HexNibble:=chr(x+55) else
    HexNibble:=chr(x+48);
  end;
```

```
begin
  Cnum:=GetConnectionNumber;
  sNum:=GetDefaultConnectionID;
  GetFileServerName(sNum,name);
  writeln('Sie sind momentan Station Nummer ',cNum);
  writeln('an Fileserver ',name,'.');
  writeln;
  GetConnectionInfo(CNum,name,oType,oID,lTime);
  writeln('Detailinformationen über diese Verbindung:');
  writeln('BenutzerID               : ',name);
  writeln('Interne Novell ObjektID : ',oID);

{ writeln('Login-Zeitpunkt          : ',lTime);}
  GetStationAdress(sAddr);
  write  ('Hardwareadresse Adapter : ');
  for i:=0 to 5 do write(HexNibble(ord(sAddr[i]) div 16),
                    HexNibble(ord(Saddr[i]) mod 16));
  writeln;
end.
```

In meinem bescheidenen Netzwerk ermittelt dieses Programm folgende
Daten:

Abbildung 14.1
Daten über die Netzwerk-
verbindung

14.2 Novell Paßwortabfrage nutzen

Netzwerke halten nahezu überall Einzug. Bereits bei drei Arbeitsplätzen
lohnt sich die Anschaffung eines Servers, da man so bequem Drucker und
Plattenplatz gemeinsam benutzen kann. Und in der Frage der
Softwarelizenzen erlauben viele Firmen bereits die Netzwerkinstallation,
wenn sichergestellt wird, daß nur so viele BenutzerInnen das Programm
gleichzeitig verwenden, wie Lizenzen erworben wurden. So reicht u.U. eine
Lizenz eines teuren Grafikprogramms für fünf BenutzerInnen aus.
Vergleicht man dies mit den Kosten von fünf Lizenzen für jeden PC in einer nicht vernetzten Umgebung, so kann man vom gesparten Kaufpreis
schon einen kleinen Server samt Fünferlizenz von Novell 2.2 oder 3.11 er-
werben.

Alle von Ihnen entwickelten Anwendungen sollten daher für eine Netzwerkumgebung vorbereitet sein und dort vorhandene Features nutzen können. Nehmen wir das Beispiel einer Software für eine Arztpraxis, die sowohl als Einzelplatzversion als auch im Netzwerk eingesetzt werden kann und auf Grund der Schutzwürdigkeit der gespeicherten personenbezogenen Daten unbedingt über einen wirksamen Zugangsschutz verfügen sollte.

Im Netzwerk können Sie den Zugangsschutz von Novell nutzen, der bereits vorhanden und sehr sicher ist. Sie können beim Start eines Programms zunächst prüfen, ob das Programm im Netzwerk läuft und so zwischen eigenem (für Einzelplatzbenutzung) und dem Novell–Zugangsschutz umschalten. Die aus dem letzten Abschnitt bekannte Funktion *GetConnectionInfo* liefert einen von Null verschiedenen Wert, wenn keine Netzwerkverbindung besteht.

```
X:=GetConnectionInfo(CNum,name,oType,OID,LTime);
If X<>0 then begin
   { eigener Schutz }
   end else begin
   { Novell Schutz }
   end;
```

Mit den über *GetConnectionInfo* gewonnenen Daten können Sie prüfen, ob der/die aktuell angemeldete Person Zugriff auf die zu schützenden Daten bekommen darf. Das reicht jedoch keinesfalls aus, da man das Abmelden vom Server vergessen und damit einer anderen Person die Möglichkeit geben kann, auf vertrauliche Daten zuzugreifen.

Man sollte daher einen Paßwortschutz in das Programm einbauen, der das zum aktuell angemeldeten User gehörende Paßwort abfragt, sofern das Programm im Netzwerk betrieben wird.

Auch für normale Anwendungen unter Windows ist der Novell-Paßwortschutz gut benutzbar, nämlich zum *Abschließen* des PCs. Dazu habe ich ein kleines Programm geschrieben, welches zum einen gut dazu verwendet werden kann, z.B. für die Mittagspause den PC zu verriegeln, ohne Windows verlassen zu müssen.

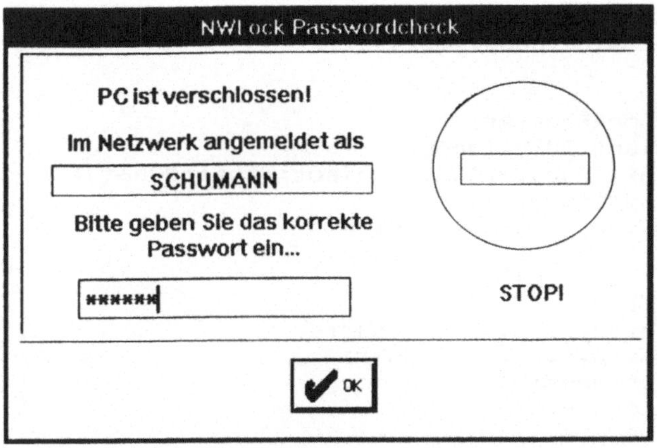

NWLock Passwordcheck

PC ist verschlossen!

Im Netzwerk angemeldet als

SCHUMANN

Bitte geben Sie das korrekte
Passwort ein...

******

STOP!

OK

Abbildung 14.2
Das elektronische
PC–Schloß

Das Abprüfen eines Paßwortes beschränkt sich
unter Novell auf einen einfachen Funktionsaufruf, dem man lediglich die
Benutzer–ID und das zu prüfende Paßwort übergeben muß:

```
...
function VerifyPassword(ObjName:PChar;ObjType: Word;
                       PassWd: PChar): Word; far;
                       external 'NWCONN' index 17;
...
PwOK:=VerifyPassword(name,oType,passWd);
...
```

Wieder natürlich benötigen Sie die Novell–DLLs auf Ihrem PC oder im
Netzwerk (Suchpfad reicht aus). Im folgenden finden Sie das oben er–
wähnte Schutzprogramm – es findet sich ebenfalls auf der Diskette zum
Buch.

```
{ -------------------------------------------
  NWLock - ein perfekter Passwortschutz für
  Windows im Novell-Netzwerk

  Benötigt die Novell-DLL NWCONN.DLL

  von Michael Schumann für Vieweg Verlag
  ------------------------------------------- }
program NWLock;

{$R NWLOCK.RES}

uses WObjects,WinTypes,WinProcs,BWCC;


const cm_Unlock=102;
```

```pascal
type TLock=object(TApplication)
         procedure InitMainWindow; virtual;
         end;

     PLockFenster=^TLockFenster;
     TLockFenster=object(TDlgWindow)
       constructor Init(Papa:PWindowsObject;Titel:PChar);
       procedure SetupWindow; virtual;
       function CanClose:boolean; virtual;
       end;

var  Lock           : TLock;
     passWd, name   : array[0..48] of char;
     lTime          : array[0..7] of char;
     oType          : integer;
     oID,X          : longint;
     cNum           : word;



function VerifyPassword(ObjName:PChar;ObjType: Word;
                        PassWd: PChar): Word; far;
                        external 'NWCONN' index 17;

function GetConnectionInfo(Num:word; ObjName: PChar;
                        var ObjType: integer;
                        var ObjID: longint;
                        LoginTime: Pchar): word; far;
                        external 'NWCONN' index 9;

function GetConnectionNumber:word; far;
                        external 'NWCONN' index 10;

procedure TLockFenster.SetUpWindow;
  begin
  TDialog.SetUpWindow;
  { Novell Connection-Nummer ermitteln }
  Cnum:=GetConnectionNumber;
  { Usernamen ermitteln }
  X:=GetConnectionInfo(CNum,name,oType,OID,LTime);
  If X<>0 then CloseWindow else
    { Vorbesetzen des Usernamens }
  SetDlgItemText(HWindow,102,name);
  end;

function TLockFenster.CanClose;
  var  d    : TDialog;
       PwOK : word;
  begin
  { Passwort auslesen }
  GetDlgItemText(HWindow,104,PassWd,48);
  SetDlgItemText(HWindow,103,'Prüfe Passwort...');
  PwOK:=VerifyPassword(name,oType,passWd);
  SetDlgItemText(HWindow,103,'PC ist verschlossen!');
  If PwOK=0 then CanClose:=true else CanClose:=false;
  end;
```

```
constructor TLockFenster.Init;
 begin
  TDlgWindow.Init(nil,'DIALOG_2');
 end;

procedure TLock.InitMainWindow;
 begin
  MainWindow:=New(PLockFenster,Init(nil,'Lock!'));
 end;

var Msg:TMsg;

begin
 Lock.Init('Lock');
 Lock.Run;
 Lock.Done;
end.
```

Beachten Sie für ähnliche Projekte bitte, daß das Dialogtemplate in der Ressource unbedingt das Arrtibut *modal* bekommen muß. Vergessen Sie das, so kann man vom Verriegelungsprogramm über ALT–TAB oder ALT–ESC in eine andere Applikation wechseln und der Schutz ist wirkungslos! Setzen Sie bei der Eingabezeile für das Paßwort den Windows 3.1–Stil *Paßwort*, der automatisch Sternchen an Stelle der eingegebenen Zeichen anzeigt.

14.3 Logging und Konsole einsetzen

Programme im Netzwerk bedeuten in der Regel auch, irgendwelche Leistungen einer Gruppe von BenutzerInnen zur Verfügung zu stellen. Damit verbunden ist oft auch die Problematik, daß man bei sicherheitsrelevanten Projekten nachvollziehen können muß, wer wann welche Operation durchgeführt hat.

Derartige *Logs* sind bei Mini– und Großrechnern üblich. Im PC–Netzwerk unter Novell gibt es ähnliche Logs, die jedoch nur Systemfunktionen wie falsche Paßworteingabe oder das Öffnen der *Binderies* betreffen.

Derartige Ereignisse werden zum einen in der System–Logdatei NET$LOG.SYS mitgeführt als auch (zum Teil) an der Serverkonsole angezeigt. Letztere dient bei größeren Netzen, die einen sogenannten *Operator* haben auch dazu, Mitteilungen über einen benötigten Service zu übergeben. Ein Operator ist eine Person, die z.B. Ausdrucke in Fächer einordnet, Papier nachlegt oder auch angeforderte CDs in Laufwerke legt.

Angenommen Sie entwickeln ein Programm im Netz, welches auf verschiedene dieser Services angewiesen ist. Ersparen Sie doch den AnwenderInnen zum Telefon zu greifen und geben Sie die Nachricht direkt an die Systemkonsole weiter!

Sowohl das Schreiben in die (für alle nicht–Supervisor unzugängliche) Log–Datei NET$LOG.SYS als auch das Anzeigen von Nachrichten auf der Systemkonsole ist trivial. Das folgende kleine Beispielprogramm sendet die Nachricht *Bitte CD XYZ einlegen* an die Konsole und schreibt *Zugang zu Datenbank XYZ erfragt* in die System–Logdatei.

Beides sollten Sie bei eigenen Anwendungen noch um die User–ID ergänzen, um so jeden kritischen Vorgang nachvollziehbar zu machen. Diese Angabe erhalten Sie über die in den letzten Abschnitten eingesetzte Funktion *GetConnectionInfo*.

```
program Messages;

uses WinCRT, WinTypes, WinProcs, Strings;

type PCBuffer  = ^TCBuffer;
     TCBuffer  = array[0..1024] of word;
     PRBuffer  = ^PRBuffer;
     TRBuffer  = array[0..1024] of byte;


function BroadCastToConsole(m:PChar):integer; far;
         external 'NWMSG' index 4;

function LogNetworkMessage(m:PChar):integer; far;
         external 'NWMSG' index 12;

function GetConnectionNumber:word; far;
                            external 'NWCONN' index 10;

var s:              array[0..100] of char;
    Connection : word;

begin
 Connection:=GetConnectionNumber;
 wvsPrintf(s,'Von Station %d: Bitte CD XYZ einle-
gen!',Connection);
 writeln('Sende Nachricht ''',s,''' an die Konsole');
 BroadCastToConsole(s);
 wvsPrintf(s,'Station %d: Zugang zu Datenbank XYZ er-
fragt',Connection);
 Writeln('Schreibe Nachricht ''',s,''' in NET$LOG.SYS');
 LogNetworkMessage(s);
end.
```

14.4 Screensaver mit Novell-Zugriffsschutz

In Arbeitsgruppen, in denen verschiedene Personen durchaus den PC einmal wechseln, sind PC-bezogene Paßworte im Bildschirmschoner unter Umständen fatal. Wenn man das Paßwort an einem fremden PC nicht kennt und dieser während eines Telefonats *anspringt,* so sind alle nicht gespeicherten Daten so ziemlich verloren, da man den Schutz nur durch einen Neustart des PCs deaktivieren kann.

In meiner Praxis sind mir derartige Fälle mehrfach untergekommen, und es entstand daher die Notwendigkeit, eine Alternative zu finden, die das Paßwort des jeweils angemeldeten Users erfragt. Im vorletzten Abschnitt (*Novell Paßwortabfrage nutzen*) hatten wir bereits die Elemente der Paßwortprüfung behandelt. Diese gilt es nun, in einen Screensaver einzubauen. Ich verzichte hier auf die Darstellung der prinzipiellen Funktionen eines Screensavers, da diese im zwölften Kapitel ausführlich behandelt wurden. Dort hatte ich auch schon auf die Stelle hingewiesen, an der man einen Paßwortschutz einbauen kann.

Was benötigt man an zusätzlichen Objekten und Routinen ?

Wir benötigen drei Funktionen aus den Novell-DLLs:

```
function VerifyPassword(ObjName:PChar;ObjType: Word;
                        PassWd: PChar): Word; far;
                        external 'NWCONN' index 17;

function GetConnectionInfo(Num:word; ObjName: PChar;
                    var ObjType: integer;
                    var ObjID: longint;
                    LoginTime: Pchar): word; far;
                    external 'NWCONN' index 9;

function GetConnectionNumber:word; far;
                    external 'NWCONN' index 10;
```

Anschließend müssen wir einen Dialog definieren, der die Paßwortabfrage durchführt.

```
PPasswdDlg = ^TPasswdDlg;
TPasswdDlg = object(TDialog)
  procedure SetupWindow; virtual;
  procedure OK(var msg:TMessage);
            virtual ID_First+ID_OK;

end;
```

Die Implementierung der dazugehörigen Methoden können wir teilweise
aus dem vorletzten Abschnitt übernehmen. Hier kommt *GetConnectionInfo*
wieder zum Einsatz, um anzuzeigen, wessen Paßwort verlangt ist. Auch
hier gelten die gleichen Regeln für die Stile des Dialogs und auch der
Eingabezeile.

```
procedure TPasswdDlg.SetUpWindow;
  begin
  TDialog.SetUpWindow;
  { Vorbesetzen des Usernamens }
  SetDlgItemText(HWindow,101,name);
  end;


procedure TPasswdDlg.OK;
  begin
  { Passwort auslesen }
  GetDlgItemText(HWindow,102,PassWd,48);
  { OK signalisieren }
  EndDlg(ID_OK);
  end;
```

Für die Kommunikation mit den DLLs von Novell müsen wir mehrere
Variablen einführen. Die User–ID wird bei Mausbewegung oder der
Betätigung einer Taste ermittelt und anschließend der Dialog mit der
Paßwortabfrage angezeigt. Die dazugehörigen Befehle werden als
Ergänzung in *defWndProc* eingebaut.

```
var   passWd, name : array[0..48] of char;
      lTime        : array[0..7] of char;
      oType        : integer;
      oID          : longint;
      cNum         : word;


var D    : TDialog;
    PD   : TPasswdDlg;
    X,OK : word;
    NonBlankEvent: boolean;

procedure TSaveWin.defWndProc;
  begin
  NonBlankEvent:=false;
  case  msg.Message  of
   WM_activate,
   WM_activateApp: if ( msg.WParam = 0 ) then begin
                       TWindow.DefWndProc(Msg);
                       exit;
                       end;

   WM_keyDown,
   WM_sysKeyDown,
   WM_lButtonDown,
```

```
    WM_rButtonDown: NonBlankEvent:=true;

    { Bei Mausbewegungen müssen wir prüfen, ob wirklich
      die Position verändert wurde. Außerdem muß die erste
      WM_MouseMove-Message verworfen werden }

    WM_MouseMove:
        if (makePoint(msg.LParam).x<>mouse.x) or
           (makepoint(msg.LParam).y<>mouse.y) then
            if second then NonBlankEvent:=true else
               second:=true;

    end;
  if Discard and NonBlankEvent then begin
    NonBlankEvent:=false;
    Discard:=false;
    end;
  If NonBlankEvent then begin
    { Novell Connection-Nummer ermitteln }
    Cnum:=GetConnectionNumber;
    { Usernamen ermitteln }
    X:=GetConnectionInfo(CNum,name,oType,OID,LTime);
    If X<>0 then
      PostMessage(HWindow, WM_Close,0,0)
    else begin { Im Netz angemeldet }
      PD.Init(@self,'DIALOG_2');
      X:=PD.execute;
      PD.done;
      if (X=ID_OK) then begin
          D.Init(@self,'DIALOG_4');
          D.create;
          OK:=VerifyPassword(name,oType,passWd);
          D.Done;
          If OK=0 then
            PostMessage(HWindow, WM_Close,0,0)
          else begin
            D.Init(@self,'DIALOG_3');
            D.Execute;
            D.Done;
            Discard:=true;
            end;
          end;
      end
    end;
  TWindow.DefWndProc(msg);
end;

procedure TSaveWin.WMSyscommand;
 begin
  if (msg.wParam and $FFF0)=$F140 then
    msg.Result := 1
  else
    defWndProc(Msg);
 end;
```

Ist man nicht im Netzwerk angemeldet, so wird die gesamte
Paßwortabfrage übersprungen. Hier könnte man durchaus einen anderen
Weg einschlagen und statt des Novell–Paßwortes ein irgendwo konfigu-
riertes Standardpaßwort verwenden. In einem Netzwerk wird man jedoch in
der Regel Windows so installieren, daß es ohne eine Netzwerkverbindung
nicht lokal gestartet werden kann.

Im obigen Beispiel kommen noch zwei weitere Dialoge zum Tragen, nämlich ein nicht modaler Dialog, der die laufende Prüfung des Paßwortes anzeigt und einer, der dann erscheint, wenn ein falsches Paßwort eingegeben
wurde. Die Anzeige der laufenden Prüfung ist deshalb sinnvoll, weil diese
Überprüfung in einem großen Netzwerk mit vielen BenutzerInnen durchaus
einige Sekunden dauern kann.

Wird nicht das korrekte Paßworte eingegeben, so erscheint ein Dialog, der
mit OK bestätigt werden muß. Um zu verhindern, daß die Betätigung der
OK–Button wieder als Auslöser für die Paßwortabfrage gewertet wird, wird
hier eine Variable *Discard* auf den Wert *True* gesetzt, die unmittelbar folgende Maus– oder Tastaturevents verwirft.

```
if Discard and NonBlankEvent then begin
   NonBlankEvent:=false;
   Discard:=false;
   end;
If NonBlankEvent then begin
   ...
      { Paßwortabfrage und Prüfung }
   ...
   end
     else begin
        D.Init(@self,'DIALOG_3');
        D.Execute;
        D.Done;
        Discard:=true;
        end;
     end;
   end
  end;
TWindow.DefWndProc(msg);
end;
```

14.5 Transacton Tracking

Ein Horror aller DatenbankbetreiberInnen ist der Absturz des Systems mitten in einer Transaktion, der zur Inkonsistenz des Datenbestandes und damit zu extremen Problemen führen kann. Ist beispielsweise der Datensatz gerade geschrieben, eine dazugehörige Verknüpfung zu anderen Relationen jedoch noch nicht, so wird es schwierig, diesen Fehler zu korrigieren. Noch empfindlicher sind Transaktionen, wie sie beispielsweise im Bankgeschäft beim beleglosen Geldverkehr duch Datenträgeraustausch von statten gehen.

Stellen Sie sich vor, Ihre Überweisung ist zur Hälfte getätigt – der Betrag wird Ihrem Konto belastet, durch einen Systemfehler jedoch nicht dem Gegenkonto gutgeschrieben. Der Effekt wäre recht unangenehm für Sie und auch die Bank. Die Bank könnte noch froh sein, da so ihre Gewinne steigen würden. Würde man aber erst gutschreiben und dann belasten, sähe ein Absturz für die Bank und auch die KundInnen anders aus.

In einem Novell–Netzwerk (Version 3.11, leider nicht 2.2) können Sie solche Fälle sicher ausschließen, da es über ein sogenannten *Transaction Tracking System* verfügt. Dieses System speichert den Zustand vor einer bestimmten Transaktion und vermag **automatisch** in diesen Zustand *zurück zu fahren*, wenn die Transaktion durch einen Systemfehler nicht abgeschlossen werden konnte.

Sie können dies Feature jeder selbstentwickelten Applikation spendieren, da sich der Einsatz auf wenige Kommandos beschränkt. Folgende Funktionen der Novell–DLLs werden dabei eingesetzt:

```
function TTSBegin:integer; far;
       external 'NWTTS' index 5;

function TTSEnd(var ID:longint):integer; far;
       external 'NWTTS' index 6;

function TTSAvail:integer; far;
       external 'NWTTS' index 10;
```

Alle drei finden sich in der DLL *NWTTS.DLL*. Bevor Sie *Transaction Tracking* verwenden, müssen Sie prüfen, ob es überhaupt zur Verfügung steht:

```
If TTSAvail = 0 then TTS:=false else TTS:=true;
```

Über diese boolesche Variable TTS können Sie im Programm entscheiden, ob Sie entsprechende Routinen aufrufen oder nicht. Vor Beginn einer kritischen Transaktion veranlassen Sie Novell dazu, den aktuellen Zustand zu sichern und diesen wieder herzustellen, wenn die Operation durch einen Systemfehler unterbrochen wurde:

```
If TTS then TTSBegin;
```

Nun folgt die komplizierte (Geld–) Transaktion. Ist diese abgeschlossen, so wird die Transaktion als beendet angesehen und dem Server mitgeteilt, daß er die Notizen über den ursprünglichen Zustand vergessen kann.

```
If TTS then TTSEnd( ID );
```

Die bei diesem Kommando zurückgelieferte ID entspricht einer eindeutigen Kennung für die ausgeführte Transaktion. Es ist in einem Novell Netzwerk schwierig genug, überhaupt Systemfehler zu provozieren. Einen Absturz so zu provozieren, daß eine Transaktion unterbrochen wird, ist sicherlich noch schwieriger. Wenn Sie trotzdem ein wenig mit Reset–Knöpfen experimentieren und so das TTS von Novell 3.11 prüfen wollen, so können Sie dafür das folgende kleine Programm nutzen, welches natürlich auch auf der Diskette zum Buch vorliegt.

```
{ ----------------------------------------------
      Verwenden des Transaction Tracking
         auf einem Novell 3.11 Server

   von Michael Schumann für Vieweg Verlag
  -------------------------------------------- }

program ttsdemo;

uses winprocs, wintypes, wincrt, windos;

function TTSBegin:integer; far;
        external 'NWTTS' index 5;

function TTSEnd(var ID:longint):integer; far;
        external 'NWTTS' index 6;

function TTSAvail:integer; far;
        external 'NWTTS' index 10;


const Name = 'm:\test.tts';

var f: text;
    i: integer;
    ID: longint;
    tts : boolean;
```

```pascal
begin
 writeln('TTS-Demo');
 If TTSAvail = 0 then begin
    writeln('TTS nicht verfügbar!');
    TTS:=false;
    end else TTS:=true;
 assign(f,name);
 rewrite(f);
 writeln(f,'erster satz - komplett');
 close(f);
 { Hier beginnt die Transaktion }
 If TTS then TTSBegin;
 append(f);
 for i:=1 to 30000 do
    writeln(f,'Satz nummer ',i);
 close(f);
 If TTS then TTSEnd(ID);
 end.
```

15 Windows Interna

Dieses Kapitel hätte man auch mit *Vermischtes* überschreiben können –
dies hätte jedoch ein wenig seltsam geklungen, denn hier geht es um die
schöne Welt der Windowsprogrammierung.

Dateien dekomprimieren, DOS–Interrups aufrufen, DOS–Speicher ansprechen und riesige Speicherblöcke (>64 KBytes) einsetzen, das sind einige der Themen dieses Kapitels. Sicher ist auch für Sie etwas schon lang
Gesuchtes dabei.

15.1 Dekompression mit LZExpand

Im dritten Kapitel hatte ich das Tool *COMPRESS* angesprochen, welches
zum Lieferumfang des SDK und auch von Borland Pascal gehört. Leider
wird es dem TPW–Paket nicht beigelegt. Daher sollte man sich als TPW–
BenutzerIn das SDK von Microsoft anschaffen oder das Komprimieren von
jemandem durchführen lassen, der das SDK oder BPW besitzt.

Die Dekompressionsroutinen befinden sich in einer Unit namens
LZExpand. Eine der am wichtigsten benötigten Funktionen dieser Unit
dürfte das Expandieren einer oder mehrerer Dateien sein, welches im folgenden einmal durchgeführt werden soll.

Wie bei vielen Windows–Dateifunktionen wird auch bei *LZExpand* mit
Dateihandles gearbeitet, die man über spezielle Funktionen zum Öffnen einer Datei erhält. Hier kann man also nicht mit den Pascal–Funktionen zur
Dateibehandlung arbeiten, weder für die Quelldatei noch für die Zieldatei.
Die Quelldatei wird über eine spezielle Funktion aus *LZExpand* geöffnet,
während die Zieldatei als völlig normale Datei über die Windowsfunktion
angelegt und geöffnet wird. Zum Öffnen einer Datei benötigt man zusätzlich eine Struktur vom Typ *TOFStruct*, die jedoch nur dann interessant ist,
wenn man die gleiche Datei später noch einmal öffnen will.

```
SFile:=LZOpenFile('LZDEMO.EX~',OS,of_read);
...
DFile:=_lcreat('LZDEMO1.EXE',0);
```

Beide Funktionen liefern ein Dateihandle zurück, welches für den eigentlichen Kopiervorgang benötigt wird. Dieser wird wieder über eine Funktion aus *LZExpand* durchgeführt:

```
Result:=LZCopy(SFile,DFile);
```

Der Rückgabewert dieser Funktion ist negativ, wenn der Kopiervorgang nicht korrekt ausgeführt werden konnte. Sonst enthält er die Anzahl der kopierten Bytes. Ein positiver Wert ist also immer ein Zeichen dafür, daß der Kopiervorgang keine Probleme verursachte. Hier ein Beispiel, welches die komprimierte Datei *LZDEMO.EX˜* im aktuellen Verzeichnis zu der Datei *LZDEMO1.EXE* expandiert.

```
{ ---------------------------------------------
         Dekompression mit LZExpand

   von Michael Schumann für Vieweg Verlag
  --------------------------------------------- }

program LZDEMO;

{$IFDEF VER15}
uses WinProcs, WinTypes, WinCRT, WObjects, LZExpand;
{$ELSE}
uses WinProcs, WinTypes, WinCRT, Objects, LZExpand;
{$ENDIF}

var OS:            TOFStruct;
    SFile,
    DFile,Result: integer;

begin
 writeln('Dieses Programm expandiert die komprimierte Datei
LZDEMO.EX˜');
 writeln('in die Datei LZDEMO1.EXE. Eine eventuell vorhandene
Datei wird');
 writeln('ohne Rückfrage überschrieben! Wollen Sie fortfahren
(J/N)?');
 while keypressed do readkey;
 if Upcase(readkey) <> 'J' then halt(1);
 { Quelldatei öffnen }
 SFile:=LZOpenFile('LZDEMO.EX˜',OS,of_read);
 If SFile<0 then begin
   writeln('Quelldatei kann nicht geöffnet werden!');
   halt(1);
  end;
 { Zieldatei öffnen }
 DFile:=_lcreat('LZDEMO1.EXE',0);
 If DFile<0 then begin
   writeln('Zieldatei kann nicht angelegt werden!');
   halt(1);
  end;
```

```
{ Nun kopieren und expandieren wir }
 Result:=LZCopy(SFile,DFile);
 If Result < 0 then
   writeln('Datei konnte nicht kopiert bzw. expandiert wer-
den!')
 else
   writeln('Datei wurde korrekt expandiert.');
 { Dateien wieder schließen }
 _lclose(DFile);
 _lzclose(SFile);
end.
```

15.2 Windows ruft DOS-Interrupt

Wenn auch Windows nahezu für jeden Zweck entsprechende Funktionen zur Verfügung stellt, kann es immer wieder vorkommen, daß man einen DOS- oder BIOS-Interrupt aufrufen muß. Die Interrupts 21h und auch 13h können Sie von TPW oder BPW aus einfach über folgendes Statement aufrufen:

```
var R:TRecgisters;
...
intr($13,R);
...
```

Diese Interrupts werden vom Windows-System direkt unterstützt und können daher auch direkt aufgerufen werden. Anders sieht es jedoch bei den vielen BIOS-Interrupts aus, die bei Verwendung des oben genannten Kommandos sofort zu einer Schutzverletzung führen. Der Grund dafür liegt wieder einmal darin, daß Windows im Protected Mode läuft und DOS- bzw. BIOS-Routinen nur im Real-Modus ausgeführt werden können. Der Ansprung einer absoluten Adresse, die über das *Intr*-Kommando bewirkt wird, führt ins Leere.

Das DPMI ist der Schlüssel zum Real-Modus von Windows aus, so wie es auch den Zugang eines DOS-Programms zum Protected Mode ermöglicht. Diese DPMI-Funktionen können nur direkt in Assembler programmiert werden, da die *Hüllen* der Pascal-Prozeduren und -Funktionen, der Start- und Endcode, zu Problemen führen.

Nur wenige Zeilen Assembler können das DPMI anweisen, einen DOS-Interrupt aufzurufen und dabei dafür Sorge zu tragen, daß keine Schutzverletzung entsteht. Das DPMI wird über den Interrupt *31h* angesprochen, dieser Interrupt kann natürlich problemlos aufgerufen werden. Die Funktion *03h* steht dabei für den Aufruf eines Real-Mode Interrupt. Im

BX–Register ist die Nummer des Interrupt anzugeben und ES:DI erhalten einen Zeiger auf eine Registerstruktur, die sämtliche Prozessorregister enthält. Nur über diese Struktur ist der Datenaustausch mit dem Interrupt möglich:

```
type
   TDOSRegisters=record
          DI,SI,BP,Dummy,BX,DX,CX,AX           : longint;
          Flags,ES,DS,FS,GS,IP,CS,SP,SS         : word;
```

Im folgenden finden Sie ein Programmbeispiel, welches die CMOS–Uhr über den Interrupt 01Ah ausliest und die aktuelle Zeit anzeigt. Die Zeit liegt im Register CX im sogenannten BCD–Format vor, wobei CL und CH je zwei Ziffern enthalten. Jeweils vier Bit eines Teilregisters verkörpern eine Dezimalziffer.

Die Prozedur *RunInterrupt* können Sie direkt aus diesem Programm in eigene Applikationen übernehmen, da sie universell ausgelegt ist.

```
{ ------------------------------------------------
    Aufrufen von DOS und BIOS Interrupts
            über das DPMI

    von Michael Schumann für Vieweg Verlag
  ------------------------------------------------ }

program IntrTest;

{$IFDEF VER15}
uses WinProcs, WinTypes, WinCRT, WObjects, LZExpand;
{$ELSE}
uses WinProcs, WinTypes, WinCRT, Objects, LZExpand;
{$ENDIF}

type
  PDOSRegisters=^TDOSRegisters;
  TDOSRegisters=record
          DI,SI,BP,Dummy,BX,DX,CX,AX           : longint;
          Flags,ES,DS,FS,GS,IP,CS,SP,SS         : word;
       end;

procedure RunInterrupt(N:word; Regs:PDosRegisters);assembler;
  asm
     push di
     push es
     xor  cx,cx
     mov  bx,N
     les  di,Regs
     mov  ax,$0300
     int  31h
     pop  es
```

```
   pop   di
 end;


var r:TDosRegisters;

begin
 r.AX:=$0200; { AH:=2 }
 { Interrupt für PC-CMOS-Uhr auslesen }
 RunInterrupt($1A,@r);
 { Daten kommen im BCD-Format, also pro Byte eine Ziffer }
 Writeln('Die PC-Uhr sagt, daß es ',
         Hi(r.CX) div 16,
         Hi(r.CX) mod 16,':',
         Lo(r.CX) div 16,
         Lo(r.CX) mod 16,' Uhr ist');


end.
```

15.3　Zugriff auf die ersten 64 K und BIOS

Absolute Adressen sind, das hat auch der letzte Abschnitt gezeigt, ein echtes Tabu unter Windows. Daher ist der Zugriff auf den Speicher auch nicht problemlos möglich. In einem Windowsprogramm kommt man in der Regel um direkte Adressierung herum, in dem man intensiven Gebrauch von den Funktionen macht, die Windows für das Speichermanagement anbietet.

Windows 3.1 ist jedoch leider kein Betriebssystem und benötigt immer noch viele Routinen des darunter liegenden Betriebssystems DOS, welches ausschließlich für den Real–Mode des Prozessors gedacht ist. Im Vergleich zum Protected Mode, in dem Windows abläuft, hat DOS nur einen Bruchteil der Prozessorleistung eines 80386 oder 80486 Prozessors zur Verfügung. Die Begrenzung des Adressraums auf 1MB, die durch die mangelnde Weitsichtigkeit der IBM–Entwickler durch die Positionierung des Bildschirmspeichers noch auf 640 KByte eingeschränkt wurde, sowie die mangelnde Verfügbarkeit von Schutzmechanismen für Speicherbereiche verschiedener Module hatten unter DOS harte Grenzen gesetzt.

Windows und DOS müssen kooperieren und das geht erstaunlich gut. Die für die Performance kritischen Routinen wurden in Windows 3.1 neu implementiert und laufen daher auch im Protected Mode ab. Einige Kleinigkeiten jedoch bleiben ganz allein dem DOS und BIOS vorbehalten, und da gibt es außerdem noch die DOS–Variablen im Segment 040h, die z.B. die Portadressen der seriellen und parallelen Schnittstellen enthalten. Wie kann man auf diese Speicherbereiche zugreifen?

Statt Segmenten gibt es unter Windows nur die sogenannten *Selektoren*. Dies sind Zeiger, die in einer Tabelle (der Deskriptortabelle) auf eine echte physikalische Adresse zeigen, die jedoch dem Kommando, das diesen Selektor verwendet, völlig unbekannt ist. Wenn man also einen Segmentwert angibt, statt sich einen Selektor zu *besorgen*, so kann dieser auf irgend einen Eintrag in der Tabelle zeigen, der entweder nicht definiert oder für diese Applikation nicht gültig ist. Die Konsequenz: Eine Schutzverletzung, die zum sofortigen Abbruch des Programms führt.

Im Modul KERNEL werden drei recht interessante Selektoren definiert, die allerdings seitens Microsoft nicht dokumentiert sind. Es sind die wichtigsten Selektoren für die Kommunikation mit DOS:

__0000h:　　　　　Die ersten 64 KByte des Speichers.

__0040h:　　　　　Das DOS–Variablensegment (dieser Selektor ist redundant).

__ROMBIOS:　Das BIOS im Segment 0F000h.

Für ProgrammiererInnen ist die Verwendung dieser Selektoren recht einfach, da sie leicht als Dummyfunktionen in KERNEL definiert werden können und deren Offset wiederum statt des von der DOS–Programmierung gewohnten Segments anzugeben ist.

Der Speicher selbst läßt sich am besten ansprechen, indem man dem Selektor:Offset–Zeiger einen besonderen Datentypen zuweist, nämlich einen Zeiger auf ein *Array of byte*. Dies kann auch über *mem[]* geschehen.

Obwohl die hier geschilderten Selektoren undokumentiert sind, können sie gefahrlos eingesetzt werden. Sehr viele populäre Windowsprogramme wie Norton Desktop oder PCTools für Windows arbeiten damit und man kann erwarten, daß sie irgendwann seitens Microsoft dokumentiert werden. Dies ist auch mit vielen anderen, in älteren Windowsversionen undokumentierten Funktionen geschehen.

Hier ein Beispiel für den Einsatz des Selektors __0000 für das Auslesen der Portadressen von parallelen und seriellen Schnittstellen:

```
{ ---------------------------------------------
         Ansprechen von DOS-Speicher in den
                unteren 64 KBytes

   von Michael Schumann für Vieweg Verlag
  --------------------------------------------- }

program Test64K;

{$IFDEF VER15}
uses WinProcs, WinTypes, WinCRT, WObjects, LZExpand;
{$ELSE}
uses WinProcs, WinTypes, WinCRT, Objects, LZExpand;
{$ENDIF}

procedure __0000H; far; external 'KERNEL';

var Adr,i : word;
    s     : array[0..30] of char;

begin
  { Adressen der seriellen Schnittstellen auslesen }
  For i:=0 to 3 do begin
   adr:=Mem[ofs(__0000H):i*2+$400];
   If adr=0 then writeln('RS323 Port ',i,' nicht instal-
liert!')
    else begin
     wvsprintf(s,'0%Xh',adr);
     writeln('RS323 Port ',i,' bei ',s);
    end;
  end;
  { Adressen der parallelen Schnittstellen auslesen }
  For i:=0 to 2 do begin
   adr:=Mem[ofs(__0000H):i*2+$408];
   If adr=0 then writeln('Centronics Port ',i,' nicht instal-
liert!')
    else begin
     wvsprintf(s,'0%Xh',adr);
     writeln('Centronics Port ',i,' bei ',s);
    end;
  end;
end.
```

Auf meinem Rechner ergab sich dabei folgendes Bild, was im Bezug auf die Parallelschnittstellen 1 und 2 nicht korrekt ist. Hier geraten auch manche kommerzielle Programme ins Schleudern, wenn eine bestimmte Netzwerkkarte im Rechner eingebaut ist. Die in diesem PC eingebaute NE1000 veranlaßt das BIOS beim Power On Self Test (POST) zu der Annahme, es seien drei Druckerports eingebaut. In Wirklichkeit ist es nur einer.

```
(Inactive S:\BP\BUCH\KAP15\TEST640K.EXE)
RS323 Port 0 nicht installiert!
RS323 Port 1 bei 0E8h
RS323 Port 2 nicht installiert!
RS323 Port 3 nicht installiert!
Centronics Port 0 bei 078h
Centronics Port 1 bei 0BCh
Centronics Port 2 bei 0BCh
```

Abbildung 15.1 Adressen der seriellen Ports ausgelesen

15.4 Zugriff auf den ganzen DOS-Speicher

Über die KERNEL-Selektoren __0000h, __0040h und __ROMBIOS kann auf bestimmte Bereiche des DOS-Speichers zugegriffen werden, nämlich auf das erste und das letzte Segment in den ersten 1 MByte des Adreßraums. Wenn man beispielsweise mit einem DOS-TSR-Programm von WINDOWS aus kommunizieren will, so ist dies mit diesen Selektoren nicht möglich, da ein Anwendungsprogramm kaum in eines dieser Segmente geladen wird.

Ein TSR-Programm, welches vor Windows über ein Kommando in AUTOEXEC.BAT gestartet wird, wird etwa im zweiten oder dritten Segment zu finden sein. Um auf diesen Bereich zuzugreifen, benötigt man einen neuen Selektor. Auch hier hilft wieder das DPMI weiter, da es die Definition beliebiger Selektoren erlaubt. Beachten Sie aber bitte, daß nur ein bestimmtes Kontingent an Selektoren unter Windows zur Verfügung steht und man daher sehr sparsam mit eigenen Selektoren umgehen muß.

Um auf das Beispiel einer Kommunikation mit einem DOS-TSR-Programm zurück zu kommen – wie erhält man beispielsweise Zugriff auf einen Datenbereich dieses TSR-Programms?

Das TSR sollte als DOS-Programm einen freien Interrupt belegen, in dem es beispielsweise zunächst sein Vorhandensein über einen speziellen Wert in AX (z.B. 1234h) mitteilt und in einem anderen Registerpaar wie ES:DI die Adresse des Datenbereichs für den Austausch zurückliefert. Mit den im letzten Abschnitt geschilderten Methoden ruft man nun von Windows aus diesen Interrupt auf und übergibt in AX den Wert 0.

Ist das TSR–Programm nicht vorhanden, so besteht die ISR–Routine nur aus einem IRET–Befehl und man erhält so in AX den Wert 0 als Resultat, an dem zu erkennen ist, daß das TSR–Programm nicht vorhanden und der Zeiger in ES:DI ungültig ist. Findet sich hingegen der vereinbarte Wert 1234h, so kann der Zeiger ausgewertet werden. Dabei ist nun ein Selektor zu erzeugen, der für das ermittelte Segment gilt. Das DPMI stellt hierfür die Funktion 2 des Interrupt 31h zur Verfügung, die aus einem Segmentwert einen Selektor erzeugt.

Im folgenden Beispiel wird ein Selektor für das BIOS–Segment erzeugt. Natürlich sollte man für Zugriffe auf das BIOS den von KERNEL zur Verfügung gestellten Selektor *__ROMBIOS* einsetzen. Hier geht es um die Demonstration der Methode, einen Selektor für ein beliebiges Segment in den ersten 1 MByte des Adreßraumes zu erzeugen, daher lesen wir einfach einmal das Datum des BIOS aus. Das Beispiel TEST640K finden Sie selbstverständlich auch auf der Diskette zum Buch.

```
{ ------------------------------------------------
        Ansprechen von DOS-Speicher in den
             unteren 640 KBytes

     von Michael Schumann für Vieweg Verlag
  ------------------------------------------------ }
program Test640K;

{$IFDEF VER15}
uses WinProcs, WinTypes, WinCRT, WObjects, LZExpand;
{$ELSE}
uses WinProcs, WinTypes, WinCRT, Objects, LZExpand;
{$ENDIF}


var selector,i: word;

function CreateSelector(Segment:word):word; assembler;
  asm
     push di
     push es
     mov  bx,Segment
     mov  ax,$0002
     int  31h
     pop  es
     pop  di
  end;
```

```
begin
 { Auslesen des BIOS-Datums }
 { Ist auch über den Selektor __ROMBIOS möglich, siehe
TEST64K.PAS }
 selector:=CreateSelector($F000);
 write('Das Datum des BIOS dieses PC ist:');
 For i:= $FFF5 to $FFFC do
   write(char(mem[selector:i]));
 writeln;
end.
```

Abbildung 15.2 Datum des BIOS ausgelesen

15.5 Große Speicherblöcke ansprechen

Große Speicherblöcke, das bedeutet hier Speicherbereiche, die größer als 64 KBytes sind. Diese Blöcke können natürlich nicht mehr als globale Variablen vereinbart werden, da diese zusammen nur ein Segment, also etwa 60 KByte, belegen können. Also allokiert man den Speicher dynamisch.

Die Funktionen *GetMem* und *FreeMem* eignen sich für diesen Job leider nicht, da auch sie nur Blöcke allokieren können, die in ein Segment (64 KByte) passen. Es gibt aber noch den riesigen Heap, der viele Megabytes zur Verfügung stellt und dieser kann nur über entsprechende Windowsfunktionen angesprochen werden: *GlobalAlloc* ist das Zauberwort, mit dem man nahezu beliebig große Speicherbereiche für eine Applikation belegen kann. Diese können sich durchaus auch über ein Megabyte erstrecken.

Wenn man mit *GlobalAlloc* Speicher anfordert, so bekommt man zunächst ein Handle, da Windows die Verwaltung des globalen Speichers übernimmt und Blöcke beliebig verschieben und auslagern kann. Für den Zugriff auf die Bytes des Blocks müssen wir einen Pointer anfordern und damit den

Speicherblock sperren. Der Pointer (Selektor:Offset), den wir dabei erhalten, zeigt auf das erste Byte des Blocks und ist über folgenden
Funktionsaufruf zu erhalten:

```
MemHandle:=GlobalAlloc(gmem_Moveable,MemSize);
MemoryBlock:=GlobalLock(MemHandle);
```

Für die ersten Bytes dieses Blocks könnte man nun diesen Zeiger in einen
Zeiger auf ein Byte–Array verwandeln und so bequem über einen Index
arbeiten:

```
type    TMemBlock=array[0..65534] of byte;
...
For i:=0 to 10000 do
      TMemBlock(MemoryBlock^)[i]:=123;
...
```

Auf diese Art können jedoch nur die ersten 64 KByte angesprochen werden, da TPW für Arrays maximal ein Wort als Index erlaubt. Dies hat gerade unter Windows seinen Grund, da im Protected Mode das Inkrementieren
von Zeigern nicht problemlos möglich ist. Hier werden keine Segmente,
sondern Selektoren angegeben, die zusammen mit dem Offset eine gültige
Adresse erzeugen. Bleibt man innerhalb eines Segments, so kann man sich
auf das Inkrementieren eines Indexwertes beschränken, indem man den
Speicherblock als Array definiert, und man riskiert keine Schutzverletzung.
Glücklicherweise liefert die Funktion *GlobalLock* immer einen Zeiger,
dessen Offset den Wert 0 hat. Dies erleichtert die Zeigerarithmetik erheblich. Man inkrementiert den Offsetwert bis zur Segmentgrenze und kann so
exakt 64 KBytes überstreichen. Wie aber kommt man zu einem neuen
Selektor, wenn der Offset die Segmentgrenze erreicht?

Im Real–Modus erhöht man einfach den Segmentwert um 1/16 des Wertes,
um den der Offset vermindert wird. Springt der Offset bei Erreichen der 64
KByte (65536 Bytes) wieder auf 0, so würde man den Segmentwert um
4096 erhöhen und damit den Gesamtzeiger auf den Anfang des nächsten
Segments positionieren. Dies funktioniert natürlich auch mit kleineren
Werten. Der Offset könnte nach 16 Bytes wieder auf 0 springen und der
Segmentwert müßte um 1 erhöht werden. Die folgende Abbildung zeigt den
Zusammenhang zwischen Offset, Selektor und der Adresse als Resultat.

Pointer:	04BA:3219
Selektor:	04BA
Offset:	+ 3219
Adresse:	07DB9

Abbildung 15.3
Selektor und Offset ergeben
die Adresse

Man erkennt hier, daß sich die Adresse aus Offset + dem 16fachen des Selektors zusammensetzt. So erklärt sich auch, daß man beim *Roll Over* des Offset (ein Word springt beim Inkrementieren von 0FFFFh auf 0h zurück, das ist *Roll Over*) den Segmentwert um 1/16 davon, also um 0FFFh erhöhen muß.

Unter Windows sieht die Sache etwas schwieriger aus, da hier die direkte Angabe von Segmenten zu den größten Straftaten gehört und meist mit Schutzverletzungsfehlern (GP–Fault) bestraft wird. Hier muß statt des Segmentwertes ein gültiger Selektor angegeben werden. Den Selektor für das erste Segment erhält man beim Sperren des Speichers. Weitere Selektoren können durch Inkrementieren des ersten Selektors ermittelt werden. Hier wird allerdings nicht mit 1/16 des Offset gearbeitet, sondern zusätzlich mit einem Faktor, der über eine nur am Rande dokumentierte Funktion im Modul KERNEL ermittelt werden kann. Im Prinzip handelt es sich dabei nicht um eine Funktion, sondern um einen Wert, der aus diesem Modul gelesen werden kann.

```
procedure AHIncr; far; external 'KERNEL' index 114;
...
SI:=Ofs(AHIncr);
```

Um also eine gültige Adresse zu erhalten, die außerhalb des ersten Segments liegt, muß der Segmentwert, um den die Adresse erhöht werden soll, zusätzlich mit *AHIncr* multipliziert werden. Die folgende Funktion addiert einen Longint auf einen Pointer und nutzt dabei *AHIncr* aus:

```
function BasePtr(Position:longint):Pointer;
 var SI: word;
 begin
  SI:=Ofs(AHIncr);
  BasePtr:=Ptr(PtrRec(Base).Seg+PtrRec(Position).Seg*SI,
          PtrRec(Position).ofs);
 end;
```

Der Datentyp *PtrRec* ist in der Unit *Objects* bzw. *WObjects* definiert und liefert sowohl bei Pointern als auch bei Longints das niederwertige und das höherwertige Wort in den Feldern *Seg* und *Ofs*.

Das folgende kleine Beispielprogramm verwendet die geschilderten Techniken, um einen Speicherblock von über 200,000 Bytes mit dem Wert 123 zu füllen. Sie können die Routinen darin leicht an ähnliche Erfordernisse anpassen. Natürlich finden Sie es auch auf der Diskette zum Buch.

```
{ ----------------------------------------------
     Zugriff auf riesige Speicherblöcke

  von Michael Schumann für Vieweg Verlag
  ---------------------------------------------- }

program HugeMem;

{$IFDEF VER15}
uses WinProcs, WinTypes, WinCRT, WObjects;
{$ELSE}
uses WinProcs, WinTypes, WinCRT, Objects;
{$ENDIF}

procedure AHIncr; far; external 'KERNEL' index 114;

type    TMemBlock=array[0..65534] of byte;

const   MemSize   = 210032; { Bytes }
        BlockSize = 10000;

var     MemHandle: THandle;
        Current,
        Base      : Pointer;
        Counter   : Longint;

Function GetMemoryBlock:pointer;
 begin
  GetMemoryBlock:=nil;
  MemHandle:=GlobalAlloc(gmem_Moveable,MemSize);
  If MemHandle=0 then exit;
  GetMemoryBlock:=GlobalLock(MemHandle);
 end;

procedure FreeMemoryBlock;
 begin
  If MemHandle=0 then exit;
  GlobalUnlock(MemHandle);
  GlobalFree(MemHandle);
 end;
```

```pascal
Function BasePtr(Position:longint):Pointer;
 var SI: word;
 begin
  SI:=Ofs(AHIncr);
  BasePtr:=Ptr(PtrRec(Base).Seg+PtrRec(Position).Seg*SI,
         PtrRec(Position).ofs);
 end;

 var CurrBlockSize, Blocks, X, I : Longint;

 begin
  writeln('Allokiere ',Memsize,' Bytes Speicher global');
  base:=GetMemoryBlock;
  If Base=nil then begin
    writeln('Speicherblock konnte nicht allokiert werden!');
    halt(1);
    end;
  writeln('schreibe in jedes Byte den Wert 123...');
  Blocks:=MemSize div BlockSize;
  { Blockweise abarbeiten }
  writeln('Insgesamt ',Blocks,' Blöcke');
  For x:=0 to Blocks do begin
    current:=basePtr(x*BlockSize);
    { Aktuellen Block als Array abarbeiten }
    { Blockgröße berechnen, ist bei letztem Block u.U. klei-
ner! }
    CurrBlockSize:=MemSize - X * Blocksize;
    If CurrBlockSize > Blocksize then
CurrBlockSize:=BlockSize;
    Writeln('Bearbeite Block ',x,' Größe = ',CurrBlockSize);
    For i:=0 to CurrBlockSize-1 do
      TMemBlock(current^)[i]:=123;
   end;
  writeln('Gebe Speicherblock wieder frei');
  FreeMemoryBlock;
 end.
```

Nutzen Sie von nun an mit diesen Methoden die enorme Performance, die sich erreichen läßt, wenn Objekte mit mehreren MByte Speicherbedarf komplett im Speicher gehalten werden können.

15.5 Screensaver aktivieren

Screensaver sind eine der für viele AnwenderInnen herausragensten Neuerungen in Windows 3.1 gegenüber den Vorgängerversionen und der einstellbare Passwortschutz vermag den Bildschirminhalt und bearbeitete Daten vor neugierigen Blicken zu schützen, wenn man z.B. zu Tisch ist. Doch da ist die Wartezeit, bis der Saver anspricht!

Findige Köpfe haben nun die Tatsache, daß die SCR–Dateien eigentlich EXE–Dateien sind, ausgenutzt, um einen Sofortstart zu erreichen. Man erzeugt eine Kopie des Screensavers mit der Endung EXE und stellt diese neu erzeugte Applikation als Icon in den Programm–Manager. Dies funktioniert, hat jedoch den Nachteil, daß man dieses Prozedere für jeden Screensaver durchführen muß, den man gerade einsetzt und Geschmack kann sich ja bekanntlich ändern.

Irgendwie muß auch der Screensaver über eine Nachricht vom Kernsystem aktiviert werden und das könnte man schließlich auch von einem Programm aus tun. Da es sich dabei um eine nirgends dokumentierte Funktion handelt, ist ein wenig Detektivarbeit und auch Probiererei erforderlich, um diese Nachricht zu ermitteln.

Wenn man WIN31.PAS einmal durchliest (ja, Freaks wie ich tun dies tatsächlich!), so entdeckt man dort eine Konstante mit dem Namen *sc_ScreenSave*, die einen Wortwert verkörpert. Sie könnte eine Nachricht sein, dies ist aber schnell ausprobiert und leider nicht der Fall. Bleibt man dennoch beharrlich 'dran, so könnte man auf die Idee kommen, daß Nachrichten vom Typ *wm_SysCommand* nicht nur Meldungen aus dem Systemmenü verkörpern, sondern auch andere interne Botschaften senden, die z.B. das Starten eines Screensavers bewirken.

Jede Windowsnachricht hat zwei Parameter, ein Word und einen Longint, *sc_ScreenSave* bietet sich für den Wortparameter an und unbenutzte Parameter werden einfach auf 0 gesetzt. Als Zielfenster nimmt man einfach alle sichtbaren und auch versteckten Fenster an (der Screensaver ist ja bekanntlich ein verstecktes Fenster) und nimmt dafür das Handle *HWND_BroadCast*.

Hier ist es nun, das mit Abstand kürzeste Programm aus diesem Buch, welches zu denen gehört, die die meiste Zeit bei der Entwicklung gefordert haben. Das tolle daran ist, daß es tatsächlich funktioniert.

```
program startsav;

uses winprocs, wintypes, win31;

begin
  PostMessage(hwnd_BroadCast,wm_SysCommand,
              sc_ScreenSave,0);
end.
```

Obwohl dieses Programm so kurz ist, finden Sie es auf der Diskette zum Buch.

15.6 Windows: Raus und rein

Oh – der letzte Abschnitt des letzten Kapitels! Schon am Ende angelangt? Wollen Sie mich wirklich schon verlassen? In Punkto verlassen hätte ich noch etwas für Sie:

Wenn man in der Systemsteuerung einen neuen Soundtreiber installiert, im Setup einen anderen Bildschirmmodus wählt oder die Einstellungen für den virtuellen Speicher verändert, so muß Windows verlassen und wieder neu gestartet werden, damit die Einstellungen wirksam werden.

Irgendwie schaffen es manche Programme, dies von einem Windowsprogramm aus zu veranlassen, denn es gibt einen Button *Windows neu starten*, der genau das bewirkt. Kann man diesen Effekt vielleicht auch selbst nutzen?

ExitWindows ist die Zauberfunktion, die bei Angabe eines speziellen Wertes, der in Windows 3.1 endlich dokumentiert wurde, den Neustart veranlaßt. Der erste Parameter dieser Funktion trägt den vielsagenden Namen *reserved*, was meist auf verborgene Fähigkeiten hinweist. Setzt man dort den Wert *EW_RestartWindows* (=66) ein, so passiert das Gewünschte:

```
{ -----------------------------------------------
          Windows neu starten

    von Michael Schumann für Vieweg Verlag
  ----------------------------------------------- }

program Restart;

{$IFDEF VER15}
uses WinProcs, WinTypes, WinCRT, WObjects;
{$ELSE}
uses WinProcs, WinTypes, WinCRT, Objects;
{$ENDIF}

begin
  while keypressed do readkey;
  writeln('Wollen Sie WINDOWS neu starten (J/N)?');
  if Upcase(readkey) = 'J' then
ExitWindows(EW_RestartWindows,0);
end.
```

Diese Funktion ist absolut sicher, da alle Applikationen, die beendet werden, zunächst ein Sichern der noch nicht gespeicherten Dateien erlauben, wie dies auch beim normalen Verlassen von Windows der Fall ist.

Mit *ExitWindows* kann man aber noch mehr anstellen – nämlich Windows verlassen und den Rechner neu starten. Davon sollte man aber wegen des Schreibcache von SMARTDRV lieber die Finger lassen. Bootet man den PC, bevor alle Daten auf die Platte zurückgeschrieben sind, so kann dies zu einer total korrupten Platte führen – bei komprimierten Platten (z.B. mit *Stacker* oder *Superstore*) helfen dann meist auch keine der bekannten Norton–Tools mehr um den Platteninhalt zumindest teilweise zu retten.

Obwohl ich nicht vorhabe, Windows zu verlassen, möchte ich mich nun von Ihnen verabschieden und wünsche Ihnen auch in Zukunft viel Spaß mit diesem Buch als Nachschlagewerk.

Literaturverzeichnis

Charles Petzold: Programmierung unter Windows 3.0
(Microsoft Press, Deutschland 1991, 1992)

Schulman et al.: Undocumented Windows
(Addison Wesley, 1992)

Schulman et al.: Undocumented DOS
(Addison Wesley 1991)

Microsoft MS–DOS Programmers Reference
(Microsoft Press 1992)

Microsoft Developer Network CDs 1 und 2

Microsoft SDK, komplette Dokumentation

Turbo Pascal für Windows 1.0, komplette Dokumentation

Borland Pascal 7.0, komplette Dokumentation

Borland C++ 3.1, komplette Dokumentation

Günter Born: Referenzhandbuch Dateiformate
(Addison Wesley, 1992)

J. Bär, I. Bauder: Windows 3.1 Intern
(Data Becker, Düsseldorf 1992)

Peter Norton, Paul Yao: Windows 3 Programmiertechniken für Profis
(Markt & Technik, München 1992)

Novell: Professional Development Series, System Calls
(Novell Inc., 1991)

Index

A

B

C

D

S

T

Systemprogrammierung OS/2 2.x

von Frank Eckgold

1993. XVI, 959 Seiten mit Diskette. Gebunden
ISBN 3-528-05306-2

Was das Buch bietet ...
- theoretische Grundlagen, praktische Programmierung sowie Funktionen, Nachrichten und Datentypen des gesamten Betriebssystems OS/2 2.x

Worum es geht ...
- Komplette Anwendungs- und Systemprogrammierung aller Bestandteile von OS/2 2.x
- Grafische Benutzeroberfläche (GUI)
- Grafikprogrammierung (GPI)
- Speicherverwaltung, Multitaskingprogrammierung, das HPFS

Und außerdem ...
- Beispielprogramme (Quellcode auf Diskette)
- Betriebssystemfunktionen des GUI, GPI und API

Was der Leser benötigt ...
- HARDWARE: PC mit 80386-Prozessor oder höher
- SOFTWARE: OS/2 ab Vers. 2.x und C-Compiler und -Linker für OS/2, ggf. Toolkit zur Programmentwicklung unter OS/2

Besondere Kennzeichen ...
- Alle Beispielprogramme stehen als Quelltexte auf beiliegender Diskette voll lauffähig zur Verfügung. Sie können als Softwarebausteine für eigene Weiterentwicklungen dienen.

Der Autor ...
- Dr. Frank Eckgold ist in der Entwicklung von grafischen Oberflächen tätig. Außerdem lehrt er Informatik und Programmiersprachen.

Verlag Vieweg · Postfach 58 29 · D-6200 Wiesbaden 1